中等职业教育课程改革国家规划新教材

全国中等职业教育教材审定委员会审定通过

U0677018

电工

技术基础与技能（第二版）

DIANGONG JISHU
JICHU YU JINENG

总主编　　聂广林

主　编　　赵争召

编　者　　李登科　　范文敏　　倪元兵

　　　　　赵争召　　聂广林

重庆大学出版社

内容提要

本书是根据教育部 2009 年新颁布的《中等职业学校电工技术基础与技能教学大纲》和对中职学生的能力结构要求，针对电子信息类专业的发展现状和行业需求，结合中等职业学校电子信息类专业学生的特点进行编写的。

本书内容由认识实训室与安全用电、直流电路、电容和电感、单相正弦交流电路、三相正弦交流电路、安全用电六部分组成，而各部分又分成基础模块和选学模块，其中选学模块前加"＊"标注。本书采用理论知识与实训操作相结合的模式，注重知识的实用性，以图、文、表等多种方式灵活而生动地展现知识内容。

本书是中等职业学校电子信息类专业的专业基础课程教学用书，也适用于相关专业人员的岗位培训。

图书在版编目（CIP）数据

电工技术基础与技能／赵争召主编. -- 2 版.
重庆：重庆大学出版社，2024. 8. -- ISBN 978-7-5689-4754-1
Ⅰ. TN
中国国家版本馆 CIP 数据核字第 2024B339W0 号

中等职业教育课程改革国家规划新教材
电工技术基础与技能（第二版）
总主编　聂广林
主　编　赵争召
策划编辑：王　勇　李长惠　曾令维　彭　宁　陈一柳
责任编辑：陈一柳　　　版式设计：刘智勇
责任校对：刘志刚　　　责任印制：赵　晟
＊
重庆大学出版社出版发行
出版人：陈晓阳
社址：重庆市沙坪坝区大学城西路 21 号
邮编：401331
电话：（023）88617190　88617185（中小学）
传真：（023）88617186　88617166
网址：http://www.cqup.com.cn
邮箱：fxk@cqup.com.cn（营销中心）
全国新华书店经销
重庆市正前方彩色印刷有限公司印刷
＊
开本：787mm×1092mm　1/16　印张：16　字数：342 千
2010 年 7 月第 1 版　2024 年 8 月第 2 版　2024 年 8 月第 20 次印刷
ISBN 978-7-5689-4754-1　定价：45.00 元

中等职业教育课程改革国家规划新教材

出版说明

为贯彻《国务院关于大力发展职业教育的决定》(国发〔2005〕35号)精神,落实《教育部关于进一步深化中等职业教育教学改革的若干意见》(教职成〔2008〕8号)关于"加强中等职业教育教材建设,保证教学资源基本质量"的要求,确保新一轮中等职业教育教学改革顺利进行,全面提高教育教学质量,保证高质量教材进课堂,教育部对中等职业学校德育课、文化基础课等必修课程和部分大类专业基础课教材进行了统一规划并组织编写,从2009年秋季学期起,国家规划新教材将陆续提供给全国中等职业学校选用。

国家规划新教材是根据教育部最新发布的德育课程、文化基础课程和部分大类专业基础课程的教学大纲编写,并经全国中等职业教育教材审定委员会审定通过的。新教材紧紧围绕中等职业教育的培养目标,遵循职业教育教学规律,从满足经济社会发展对高素质劳动者和技能型人才的需要出发,在课程结构、教学内容、教学方法等方面进行了新的探索与改革创新,对于提高新时期中等职业学校学生的思想道德水平、科学文化素养和职业能力,促进中等职业教育深化教学改革,提高教育教学质量将起到积极的推动作用。

希望各地、各中等职业学校积极推广和选用国家规划新教材,并在使用过程中,注意总结经验,及时提出修改意见和建议,使之不断完善和提高。

教育部职业教育与成人教育司

2010年6月

再版前言
QIANYAN

　　随着职业教育的发展,人们对职业教育的认识越来越深入,国家对职业教育的重视程度逐渐加强,中等职业教育新一轮发展机遇悄悄来临。为了推动中等职业教育的发展,教育部出台了中等职业教育新的专业目录和大类专业的基础课教学大纲,新一轮专业课教材改革拉开帷幕。本教材是根据教育部新颁布的《中等职业学校电工技术基础与技能教学大纲》的要求,结合企业和市场的需求,针对现阶段中职学生的实际情况,通过多次考察和多方研讨后着手编写的。本教材具有如下特色:

　　1.在内容组织上,继承与创新相结合。本教材在内容组织上,保留了传统电工基础教材的主要板块部分内容,删除了部分对中职学生不适用的内容板块,同时根据市场的需求变化,加入了新器件、仪器仪表、供电方式等新内容,从而使本教材的内容充实而富有时代感。

　　2.在编写模式上,理论与实训操作有机结合。本教材的编写采用"单轨制",将理论知识内容与实训操作任务有机地结合起来;同时也考虑到传统"双轨制"模式的特点,针对不同学校的情况和要求,可以和"电工技能实训"教材搭配使用。

　　3.在内容结构上,包括基础模块和选学模块两部分。其中,加"＊"部分为选学模块,各地区、各学校可根据具体情况进行选择。

　　4.在知识处理上,突出新颖、浅显、实用。从实用性出发,注重学生的能力训练,对理论知识进行精炼、精简,删除深奥的理论、复杂的计算、烦琐的推导,使教材更适合中职学生的需求。

　　5.在展现方式上,力求多样化,让读者愿读、爱读。本教材改变了传统的理科教材页面枯燥、展现方式单一的情况,图、文、表相结合,通过实物图、阴影显示、字体变化等方式,让教材内容生动、形象地呈现在读者面前。

　　6.在教学期望上,努力做到讲练结合、师生互动。教材中设计了"想一想""查一查""做一做"等项目,改变了以往的灌输说教方式,通过师生互动,让课堂更生动,教学效果更好。

　　7.在学习评价方式上,包含技能实训评价和知识题目评价两个方面。知识题目评价改变通常的单一简答题方式,采用"填空""判断""选择""作图""简答"等多种题型,实现全方位评价,从而增加了评价的有效性和可操作性。

建议学时安排

章　目	内　　容	建议学时	机　动
第一章	认识实训室与安全用电	6	
第二章	直流电路	22	5
第三章	电容和电感	10	5
第四章	单相正弦交流电路	28	3
第五章	三相正弦交流电路	4	3
第六章	安全用电	6	6
总　　计		76	22

　　本书由重庆市渝北区教师进修学校研究员聂广林担任总主编,重庆市渝北职业教育中心赵争召担任主编并负责全书统稿。全书的第一、二、六章由赵争召编写,第三章由重庆市黔江民族职教中心倪元兵编写,第四、五章由重庆市渝北职业教育中心范文敏编写,本书的电子课件由重庆市渝北职教中心李登科制作。

　　在本教材编写大纲的讨论中,重庆市龙门浩职业中学邹开跃主任、重庆市工商学校辜小兵主任、重庆市北碚职业教育中心周兵部长等提出了很多宝贵意见,在此表示感谢。同时感谢重庆市教育委员会职成教处、重庆大学出版社的指导和经费支持;感谢重庆市教科院职成教所向才毅所长、重庆市渝北职业教育中心张扬群校长对本教材编写所给予的大力支持。

　　由于编者水平所限,书中可能存在某些缺点和错误,恳请读者批评指正。意见和建议可联系电子邮箱:zhaozz215@126.com。

编　者
2023 年 2 月

目录

认识实训室与安全用电

学习目标

1.知识目标

(1)了解电工实训室的电源配置情况;

(2)能识别常用电工仪表,并熟悉它们的使用方法;

(3)能识别常用电工工具,并了解它们的特点;

(4)能读懂"电工实训室操作规程";

(5)记住安全电压值,明白安全用电的重要性;

(6)能辨别触电的种类和原因,知道防止触电的保护措施和触电的现场抢救办法;

(7)知道电气火灾的扑救方法。

2.能力目标

(1)能正确辨识实训室的交、直流电源,并会正确运用;

(2)了解常用的电工仪表和电工工具;

(3)能够正确地采取防止触电的措施,能妥善进行触电的现场处理;

(4)能够采取电气火灾的防护措施,会正确扑救电气火灾。

在科技飞速发展的今天,电与我们的生活息息相关。工地上的起重机、工厂的自动生产线、家庭用的电器、随身携带的手机、笔记本电脑等,无一不是以电来支撑和带动的。我们的生活离不开电,城市的运转离不开电,工农业生产更离不开电。

试想:如果没有电,我们的生活会是什么样子?

作为现代人,我们要利用电、用好电,掌握电的知识,从而驾驭电来更好地为我们服务。

第一节　实训室的认识

电有些什么特点?我们该怎样去认识电、应用电呢?对电的认识和学习,让我们从实训室开始。

一、电工实训室的电源配置

电工实训室是进行电工技能训练的场所,是电类专业学生重要的实际操作训练场。

1.对电工实训室的总体认识

下面我们一起去参观一个电工实训室。

在如图 1-1 所示图标的指引下,我们走进电子类实训室区域,来到一个电工实训室门前,如图 1-2 所示。

实训室门外有本实训室的简介,如图 1-3 所示,它介绍了本实训室的基本情况,包括"设备配置""实训项目""实训目标"等部分。通过观看实训室简介,可以了解本实训室的概况。

走进实训室,首先观察实训室的全貌,如图1-4所示。整个电工实训室的硬件配置有多个工位,每个工位包括一套通用电工实训台、一台实训配套计算机(连接有教学用局域网络)。每个实训台上均铺设有绝缘橡胶垫,它是用电安全的保护,同时也起着保护实训台面的作用。实训室的地面上画有安全线,将工位区域(学生实训区域)与安全通道分隔开。此外,为了做好实训室的管理和保证实训安全,实训室内有相应的《实训管理制度》和《实训安全操作规程》。在实训室中,还张贴有与实训相关的部分电工电子元件和器材图片等。

图1-1　电子类实训室指示牌

图1-2　电工实训室门前

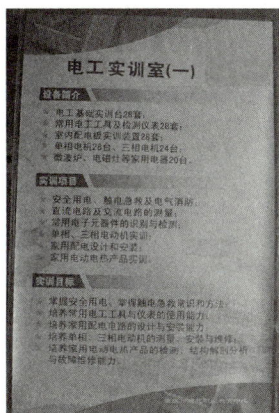

图1-3　实训室简介

图1-4　电工实训室

2.交流电源

电工实训室都会配置实训所需要的交流电源。这里介绍的交流电源包括总供电交流电源和每个工位(实训台)的交流电源两部分。

(1)总供电交流电源

总供电交流电源是整个实训室的电源总控制部分,它由一个配电控制箱组成,如图1-5所示。

配电箱外壳上有"⚡"符号，提示大家有电危险，要注意用电安全。学生不能随意打开配电箱的门，只能由实训指导教师来控制。

(a)配电箱外观图　　　　　(b)配电箱内接线图

图 1-5　电工实训室配电控制箱

送入该配电箱的是三相五线制电源(即三根相线、一根零线和一根接地线)。配电箱内有三相电总控制开关，以及实训台分组控制开关、计算机电源控制开关，从而分别实现对各部分设备的电源控制。在每次实训开始前，根据本次实训的需要，由实训指导教师打开配电箱内相应的电源开关(不一定全部打开，只打开需要的即可)，为实训台等相应实训设备供电。在每次实训结束后，实训指导教师会关闭配电箱内的所有电源开关。

(2)工位上的交流电源

学生实训工位由实训台组成，如图1-6所示(不同厂家生产的实训台有一定的差别，但大致结构和功能是相似的)。

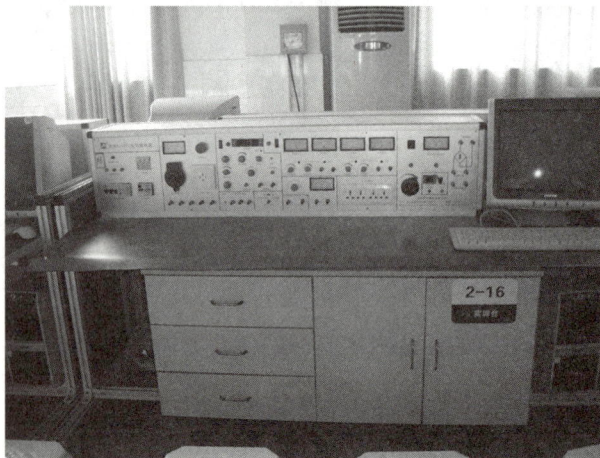

图 1-6　电工实训台

在这种电工实训台上，左边部分是实训台的交流电源，如图1-7所示。该实训台上的交流电源部分主要包含：输入交流电源指示、三相空气开关(带漏电保护功能)、三相保险、过载保护、电压表、换相开关、三相五线制接线柱、急停开关和三相四线制插座。

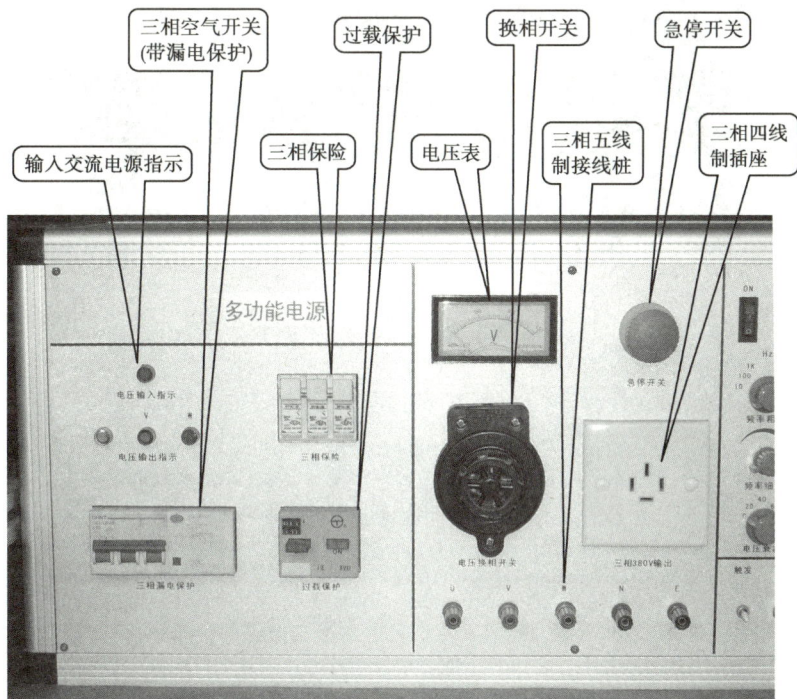

图 1-7　实训台上的交流电源部分

本实训台上,还包括一组交流 220 V 输出的电源插座,将在直流电源部分进行介绍。

在实训过程中,同学们应能够熟练地使用实训台上的交流电源部分,特别要注意安全。

3. 直流电源

在电工实训过程中,会使用到不同电压的直流电源,所以,电工实训室都配置有直流电源。在有的实训室中采用单个独立的直流电源(输出电压可调),有的实训室中采用由实训台提供的多组直流电源,如图 1-8 所示。

本实训台上共提供了四组直流电源,分别是:第一组,0~24 V 输出;第二组,0~24 V 输出;第三组,3~24 V 输出;第四组,5 V 输出。其中第一、二组相似,除了输出接线柱外,都有电压调节旋钮、电流调节旋钮、工作指示灯、过流指示灯、电压显示表和电流显示表等;第三组除含有输出接线柱外,还具有电压挡位调节旋钮和电压显示表;第四组是固定的 5 V 电压输出,只有一组输出接线柱。

此外,这一部分中还有四个交流 220 V 三孔电源插座。

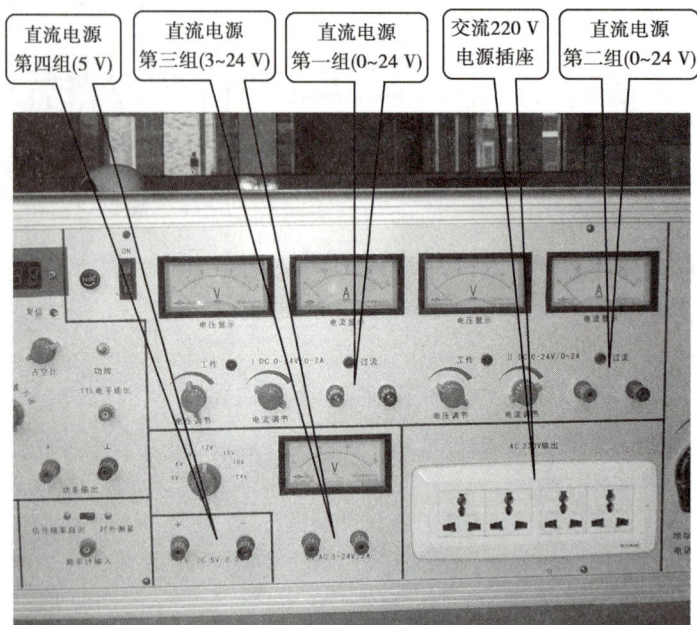

直流电源
第四组(5 V)

直流电源
第三组(3~24 V)

直流电源
第一组(0~24 V)

交流220 V
电源插座

直流电源
第二组(0~24 V)

图 1-8 实训台上的直流电源

做一做

在老师的带领下,参观学校的电工实训室,记录实训室的特点、交直流电源配置情况以及实训室的主要设备配置情况。

二、电工仪器仪表与电工工具

作为一名电子专业人员,我们必须会使用常用的电工工具和常用的电工仪器仪表。常用的电工工具和电工仪器仪表有哪些呢?

1. 常用电工仪器仪表

(1)电压表

认一认

测量电路中的电压需要使用电压表,根据测量对象不同,需使用直流电压表或交流电压表。顾名思义,直流电压表是测量直流电压的仪表,交流电压表是测量交流电压的仪表。图 1-9 所示为直流电压表及其在电路中的符号。

在直流电压表上,红色接线柱为"+"接线柱,黑色(或蓝色)接线柱为"−"接线柱,在使用时要保证接线正确。

（2）电流表

测量电路中的电流需要使用电流表,常见的是直流电流表,用于测量电路中的直流电流。图 1-10 所示为直流电流表及其在电路中的符号。

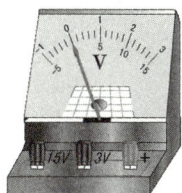

电路符号

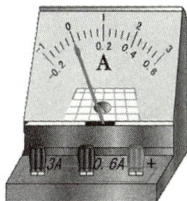

电路符号

图 1-9　电压表　　　　　　　　　　　图 1-10　电流表

同样,在直流电流表上,红色接线柱为"+"接线柱,黑色(或蓝色)接线柱为"−"接线柱,在使用时要保证接线正确。

图 1-11　指针式万用表

（3）万用表

万用表是电工电子最基本、最常用的仪表,它能够测量直流电压、交流电压、直流电流、电阻阻值等。万用表有指针式万用表和数字式万用表两种。

◆指针式万用表　指针式万用表就是用指针来指示测量数据的万用表。图1-11所示是常用的 MF 47 型指针式万用表。

当用万用表测试不同的物理量时,可以通过它的转换开关来进行切换。指针式万用表是传统的、常用的万用表,其读数方法与传统的电压表、电流表相似,使用简单方便,在实际中应用较多。

◆数字式万用表　数字式万用表就是用数字显示方式来指示测量数据的万用表。数字万用表的种类繁多,图 1-12 所示是 HD 6508 型数字万用表。

图 1-12　HD 6508 型数字万用表

与指针式万用表相比,数字式万用表具有以下特点:

①检测精确度更高。指针式万用表的检测误差一般为3%左右,数字式万用表的检测误差小于1%。

②内阻高,检测损耗小。

③无读取误差。指针式万用表存在视角差和使用者读取误差,而数字式万用表不存在这两种误差。

④功能更多。数字式万用表除了测量直流电压、交流电压、直流电流、电阻外,一般还可以测量电容量、温度、频率等。

（4）钳形电流表

钳形电流表简称钳形表，它是测量交流电流的常用仪表，有指针式和数字式两种，如图1-13所示。

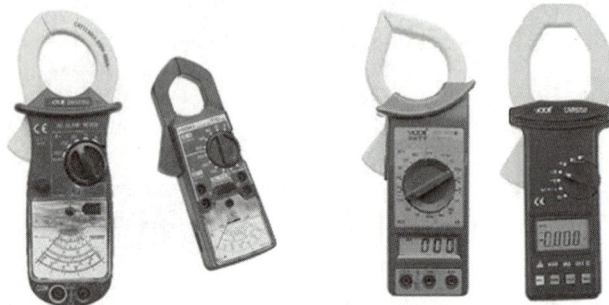

（a）指针式钳形表　　　　（b）数字式钳形表

图1-13　钳形电流表

钳形表测量交流电流很方便，不用断开电线（电路），直接将被测电线放入钳形表的钳口内即可。用钳形表测量交流电流时，有一定的误差，因此只能用于精确度要求不太高的场合。

（5）兆欧表

兆欧表可以测量电阻值较大的电阻，常用于测量设备的绝缘电阻。兆欧表有手摇式和数字式两种，其外形如图1-14所示。

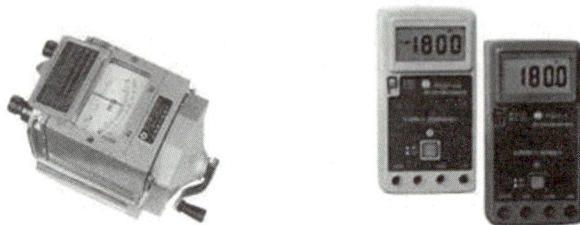

（a）手摇式兆欧表(俗称摇表)　　　（b）数字式兆欧表

图1-14　兆欧表

手摇式兆欧表在进行测量时会产生250~1 000 V的电压，所以要注意安全。数字式兆欧表测量电阻的范围更宽。

2.常用电工工具

电工工具种类很多，这里只介绍常用的几种。

认一认

（1）电烙铁

电烙铁用于对导线、电路元件等进行焊接连接，如图 1-15 所示。

除常用的外热式电烙铁和内热式电烙铁外，根据不同的焊接要求，还有恒温烙铁、热风枪等焊接工具。

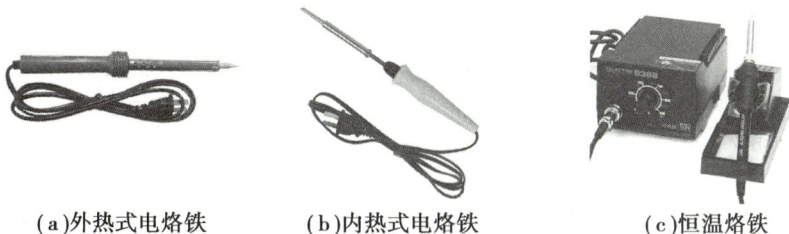

(a)外热式电烙铁　　(b)内热式电烙铁　　(c)恒温烙铁

图 1-15　电烙铁

（2）螺丝刀

常用的螺丝刀有十字螺丝刀和一字螺丝刀两种，如图 1-16 所示，大小有多种规格。

（3）试电笔

试电笔是检查线路是否带电的重要工具，如图 1-17 所示。在使用中，要注意手不能接触试电笔笔尖的金属部分，以防触电。

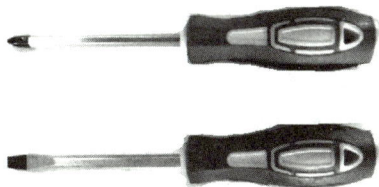

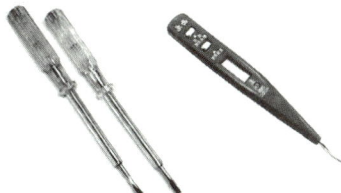

图 1-16　螺丝刀　　　　　　　　图 1-17　试电笔

（4）电工刀

电工刀用于剥离导线绝缘层、切削木塞等，常用电工刀如图 1-18 所示。有的电工习惯使用图 1-19 所示的美工刀来代替电工刀，在使用中进行单手收折更方便。

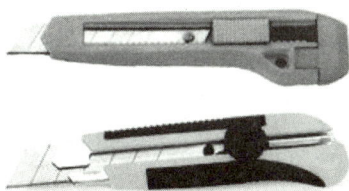

图 1-18　电工刀　　　　　　　　图 1-19　美工刀

（5）钢丝钳

钢丝钳也称虎口钳，用于剪断铁丝、导线，或者用于夹持物品、工件等。钢丝钳外形如图1-20所示。

（6）尖嘴钳

尖嘴钳用于切断较细的导线，或夹持较小物件，其外形如图1-21所示。

（7）斜口钳

斜口钳也称为断线钳，专门用于剪断较细的导线或金属丝，如图1-22所示。

图 1-20　钢丝钳

图 1-21　尖嘴钳

图 1-22　斜口钳

（8）剥线钳

剥线钳专门用于对较细线径导线的绝缘层进行剥离，图1-23所示是常用的剥线钳。

（9）活扳手

活扳手用于旋动螺杆和螺母，它的钳口大小可以调节，其外形如图1-24所示。

图 1-23　剥线钳

图 1-24　活扳手

查一查

（1）我们学校的电工实训室里有哪些电工工具？它们起什么作用？如何使用？

（2）电工工具还有很多，大家到图书馆（或上网）查一查，每人再另找出五种电工工具，并说出它们的作用和使用方法（填写在下表中）。

序　号	工具名称	作　用	使用方法
1			
2			
3			
4			
5			

第二节　安全用电

电是现代生活的重要支撑和保证:电灯、电视、电饭锅、电热水器,是由电能来带动的;音频、视频、无线电、电子信息,是由电子电路传送的;车床、刨床、钻井台、加工中心,是由电力驱动的。电给我们的生活和工作带来极大的方便。然而,如果用电不合理,则会造成安全事故,导致极大的损失。

想一想

你知道用电不合理会造成哪些安全事故?你认为怎样才能避免这些事故的发生?

安全用电,重在预防,防患于未然,它需要建立一些相应的用电制度和措施来保证。同时,对于用电的安全事故,要能采取妥善的处理办法和施救措施。

一、电工实训室操作规程

操作规程是实训室管理的重要组成部分,是正常开展实训的重要保证。它规定了实训者在实训室中什么可以做、什么不可以做、做什么、怎么做等。实训室操作规程必须张贴上墙,并且在实训室中比较显眼的位置。图 1-25 为某学校的"电工实训室安全操作规程"。

电工实训室安全操作规程

(1)电工实训前必须经过专业理论培训,掌握电气工作的性能、原理,电力、电气设备的构造、作用及维护保养知识。

(2)实训前必须检查工具、测量仪表和防护用品是否完好。

(3)电气设备不准在运转中拆卸修理,必须在停机后切断电源、取下熔断器、挂上"有人工作,禁止合闸"警示牌后,方可拆卸修理。

(4)动力配电箱的闸刀开关,严禁带负荷拉开。

(5)带电操作,要在有经验的电工监护下,并将邻近各相用绝缘垫、云母板、绝缘板隔开后,方可带电操作。带电操作必须穿好防护用品,使用有绝缘柄的工具,严禁使用锉刀、钢尺等。

(6)电气设备金属外壳必须接地(接零),接地要符合标准,有电设备不可断开外壳地线。

(7)电器或线路拆除后,可能带电的线头必须及时用绝缘胶布包扎好,高压电器拆除后遗留线头必须短路接地。

(8)高空作业,要系好安全带,使用梯子时,梯子与地面角度以60°为宜,在水泥地上使用梯子要有防滑措施。

(9)使用电动工具,要戴绝缘手套,站在绝缘物上工作。

(10)电机、电器检修完工后,要仔细检查是否有错误和遗忘的地方,必须清点工具零件,以防遗留在设备内造成事故。

(11)动力配电盘、配电箱、开关、变压器等各种电气设备周围不准堆放各种易燃易爆、潮湿和其他影响操作的物件。

(12)电气设备发生火灾,未切断电源时,严禁用水灭火,要用四氯化碳或二氧化碳灭火器灭火。

(13)检修弱电设备时(如硅整流或其他电子设备),当情况不明或未采取有效措施之前,禁止拿常用的摇表检查其绝缘。

(14)准确及时填写实训记录。

图 1-25 电工实训室安全操作规程

根据实训室的设备配置不同以及实训的具体内容和要求不同,电工实训室安全操作规程的侧重点也不一样,其规程内容也有差异。需要强调的是,必须严格按照操作规程来执行,从而保证实训课程的顺利开展。

二、安全用电

电是我们生活和工作中最重要的能源之一,电能与其他形式的能源相比,具有便于输送、使用方便、容易控制等优点。它是现代文明的基础,也是衡量一个国家现代化程度的标志。但是,如果使用者缺乏相关的知识和技能,不能合理、正确地用电,便容易产生安全事故,造成巨大的生命和财产损失。所以,我们要学会安全用电。

1.安全电压

人体是导体,当有电压加在人体上时,会有电流流过人体,对人体造成一定的伤害。电伤害人体的程度与电压的高低有关,电压越高,流过人体的电流越大,对人体的伤害就越严重。当电压很低时,就不会对人体造成伤害,这种不会对人体造成伤害的电压称为安全电压。一般规定 42 V 以下的电压为安全电压。

不过,根据用电场所环境和条件的不同,对安全电压的要求也不一样,国家标准规定了五个安全电压等级,在不同的场所下要求采用不同的安全电压等级,见表1-1。

记一记

表 1-1 安全电压等级及使用

安全电压等级	使用场所
42 V	较干燥的环境,或者一般场所使用的安全电压
36 V	一般场所使用的安全电压
24 V	用在一般手提照明灯具上,或者在环境稍差、高度不足的地方作照明
12 V	使用在湿度大、有较多金属导体场所的手提照明灯等(如矿井照明灯)
6 V	水下作业所采用的安全电压

注意

即使是安全电压,当环境和条件发生变化时(比如身体素质很差、人体电阻太小、接触时间太长等),也会产生不安全因素,所以要随时保持警惕性。

2.安全用电

安全用电是指在既定条件下,采取一定的措施和手段,在保证人身安全和设备安全的前提下正确用电。安全用电的原则是不接触低压带电体,不靠近高压带电体。在具体的生活和工作中,安全用电要注意以下两个方面:

(1)建立完善的安全用电制度,树立安全用电意识

一个企业、工厂或学校实训室,要建立起安全用电制度,将用电安全规程上墙,并组织员工(或学员)认真学习,树立安全用电意识,让安全用电深植于人们的心中。

(2)操作规范,养成安全用电习惯

用电操作规范涉及很多方面,安全用电习惯的养成则深入生活和工作的很多细节中,例如:

◆总电源应安装漏电保护开关;

◆检查和检修电路电器时,应先关电源并拔下电源插头;

◆用电器使用完后,养成关电源、拔插头的习惯(比如电视等);

◆要定时检查电气设备的插头、插座、电源线等,发现损坏或老化的要及时更换;

◆电烙铁焊接完后,要置于烙铁架上,防止烫伤其他设备或引起火灾;

◆不要用湿手去接触电源开关和导线。

想一想

在我们的日常生活中,还有哪些安全用电操作应该引起我们的重视?还有哪些安全用电的习惯需要我们去养成?

三、触电及现场处理

触电是最常见的用电安全事故。我们怕触电,谁都不想触电,但是如果真遇见触电事故,并非没办法了。只要我们掌握触电的相关知识,采取合理的施救措施,大多数触电事故都可以得到补救。

1.触电的种类和原因

当人体接触带电体,在电的作用下造成对人体伤害的现象称为触电。触电分为电击和电伤两类。

(1)电击

电击是指电流直接通过人体造成对人体伤害的情况。电击轻则会造成肌肉发麻、发热、抽搐等;重则会引起昏迷、呼吸停止、心脏停止跳动等,危害生命。我们平时说的触电,大多是指电击。

在电击中,造成人体触电的方式主要有三种,见表 1-2。

表 1-2　人体触电的方式及原因

触电方式	原　因	示意图	危害性
单相触电	人体同时接触相线(火线)和零线(或大地),电流流过人体而造成的触电。单相触电是最常见的触电方式	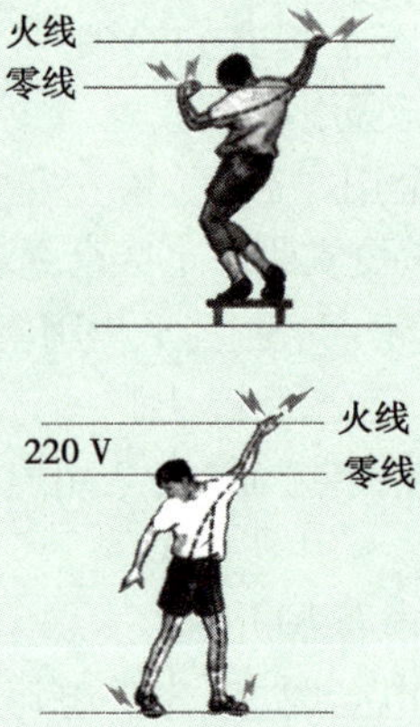 火线 零线 220 V　火线 零线 (虚线所示为电流流过人体的路径)	大

续表

触电方式	原　因	示意图	危害性
两相触电	人体同时接触两根相线（火线），电流流过人体而造成的触电	火线 火线 火线 （虚线所示为电流流过人体的路径）	更大
跨步电压触电	进入高压线落地区域或雷击区时，人跨步后在两脚间有电压，这种电压产生的电流流过人体造成的触电	高压线 U	有大有小（离落地点越近，危害越大；跨步越大，危害越大）

（2）电伤

电伤是指因电流的热效应、机械效应和化学效应等造成对人体的伤害，比如烫伤、电弧烧伤、电烧伤等。

2.防止触电的保护措施

◆加强绝缘性。加强带电体的绝缘，保证设备正常运行，必要时还可采取对电气设备的隔离措施。电气工作人员在进行操作时，要加强自身的绝缘保护。

◆加强自动断电保护。对用电设备和场所，要加强自动保护功能，如短路保护、漏电保护、过流保护、过压保护和欠压保护等。当发生触电等事故时，能自动断开电源，实现自动保护功能。

◆对设备采取接地或接零线保护措施（将在第六章作详细介绍）。

◆加强警示。在施工区和电气维修场所等处，要加强警示。如进行线路维修时，在闸刀处要挂警示牌，标注"电路维修中，严禁合闸"。

3.触电的现场处理

如果出现有人触电的情况，应当迅速采取正确的措施进行处理和救治。

（1）让触电者尽快脱离电源

当发现有人触电，首先要迅速让触电者脱离电源。采取的方法主要有：

◆马上断闸；

◆用绝缘钳子立即剪断电源供电线;

◆用干燥的竹竿(木杆)将电源线挑离触电者,如图 1-26 所示;

◆在保证绝缘良好的情况下,将触电者拉离电源,如图 1-27 所示;

◆采取短路措施,使总电源保护跳闸(要合理使用,如瞬时短路法等,不能造成火灾)。

以上是使触电者脱离电源的常用方法,在实际中要根据现场情况合理采用。

图 1-26　用绝缘竹竿将电源线挑开　　　　图 1-27　将触电者拉离电源

(2)现场急救处理

当触电者脱离电源后,要根据触电者的情况迅速施救,可参照表 1-3 进行。

表 1-3　触电者脱离电源后的救治措施

触电者情况	救治措施
头昏、乏力、恶心等	静卧休息,宽衣松裤带,通风
昏迷、呼吸心跳正常	平卧休息,宽衣松裤带,通风,摩擦全身使之发热,送医院或电话求救 120
呼吸停止	立即做人工呼吸施救(方法将在第六章介绍),并及时送医院或电话求救 120
心跳停止	立即做心脏按压施救(方法将在第六章介绍),并及时送医院或电话求救 120

四、电气火灾及预防

电气火灾是指电气线路和电气设备的选用、使用不当,安装不合理,违章操作或操作失误,长期超负荷运行等产生过热、电弧、电火花等引起的火灾。

1. 电气火灾及预防

产生电气火灾的原因主要可分为四种,见表1-4。

表 1-4　产生电气火灾的原因

电气火灾原因	说　明
线路过载	当线路长期过载时,产生很多热量,而电线的绝缘材料基本上都是可燃易燃材料,容易燃烧导致火灾
电气设计不良	电气设备不按规范设计,比如设计线径以小代大、设备或线路间距太小、靠近发热源等
电气设备使用不当	如用电炉烘烤衣服、使用不合格的电器产品等
电气线路老化	老化后绝缘性变差造成短路、接触电阻增大导致产生的热量大等,都会导致火灾的产生

读一读

　　火灾是一种发生频率较高的灾害,已成为国内外普遍关注的灾难性问题,其中电气故障引起的火灾占火灾总数的一半左右。1980年,美国拉斯维加斯市20层的米高梅大饭店,由于吊顶内电气线路超负荷运行,着火后的15分钟内,长140多米的大厅成为一片火海,火灾损失逾1亿美元。1994年12月8日,新疆维吾尔自治区克拉玛依市的友谊宾馆,由于舞台上方照明灯具烤燃幕布,发生了特大火灾,烧死323人,死者大部分是参加文艺汇演的教师和中小学生。

预防电气火灾,需从以下几点入手:

◆建立完善电气安全制度,规范用电,正确使用电气设备;
◆保证电气设计合理,电气施工规范;
◆保证电气设备和线路的定期检查、维护和清洁。

2. 电气火灾的扑救常识

电气火灾与一般火灾相比,有两个突出的特点:

◆电气设备着火后可能仍然带电,并且在一定范围内存在触电危险;
◆充油电气设备(如变压器等)受热后可能会喷油,甚至爆炸,造成火灾蔓延且危及救火人员的安全。

所以,扑救电气火灾必须根据现场火灾情况,采取适当的方法,保证灭火人员的安全。对电气火灾的扑救分以下几种情况:

（1）断电灭火

扑救电气火灾时，首先要想办法切断电源，以防止扑救人员触电。

> ⚠️ **注意**
>
> 火灾可能导致设备或开关的绝缘强度降低，切断电源时要采取良好的绝缘措施或使用绝缘工具。

如果是电视机（或计算机）着火，为了防止爆炸，应该马上拔掉电源插头，然后用湿地毯或湿棉被等盖住它们，这样既能有效阻止烟火蔓延，一旦爆炸，也能挡住荧光屏的玻璃碎片。注意：切勿向电视机（或计算机）泼水或使用任何灭火器，因为温度的突然降低，可能会导致炽热的显像管发生爆炸。

（2）带电灭火

如果不能及时断开电源，或者不知火灾现场设备是否断电，则需要采取带电灭火方式。带电灭火要注意几点：

◆ 应选用不导电的灭火器材灭火，如干粉、二氧化碳、1211灭火器等，不得使用泡沫灭火器带电灭火，更不能用水带电灭火（可能会导致绝缘性变差，引起新的火点，使火灾扩大）；

◆ 要保持人和所使用的导电消防器材与带电体之间有足够的安全距离，扑救人员应戴绝缘手套；

◆ 对架空线路等空中设备进行灭火时，如带电体已断落地面，应划出一定警戒区，以防跨步电压伤人。

（3）充油电气设备的灭火

充油设备着火时，应立即切断电源，如果外部局部着火时，可用二氧化碳、1211、干粉等灭火器材灭火；如果设备内部着火，且火势较大时，在切断电源后可用水灭火。

学习小结

（1）电工实训室是电类专业学生最重要的专业技能实训场，电工实训室的交流电源包括总供电交流电源和每个工位的交流电源，实训室的直流电源在每个工位上。

（2）常用电工仪表有电压表、电流表、万用表、钳形表、兆欧表等。

（3）万用表能够测量直流电压、交流电压、直流电流、电阻阻值等。万用表分指针式和数字式两种。钳形电流表是测量交流电流的常用仪表。兆欧表可以测量电阻值较大的电阻，常用于测量设备的绝缘电阻。

（4）常用的电工工具有电烙铁、螺丝刀、试电笔、电工刀、钢丝钳、尖嘴钳、斜口钳、剥线钳、活扳手等。

（5）操作规程是实训室管理的重要组成部分，是正常开展实训教学的重要保证。

（6）不会对人体造成伤害的电压称为安全电压，一般安全电压为 42 V。国家规定了安全电压的五个等级：42,36,24,12,6 V。

（7）当人体接触带电体，在电的作用下造成对人体伤害的现象称为触电。触电分为电击和电伤两类，触电有单相触电、两相触电和跨步电压触电三种方式。

（8）防止触电的保护措施有三个方面：加强绝缘性、加强自动断电保护、对设备采取接地或接零保护措施。

（9）触电的现场处理包括两个方面：使触电者尽快脱离电源、现场急救处理。

（10）引起电气火灾的原因包括线路过载、电气设计不良、电气设备使用不当、电气线路老化等。对电气火灾的扑救分为断电灭火、带电灭火和对充油电气设备的灭火等几种。

学习评价

1.填空题

（1）为了保证实训教学的安全，一般在电工实训台上会铺上一层_____。

（2）电工实训室的电源一般由_____和_____两部分组成。

（3）电工实训室的交流电源一般包括两部分，分别是_____交流电源和_____交流电源。

（4）在直流电压表上，红色接线柱为_____接线柱，黑色（或蓝色）接线柱为_____接线柱。

（5）直流电压表在电路中用符号_____表示，直流电流表在电路中用符号_____表示。

（6）万用表是最基本、最常用的电工电子仪表，它能够测量_____、_____、_____、_____等。用万用表测试不同的物理量时，通过_____来进行切换。

（7）指针式万用表用_____来指示测量数据，数字式万用表用_____显示测量数据。

（8）钳形电流表简称_____，它是用来测量_____的仪表。

（9）俗称的"摇表"是指_____。

（10）电烙铁的作用是_____，电烙铁可分为_____式和_____式两种。

（11）安全用电要注意两个方面，一是_____，二是_____。

(12)触电的方式主要有 _____ 、_____ 和 _____ 三种。

(13)人体同时接触两根相线而造成的触电称为 _____ ；人体同时接触相线和零线（或大地）而造成的触电称为 _____ ；进入高压线落地区或雷击区时，人跨步后在两脚间的电压造成的触电称为 _____ 。

2.判断题

(1)电工实训室的总控制交流电源由学生自己来控制。 （ ）

(2)每次实训结束后，应该关闭实训室总控配电箱内所有的电源开关。 （ ）

(3)可以用直流电压表测量交流电压,但不能用交流电压表测量直流电压。

（ ）

(4)万用表分为指针式万用表和数字式万用表两种。 （ ）

(5)用钳形表测交流电流时,不需要断开被测电路。 （ ）

(6)手摇式兆欧表在测量时会产生几十伏的电压。 （ ）

(7)手摇式兆欧表的测量范围比数字式兆欧表的测量范围宽。 （ ）

(8)人体是导体,当电流流过人体时,对人体会造成一定的伤害。 （ ）

(9)单相触电的危害大于两相触电。 （ ）

(10)如果发现有人触电,首先要做的是打电话通知120。 （ ）

(11)对电气火灾进行带电灭火时,应采用泡沫灭火器或水进行灭火。 （ ）

3.简答题

(1)很多电气设施上有"⚡"符号,它表示什么意思?

(2)与指针式万用表相比,数字式万用表具有什么特点?

(3)兆欧表的作用是什么? 它有哪两种?

(4)请你列举出七种以上的常用电工工具。

(5)实训室的安全操作规程有什么作用?

(6)什么是安全电压? 一般规定的安全电压是多少? 安全电压有哪几个等级?

(7)什么是触电? 触电分为哪两类?

(8)防止触电要注意哪些保护措施?

(9)产生电气火灾的原因有哪些? 防护电气火灾要注意些什么?

(10)电气火灾有什么特点?

(11)如果电视机着火了,应该怎样处理?

第二章

直流电路

1.知识目标

（1）能认识简单的实物电路,知道电路组成的基本要素和电路模型,会识读简单电路图;

（2）能通过外形识别常用电池,了解其特点,会进行实际应用;

（3）知道电路基本物理量的概念和含义,会进行电路基本物理量的计算;

（4）能识别电阻器及其参数,会计算导体电阻,能辨别各类电阻器和常用电阻传感器;

（5）能叙述和解读欧姆定律的内容,会利用欧姆定律对电阻串联、并联和简单的混联电路进行计算;

（6）能叙述和解读基尔霍夫定律的内容,会使用基尔霍夫定律对电路进行简单地分析和计算。

2.能力目标

（1）能正确选择和使用电工仪表,知道测量电流、电压的基本方法,会测量直流电路中的电流、电压;

（2）会用万用表测量电阻,会用兆欧表测量绝缘电阻,会用电桥进行精密电阻的测量;

（3）会使用合适的工具对导线进行剥线、连接以及绝缘恢复;

（4）能够进行电阻性电路的故障检查和排除。

电的世界是个奇妙的世界,在这个世界里,千里眼、顺风耳不再是神话。我们生活的方方面面面都与电密切相关。当我们学习到这里,就叩响了电世界的大门,跨进这道门,会逐步引导我们感受精彩,收获成功。

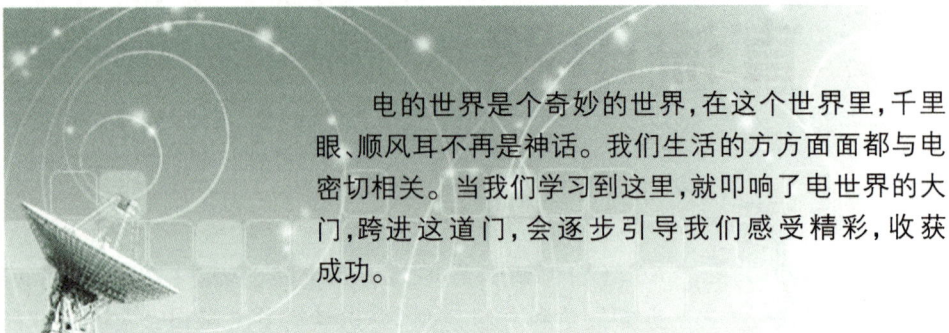

第一节　电路的组成与电路模型

电的世界是怎样的?电路又是什么样的呢?下面让我们一步步地学习和探讨。

一、电路的组成

1.电路组成的基本要素

电路就是电流通过的路径,是人们按一定规则或要求将电子器材或设备连接起来构成的一个整体。电路通常由电源、负载、控制装置和连接导线四部分组成,如图 2-1 所示。电源提供电能,负载是用电设备,控制装置(如开关、熔断器等)进行电路的通、断控制,连接导线起电能传输作用。

图 2-1　简单的实物电路

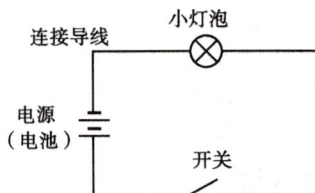

图 2-2　简单电路的模型

电路的作用主要有两个,一是进行电能的传输和转换(比如照明电路),二是对电信号进行加工和处理(比如电视机电路)。

2.电路模型

由于实物电路图的绘制比较麻烦,在进行电路分析时,用一些简单的特定符号来代替这些电子器材和设备的实物,这些特定的符号就是电子元件模型,简称电子元件。

电子元件是构成电路的基本单元。用电子元件模型绘出的电路称为电路模型,简称电路。如图 2-1 所示的实物电路可以用图 2-2 所示电路来表示。

今后我们涉及和分析的电路都是指电路模型。

常用电子设备和器材的电路模型符号见表 2-1。

记一记

表 2-1　常用电子设备和器材的电路模型符号

名　称	符　号	名　称	符　号
电池 (或直流电源)	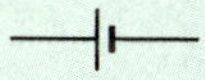	保险丝	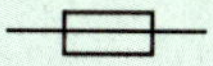
灯泡		电阻	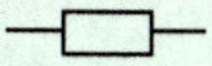
开关	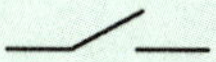	电容	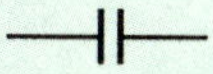
电压表	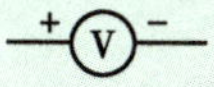	电感	
电流表	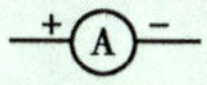	接地	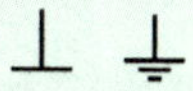

二、常用电池

在电路中,电池是最常见的电源,是电路的重要组成部分。电池有两个引出电极,分别是正极和负极。在各种类型的电池上,其正、负极一般都有标注,使用时要分清楚。

电池最重要的参数有两个:额定电压和容量。额定电压是指电池能够提供的额定输出电压值,不同电池的额定电压也不相同,常用的有 1.2,1.5,3.3,9,12,15 V 等。电池的容量是指它容纳电量的多少,一般用放电电流与放电时间的乘积来表示,常用单位为 A·h(安时)或 mA·h(毫安时)。例如某电池的容量是 800 mA·h,说明当它用 800 mA 的电流放电时,能够使用 1 小时(如果用 400 mA 的电流放电,则能够使用 2 小时)。

电池的种类很多,可按不同的方式进行分类。

认一认

（1）根据电池的外形分类

根据电池的外形不同，可分为圆柱形、方形、纽扣形和薄片形等。其外形和特点见表 2-2。

表 2-2 几种不同外形的电池

种　类	外　形	特　点
圆柱形电池	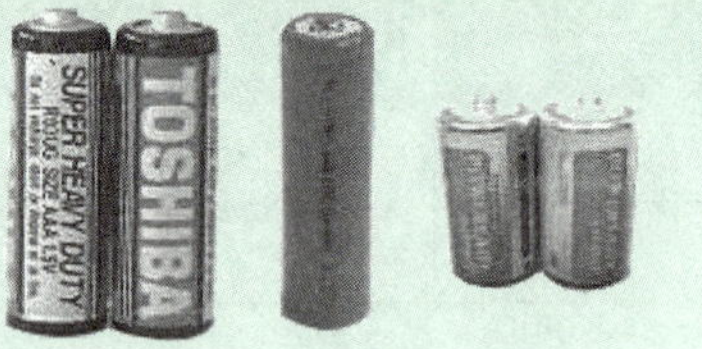	是最常用的电池，电压值一般为每节 1.5 V，在一般的电子产品中使用，根据体积大小不同，由大到小依次分为 1，2，5，7 号
方形电池		这类电池也称为叠层电池，其电压值较高，常用的有 9，15 V 等。这种电池适用于需要较高工作电压而工作电流需求较小的场合，如用在无线话筒、万用表中
纽扣形电池		这类电池体积小、质量小、容量较小。根据输出电压不同有 1.5，3 V 等多种，适用于一些耗电量不大的小型电子产品中，如电子表、助听器等
薄片形电池		太阳能电池是常见的薄片形电池，是一种环保能源，常用于计算器、家用电器（如电热水器）的户外太阳能供电等

（2）根据充电性能分类

根据充电性能，可将电池分为一次性电池和充电电池（俗称蓄电池）两大类。

◆一次性电池　只能一次性使用，存储的电量用完就废弃的电池（要注意环保），也就是常说的干电池。一部分方形电池、纽扣形电池以及绝大部分圆柱形电池都属于一次性电池。

◆**充电电池** 可以通过充电器补充电能,从而重复使用的电池。充电电池一般在其壳上都有"充电电池"的字样标注或说明,图 2-3 所示是几种常见的充电电池。圆柱形充电电池主要用于照相机、电动剃须刀等电子产品中;手机电池(充电宝)多种多样,其容量大小也各不相同;电瓶是一种能储存较多电能量的蓄电池,常用于汽车、煤矿采矿灯照明等。

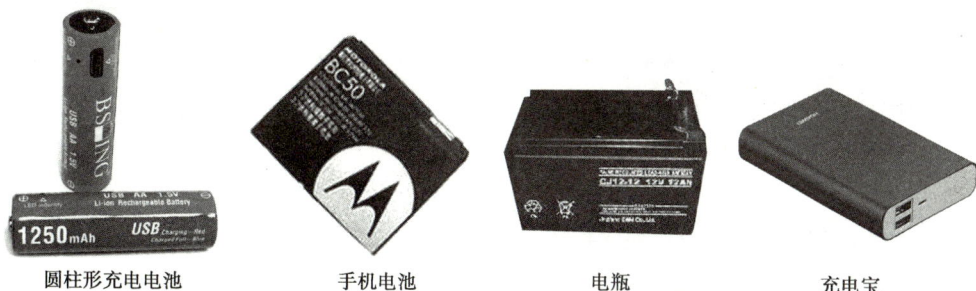

| 圆柱形充电电池 | 手机电池 | 电瓶 | 充电宝 |

图 2-3 几种充电电池

查一查

同学们,根据所使用的材料不同,电池又可分为多种,它们的性能差别很大。请通过相关的资料或网站进行查找,看你能找出多少种不同材料的电池,它们各有什么性能? 将找出的结果填入表 2-3 中。

表 2-3 不同材料的电池

电池的名称	主要性能特点

第二节 电路的基本物理量及其测量

前面学习了电路的组成和电路模型,我们该怎样去分析电路呢? 电路中都有哪些物理量和参数呢?

一、电路的基本物理量

电路中的基本物理量包括电动势、电位、电能、电压、电流以及电功率等。

1.电动势

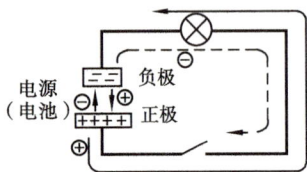

图 2-4 电动势示意图

在电路中,电源的作用是提供电能,如图 2-1 和图 2-2 所示。在电源的正极聚集有大量的正电荷,电源的负极则聚集有大量的负电荷。电路正常工作时,正电荷由电源的正极出发,经开关、负载(小灯泡)后回到电源的负极,负电荷的移动方向则与正电荷相反,如图 2-4所示。

随着时间的推移,会使大量的正电荷移动到电源的负极,而大量的负电荷移动到正极,这会导致电源不能持续向电路提供电能。为了解决这个问题,在电源的内部有一种非静电力,会源源不断地把电源负极的正电荷经其内部运送到正极(如图 2-4 所示),而将负电荷源源不断地由电源正极运送到负极。

为了衡量电源内部这种对电荷运送能力的强弱,引入电动势的概念。电动势 E 等于非静电力运送电荷所做的功 W 与所运送的电荷量 q 的比值,即

$$E = \frac{W}{q} \tag{2-1}$$

式中　E——电源电动势,单位名称为伏[特],符号是 V;

　　　W——非静电力运送电荷所做的功,单位名称为焦[耳],符号是 J;

　　　q——电量,单位名称为库[仑],符号是 C。

电动势是衡量电源做功能力大小的物理量,它只存在于电源的内部,电动势的方向由电源的负极经内部指向正极。

2.电流

电荷的定向移动形成电流。规定正电荷定向移动的方向为电流的方向。电流 I 的大小等于流过导体横截面的电荷量 q 与所用时间 t 的比值,即

$$I = \frac{q}{t} \tag{2-2}$$

式中　t —— 时间,单位名称为秒,符号是 s;

　　　I —— 电流,单位名称为安[培],符号是 A,常用的电流单位还有毫安(mA)和微安(μA),它们的关系为:

$$1 \text{ A} = 1\,000 \text{ mA}$$

$$1 \text{ mA} = 1\,000 \text{ } \mu\text{A}$$

讲一讲

【例题 2-1】

已知在 2 分钟内通过某灯泡灯丝的电量为 12 C,求流过灯丝的电流。

解　　$I = \dfrac{q}{t} = \dfrac{12 \text{ C}}{60 \text{ s} \times 2} = 0.1 \text{ A}$

3. 电压

在没有外在因素影响时,导体中电荷的运动是杂乱无章的,要使电荷定向移动形成电流,必须在导体两端加上电压。这与水的流动相似,要让水通过水管从甲地流到乙地(比如从一楼流上二楼),必须要给水加上水压(由高往低流时,水自身的重力在水管中可形成流动所需要的水压)。

在外加电压的作用下,电荷会定向移动形成电流。当电场力将电荷从 A 点移动到 B 点时,电压(U_{AB})的大小等于它移动电荷时所做的功 W 与被移动的电荷量 q 的比值,即

$$U_{AB} = \frac{W}{q} \tag{2-3}$$

式中　U_{AB} —— 电压,单位名称为伏[特],符号是 V。常用的电压单位还有千伏(kV)、毫伏(mV)、微伏(μV),它们的关系为:

$$1 \text{ kV} = 1\,000 \text{ V}$$

$$1 \text{ V} = 1\,000 \text{ mV}$$

$$1 \text{ mV} = 1\,000 \text{ } \mu\text{V}$$

电压的方向是指正电荷在电场力作用下运动的方向,电压的方向一般用箭头表示。如果电场力将正电荷从 A 点移动到 B 点,则电压的方向为:A→B,记为 U_{AB}。电压的两端分别用"+""-"号表示,即 A 点为"+",B 点为"-"。

想辨一辨

从表面上看,电压与电动势的表达式相同,都为$\dfrac{W}{q}$,且它们的单位名称也相同(都为伏[特])。可是二者有显著的区别,主要表现在:

◆ 含义不同。电动势是衡量电源内部非静电力做功能力大小的物理量,而电压是衡量电源外部电路中电场力做功能力大小的物理量。

◆ 存在位置不同。电动势只存在于电源内部,而电压既存在于电源的外部,也存在于电源的内部。

◆ 方向不同。电动势的方向是由负极指向正极,而电压的方向是由正极指向负极。

4. 电位

电压总是存在于某两点之间,例如:U_{AB}是指 A、B 两点之间的电压。在电路中,如果选定一点为参考点,则某一点到参考点之间的电压称为该点的电位。电位用符号 V 表示,例如 A 点的电位为 V_A,电位的单位名称为伏[特](V)。

参考点可以根据电路分析的需要任意选定。在实际应用中,一般选大地作为参考点,参考点的电位为 0 V。参考点一般用接地符号"$\perp$"(或$\underline{\underline{\quad}}$)表示。

电路中某两点之间的电压等于这两点的电位差,例如:

$$U_{AB} = V_A - V_B \tag{2-4}$$

电位与电压既有联系也有区别:电压总是存在于两点之间,其大小与参考点的选择无关;电位是指某点对参考点的电压,选择参考点不同,电位也不同。

5. 电能

电场力在一段时间内所做的功称为电功,数值上就等于电路所消耗的电能。电能的单位名称为焦[耳],符号是 J。通常电能也以耗电量的形式来表示,其单位是千瓦时(kW·h),俗称度。

$$1 \text{ kW} \cdot \text{h} = 3.6 \times 10^6 \text{ J}$$
$$(1 \text{ kW} \cdot \text{h} = 1\,000 \text{ W} \times 3\,600 \text{ s} = 3.6 \times 10^6 \text{ J})$$

电能反映了电以各种形式做功的能力,电能可以转换为动能、热能、光能等。

6. 电功率

电场力在单位时间内所做的功称为电功率,简称功率,用符号 P 表示,其表达式为:

$$P = \dfrac{W}{t} \tag{2-5}$$

式中　W——电功,单位名称为焦[耳],符号是 J;

　　　t——做功所用的时间,单位名称为秒,符号是 s;

　　　P——电功率,单位名称为瓦[特],符号是 W。

🎤 **讲一讲**

【例题 2-2】

在电路中,测得 A、B 两点之间的电压 U_{AB} 为 8 V,如果 A 点电位为 5 V,求 B 点电位为多少?

解 因为 $U_{AB} = V_A - V_B$

所以 $V_B = V_A - U_{AB} = 5 \text{ V} - 8 \text{ V} = -3 \text{ V}$

【例题 2-3】

某电灯泡的功率为 100 W,试求:(1)通电 3 min,该灯泡会消耗多少电能?(2)1 kW·h 电可供该灯泡照明多长时间?

解 (1)因为 $P = \dfrac{W}{t}$

所以 $W = Pt = 100 \text{ W} \times (60 \text{ s} \times 3) = 1.8 \times 10^4 \text{ J}$

或 $W = Pt = 100 \times 10^{-3} \text{ kW} \times \dfrac{3}{60} = 0.005 \text{ kW·h}$

即 3 min 该灯泡会消耗 1.8×10^4 J 的电能。

(2)因为 $P = \dfrac{W}{t}$

所以 $t = \dfrac{W}{P} = \dfrac{1 \text{ kW·h}}{100 \times 10^{-3} \text{ kW}} = 10 \text{ h}$

即 1 kW·h 电可供该灯泡照明 10 h。

✏️ **做一做**

你家(或你的教室)共有几件用电器?这些用电器的总功率是多少?如果这些用电器每天都工作 2 h,每个月(30 天)会消耗多少电能?每个月需要交多少电费[按 0.5 元/(kW·h)计算]?如果每件用电器每天少开 0.5 h,一年能节省多少电费?

二、电流、电压的参考方向

1.电流的参考方向

在实际电路中,有时某支路的电流方向是难以确定的,为了使电路的分析和计算更方便,常常先给电路假设一个电流方向,这个方向就是电流的参考方向。例如:图 2-5 所示电路中,不知道流过灯泡的电流 I 的方向如何,可以先假设电流 I 的方向为 a→b,这个方向就可以作为我们分析电路的一个参考电流方向。

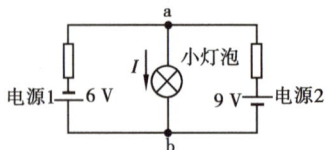

图 2-5　电流的参考方向

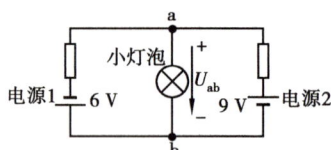

图 2-6　电压的参考方向

选取参考方向的目的主要是利于对电路进行分析和计算。经过分析或计算,如果得到的电流值是正值,说明实际的电流方向与参考方向相同;如果算出的电流值是一个负值,则说明实际电流方向与参考方向相反。

2.电压的参考方向

在对电路进行分析和计算时,也需要给电压选取参考方向,它也是一个假定的方向。例如:图 2-6 所示电路,不知灯泡两端电压的方向,则假定其方向为 a→b,这个方向就是灯泡两端电压的参考方向。

同样,如果计算出该电压是一个正值,则电压的实际方向与参考方向相同;如果计算出该电压是一个负值,则电压的实际方向与所选的参考方向相反。

三、测量直流电路中的电流、电压

1.测量直流电路中的电流

直流电路中的电流可用电流表(安培表)来测量,图 2-7 所示为测量流过小灯泡的直流电流的电路。

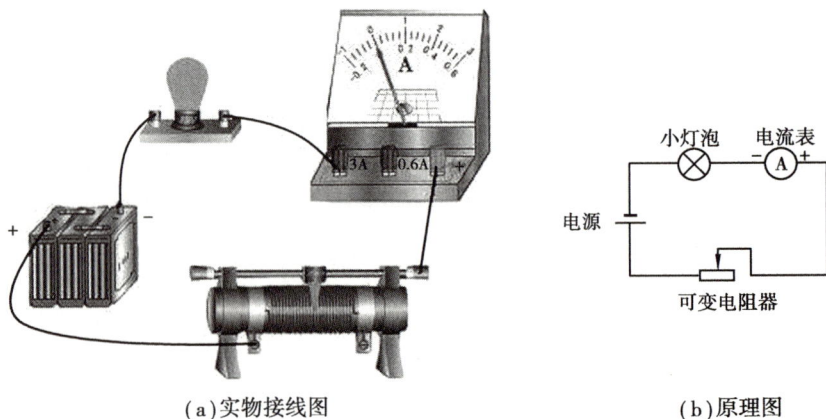

(a)实物接线图

(b)原理图

图 2-7　测量直流电路中的电流

记一记

直流电流的测量方法:将电流表串联接入被测电路中进行测量。

⚠ 注意

(1)电流表要选择合适的量程或挡位。

(2)电流表串联接入被测电路时,保证电流从"+"接线柱(红色)流进,从"−"接线柱(蓝色或黑色)流出。

在实际使用中,常常用万用表代替电流表进行测量。

2.测量直流电路中的电压

直流电路中电压可用电压表(伏特表)来测量,图 2-8 所示为测量小灯泡两端直流电压的电路。

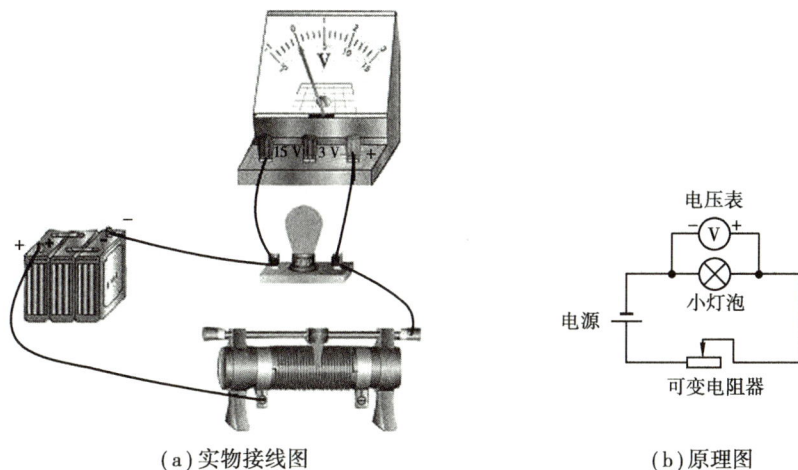

(a)实物接线图   (b)原理图

图 2-8   测量直流电压

记一记

直流电压的测量方法:将电压表并联在被测器件的两端进行测量。

> **注意**
>
> （1）电压表要选择合适的量程或挡位。
>
> （2）电压表并联在被测电路的两端时，保证"＋"接线柱（红色）接高电位端，"－"接线柱（蓝色或黑色）接低电位端。
>
> 在实际测量过程中，常常用万用表代替电压表进行测量。

> **想一想**
>
> （1）当用万用表代替电流表测量直流电流时，应选择万用表的什么挡位？万用表的表笔应怎样连接？
>
> （2）当用万用表代替电压表测量直流电压时，应选择万用表的什么挡位？万用表的表笔应怎样连接？

第三节 电 阻

> **查一查**
>
> 电阻在电路中有什么作用？

电阻是最常用的电子元件，也是最重要的电子元件之一，然而电阻有哪些种类呢？各有什么特点？我们该怎样去识别、检测和合理使用电阻呢？下面我们来逐一进行学习。

一、电阻器及其参数

1.电阻器及其参数

当电流流过某种物质时，物质对电流有一定的阻碍作用，这个阻碍作用就是物质的电阻。不同的物质对电流的阻碍作用是不同的，所以可以用不同的物质制作成多种电阻器(简称电阻)。电阻是电路中应用最多的元件之一,常用的电阻有线绕电阻、碳膜电阻、氧化膜电阻、金属膜电阻等。常见的白炽灯、电烙铁、电炉丝等都是典型的电阻性器件。

电阻器的主要参数有阻值、功率、误差以及材料等,见表 2-4。

表 2-4　电阻器的主要参数

参数	阻　值	功　率	误　差	材　料
含义	表示电阻器对电流阻碍作用的强弱。阻值越大,阻碍作用越强	表示电阻器在正常工作中能够承受的最大功率值	指电阻器的标称电阻值与实际电阻值的差异	指构成电阻体的材料种类。不同材料的电阻性能不同
表示	电阻用字母 R 表示,它的单位名称是欧[姆](Ω)、千欧(kΩ)或兆欧(MΩ),它们的关系为: 1 kΩ = 1 000 Ω 1 MΩ = 1 000 kΩ	有 1/16,1/8,1/4,1/2,1,2,5,10 W 等。小功率电阻的功率一般通过体积的大小来表示;功率在 1 W 以上的,一般将功率值直接标注在电阻体上	用百分比来表示。普通精度电阻(4 环)的误差有 ±5%、±10%、±20% 三种,高精度电阻(5 环)的误差有 ±1%、±2% 等	一般用字母标注电阻的材料,有的可通过外观和颜色来分辨电阻材料,如:蓝色电阻为金属膜电阻

2. 导体电阻的计算

导体是导电性能良好的物体,绝缘体是导电性能差的物体,半导体是导电性介于导体与绝缘体之间的物体。

在一定的温度下,导体的电阻值大小与导体的材料、长度和横截面积的大小有关,这种关系称为电阻定律,其表达式为:

$$R = \rho \frac{L}{S} \tag{2-6}$$

式中　ρ——电阻率,由导体的材料决定,单位名称为欧米,符号是 $\Omega \cdot m$;

　　　L——导体的长度,单位名称为米,符号是 m;

　　　S——导体的横截面积,单位名称为平方米,符号是 m^2。

不同材料的电阻率是不同的,电阻率小的材料是导体,电阻率大的材料是绝缘体。部分导电材料的电阻率见表 2-5。

表 2-5　部分导电材料的电阻率

材　料	电阻率/(Ω·m)	材　料	电阻率(20℃)/(Ω·m)
银	$1.65×10^{-8}$	铂	$1.06×10^{-7}$
铜	$1.75×10^{-8}$	低碳铜	$1.30×10^{-7}$
铝	$2.83×10^{-8}$	锰铜	$4.40×10^{-7}$
钨	$5.30×10^{-8}$	康铜	$5.00×10^{-7}$

讲一讲

【例题 2-4】

已知一段横截面积为 2.5 mm² 的铜线,其长度为 500 m,求这段铜线的总电阻。

解　根据电阻定律,得:

$$R = \rho \frac{L}{S} = 1.75 × 10^{-8}\ \Omega \cdot m × \frac{500\ m}{2.5 × 10^{-6}\ m^2} = 3.5\ \Omega$$

3.电阻与温度的关系

绝大多数导体的电阻值随着温度的升高而增大,图 2-9 能够清晰地反映这一点。一般温度每升高 1 ℃,电阻值会增加千分之几。

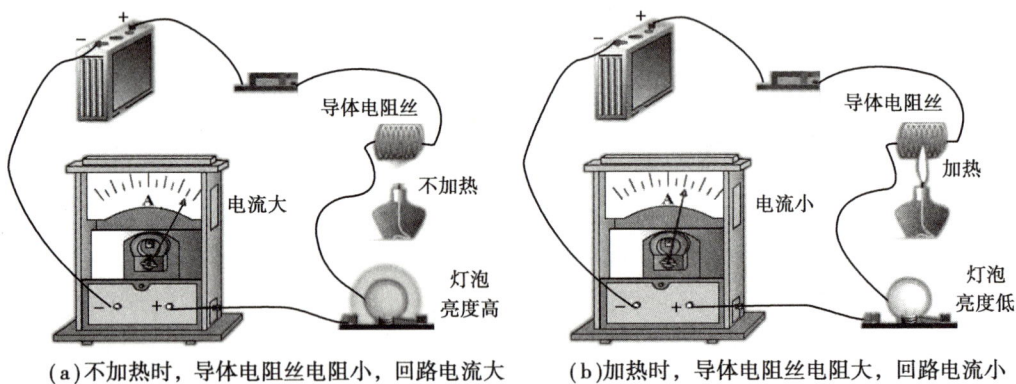

(a)不加热时,导体电阻丝电阻小,回路电流大　　　(b)加热时,导体电阻丝电阻大,回路电流小

图 2-9　温度对导体电阻的影响

例如:电灯泡的灯丝是用钨丝制造的,钨丝的电阻随温度升高而增大,温度升高 1 ℃,电阻约增大 0.5%。灯丝发光时温度约 2 000 ℃,所以灯丝发光时电阻较常温时约增大 10 倍。由于灯丝发光时的电阻比不发光时大得多,所以刚接通电路时灯丝电阻小,电流很大,灯泡往往就在刚接通瞬间损坏。

绝缘体的电阻会随着温度的升高而减小;半导体的电阻受温度的影响非常明显,温度稍有增加,电阻值急剧变化。

4.超导现象

物质在低温下电阻突然消失的现象称为超导现象。不同的物质会在不同的低温点(临界温度点)出现超导现象,例如水银的临界温度为−269 ℃左右。对超导特性的研究可以在工程技术上得到很好的利用,超导磁悬浮列车就是典型的例子。

读一读

超导材料的应用

超导材料的应用非常广泛,主要分为三个方面:大电流应用(强电)、电子学应用(弱电)和抗磁性应用。

超导材料最诱人的应用是大电流应用,即发电、输电和储能。由于超导材料在超导状态下具有零电阻和完全的抗磁性,因此只需要消耗极小的电能就可以获得10万高斯(1高斯$=10^{-4}$特[斯拉])以上的稳态强磁场。而用常规导体做磁体,要产生这么大的磁场,需要消耗3.5兆瓦(1兆瓦$=1\,000$千瓦)电及大量的冷却水,投资巨大。超导体还可用于制作交流超导发电机、磁流体发电机和超导输电线路等。超导发电机利用超导线圈磁体可以将发电机的磁场强度提高到5万~6万高斯,并且几乎没有能量损失。超导发电机的单机发电容量比常规发电机提高5~10倍,达到1万兆瓦,而体积减小1/2,整机重量减小1/3,发电效率提高50%。磁流体发电是利用高温导电性气体作导体,并高速通过5万~6万高斯的强磁场而发电。超导材料还可以制作超导电线和超导变压器,从而把电力几乎无损耗地输送给用户。目前的铜或铝材输电线,约有15%的电能损耗在输电线路上。在中国,每年的电力损失达1 000多亿千瓦时,若改为用超导材料输电,节省的电能相当于新建了8~10个葛洲坝水电站。

超导材料的电子学应用包括超导计算机、超导天线、超导微波器件等。超导的抗磁性应用主要应用于磁悬浮列车和热核聚变反应堆等。

二、线性电阻与非线性电阻

线性电阻与非线性电阻的概念及特点见表2-6。

表 2-6　线性电阻与非线性电阻

种　类	概　念	特　点	应用说明
线性电阻	电阻两端的电压与通过它的电流成正比，其电压与电流关系曲线(称伏安特性曲线)为直线	①线性电阻的电阻值为常数，不受两端的电压和流过的电流大小的影响；②线性电阻适用于欧姆定律	常用的电阻大多是线性电阻，比如：常温下金属导体的电阻是线性电阻等
非线性电阻	电阻两端的电压与通过它的电流不成正比，其伏安特性曲线不是直线	①非线性电阻的电阻值不是常数；②非线性电阻不适用欧姆定律	半导体材料电阻、热敏电阻、光敏电阻等，常用作各种传感器

三、电阻器的识别

认一认

1.常用电阻器的识别

常用电阻器的种类很多,其分类方法和特性也各不相同,图 2-10 是部分常用电阻器的外形图。

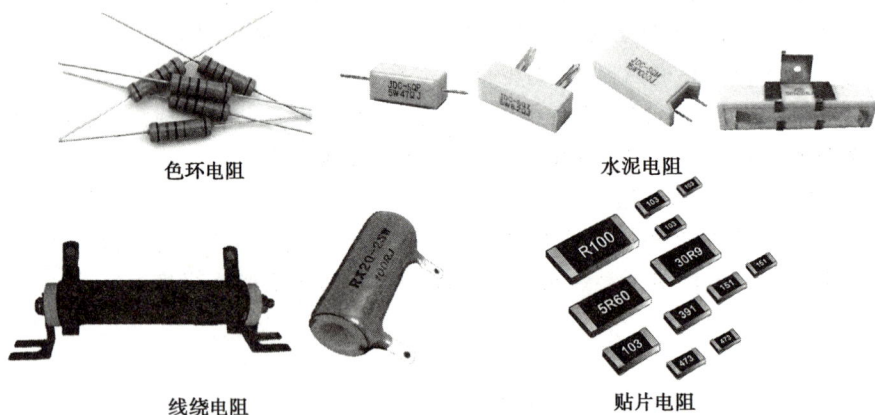

色环电阻　　　　　　　水泥电阻

线绕电阻　　　　　　　贴片电阻

图 2-10　常用电阻

在使用电阻器时,关键是要能够识别其主要参数。电阻器最主要的参数是阻值、误差和功率,我们可以通过电阻器的参数标注来进行识别。电阻器参数的标注法有几种,见表 2-7。

表 2-7 电阻器参数的标注

标注法	含　义	实例及说明
直接标注	用数字直接将电阻值、误差等标注在电阻体上,对于功率较大的电阻还标注出其功率(有时误差用字母表示,F 为 ±1%,G 为 ±2%,J 为 ±5%,K 为 ±10%,M 为 ±20%)	 表示该电阻的功率为 5 W,电阻值为 0.1 Ω,误差为 ±5%
字符标注	用数字和符号组合起来标注电阻器的电阻值和误差	3R3K 表示电阻值为 3.3 Ω,误差为 ±10%;6K8J 表示电阻值为 6.8 kΩ,误差为 ±5%
数码标注	用三位数字表示电阻的阻值,其中前两位为有效数字,第三位为倍率(即后边加 0 的个数),单位为 Ω	471:表示 470 Ω; 103:表示 10 kΩ(10 000 Ω)
色环标注	在电阻体上用颜色环表示电阻器的参数,分为 4 环标注法和 5 环标注法两种,5 环标注法更精密(靠端头更近的一边为第 1 环) ①4 环标注法:有 4 道颜色环,前 2 环为有效数字,第 3 环为后边加 0 的个数,单位为 Ω,第 4 环为误差,如下图: 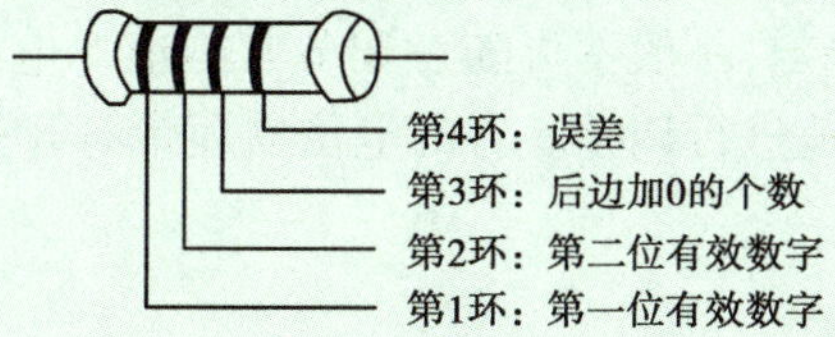 第4环:误差 第3环:后边加0的个数 第2环:第二位有效数字 第1环:第一位有效数字 ②5 环标注法:有 5 道颜色环,前 3 环为有效数字,第 4 环为后边加 0 的个数,单位为 Ω,第 5 环为误差 ◆颜色对应的数字:银-2,金-1,黑 0,棕 1,红 2,橙 3,黄 4,绿 5,蓝 6,紫 7,灰 8,白 9 ◆4 环标注法的误差:金 ±5%,银 ±10% ◆5 环标注法的误差:棕 ±1%,红 ±2%,绿 ±5%	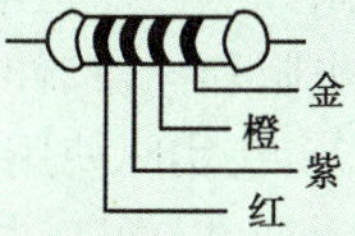 金 橙 紫 红 电阻参数为:27(1±0.05)kΩ 又如: 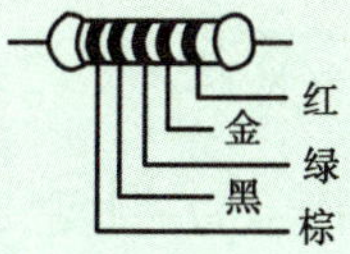 金 红 绿 黑 棕 电阻参数为:10.5(1±0.02)Ω

做一做

　　找出直接标注、字符标注、数码标注、色环标注的电阻各五个,进行电阻参数识别练习,看谁认得准、认得快,并将识别情况填写在下表中。

	直接标注电阻	字符标注电阻	数码标注电阻	色环标注电阻
认识正确数量				
所用时间				
总体评价				

2.特殊电阻器的识别

　　特殊电阻是指一些由特殊材料构成的电阻或具有特殊功能和要求的电阻,如大功率电阻、高精度电阻、熔断电阻器(也称保险丝电阻)、可调电阻和电位器、电阻传感器等。这里主要介绍熔断电阻器以及可调电阻和电位器。

　　(1)熔断电阻器

　　熔断电阻器是一种具有电阻器和熔断器双重作用的元件。在额定电流内,熔断电阻器起固定电阻的作用,当电路出现过电流时,熔断电阻器起熔断保护作用。在电路中,熔断电阻器的阻值一般都较小,熔断电阻器用字母"RF"表示。

　　熔断电阻器分为一次性熔断电阻器和可恢复式熔断电阻器两种。

　　(2)可调电阻和电位器

　　可调电阻和电位器是电阻值可以调节和变化的电阻器。

　　①可调电阻和电位器的外形及符号。可调电阻也称微调电阻,其电阻值可以通过小螺丝刀调节,在实际使用中,一经调定,一般不再随意调节其阻值。电位器一般有调节电阻值的手柄,以便随时对其电阻值进行调整。有的电位器还带有开关功能。

认一认

　　图 2-11 所示为一些常见的可调电阻和电位器。

　　可调电阻在电路图中常用字母"R"表示,电位器在电路图中常用字母"RP"表示。它们的图形符号如图 2-11 所示。

可调电阻

电位器

(a)实物图

1 —□— 3   可调电阻
2

1 —□— 3   电位器
2

(b)电路符号

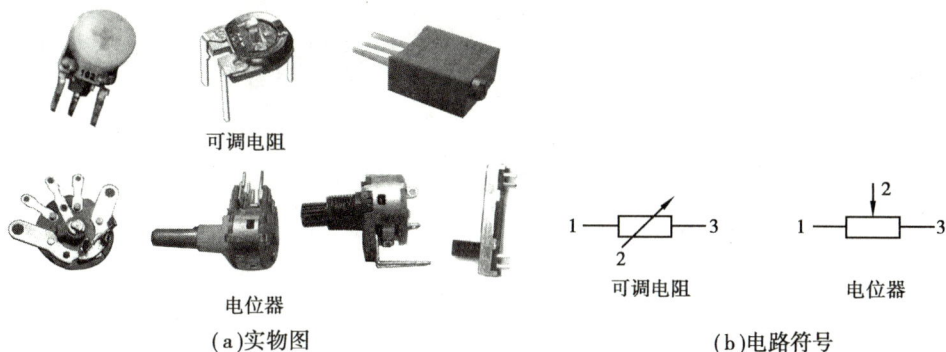

图 2-11　可调电阻和电位器

想一想

　　你所接触的电子产品中,哪些电子产品使用了可调电阻或电位器? 它们在该电子产品中起什么作用?

　　②可调电阻和电位器的检测。用万用表的电阻挡对可调电阻和电位器进行检测,见表 2-8。

表 2-8　可调电阻和电位器的检测

种　类	检测示意图	检测说明及判断
测试可调电阻（分两步）		用万用表的两支表笔测量可调电阻两端(1、3 端)的电阻,测得阻值为其标称阻值,其大小不受调节的影响。如果数字万用表显示溢出标志"1",阻值为无穷大,说明可调电阻内部开路损坏
		用万用表的两支表笔测量可调电阻的中心引脚(2)和其中一端引脚(1 或 3)之间的电阻,用螺丝刀调节其阻值,阻值应在 0 Ω～标称阻值均匀变化,否则性能不好或已损坏

续表

种 类	检测示意图	检测说明及判断
测试电位器 （分两步）	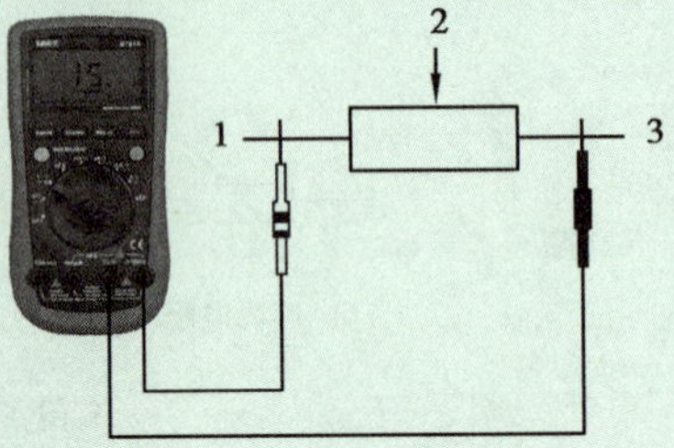	与测试可调电阻的第一步相同
	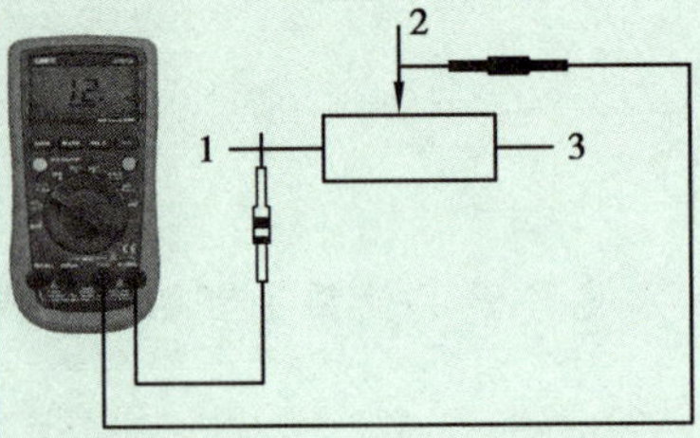	与测试可调电阻的第二步相同 （只是调节电阻时不用螺丝刀，而是直接调节手柄）

做一做

可调电阻、电位器各一个，进行测量练习，看谁测得准、测得快，并将测量情况记录在下表中。

器 件	标称阻值	好 坏	用 时	总体评价
可调电阻				
电位器				

3.电阻传感器的识别

认一认

电阻传感器是将自然界中的一些物理量或物理现象的变化转变成电阻值变化的器件，常用于各种自动检测和控制设备（电路）中。常见的电阻传感器有热敏电阻、光敏电阻、气敏电阻、湿敏电阻、压敏电阻等，见表2-9。

表 2-9　常见的电阻传感器

种类	外型图	符 号	功能特点
热敏电阻	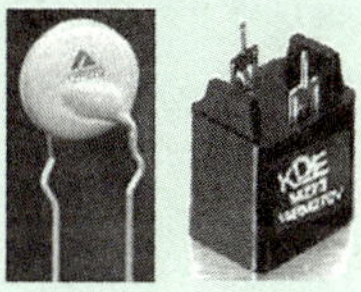	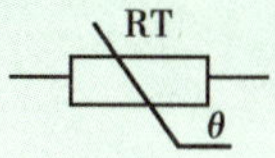 RT θ	热敏电阻是随着温度变化,其电阻值有很大变化的一种电阻,分正温度系数的热敏电阻和负温度系数的热敏电阻两种 彩色电视机的消磁电路中采用正温度系数的热敏电阻
光敏电阻	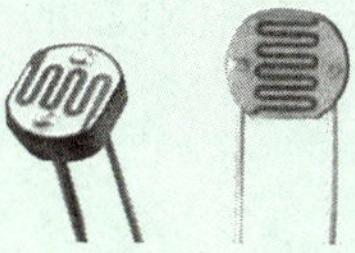	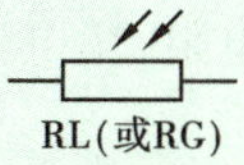 RL(或RG)	光敏电阻是随着光线的强弱变化,其电阻值有较大变化的电阻 楼梯间的声光控路灯开关电路中就采用了光敏电阻
气敏电阻		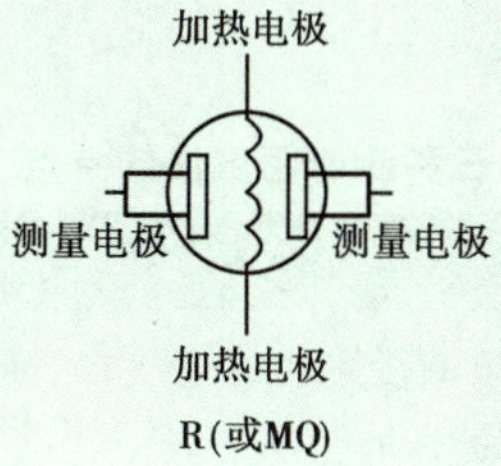 加热电极 测量电极　测量电极 加热电极 R(或MQ)	气敏电阻是一种将检测到的气体成分和浓度转换为相应电信号的传感器。不同型号的气敏电阻对不同的气体敏感,有的对汽油敏感,有的对酒精敏感,有的对一氧化碳敏感等 气敏电阻广泛用于酒精度检测设备、室内燃气报警设备、煤矿安全报警检测设备等中
湿敏电阻		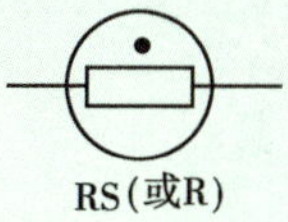 RS(或R)	湿敏电阻对环境湿度敏感,它吸收环境中的水分,直接把湿度的变化变成电阻值的变化 湿敏电阻主要用于空气湿度检测设备中
压敏电阻	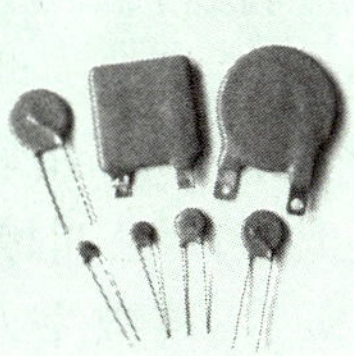	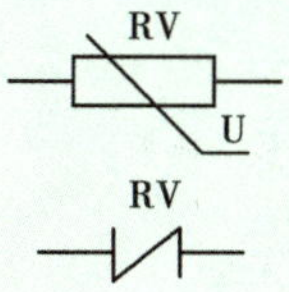 RV U RV	压敏电阻主要用作电路的过压保护。使用中,压敏电阻和电路并联,外加电压正常时其电阻值很大,不起作用;外加电压一旦超过保护电压,它的电阻值迅速变小,使电流尽量从自己身上流过,烧断保险,从而保护了电路 电视机、电话机等内部都采用了压敏电阻

查一查

同学们可以通过书籍资料或上网去查找,看还有些什么特殊功能的电阻? 它们的符号和特点是什么?

四、电阻的测量

在实际应用中,我们该怎样来测电阻呢? 根据不同的要求,对电阻器的测量主要有三种方法:用万用表测电阻、用兆欧表测电阻、用电桥测电阻。这三种测量方法的特点见表2-10。

记一记

表 2-10　三种测电阻方法的特点

测　法	特　点
万用表测电阻	对普通电阻的阻值测量采用这种方法,简单、方便、快捷,是最常用的测量电阻阻值的方法
兆欧表测电阻	适用于测量阻值很大的电阻(MΩ 级),常用于测量设备的绝缘电阻
电桥测电阻	适用于对电阻值进行精确测量

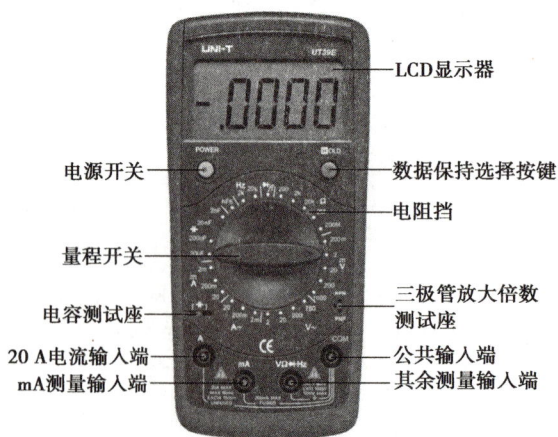

LCD显示器

电源开关
量程开关
电容测试座
20 A电流输入端
mA测量输入端

数据保持选择按键
电阻挡
三极管放大倍数测试座
公共输入端
其余测量输入端

图 2-12　万用表的欧姆挡

下面分别对这三种测电阻的方法加以介绍。

1.用数字万用表测电阻

检测电阻最常用的方法是用万用表进行检测,可以很容易地测出电阻的阻值。测量前先熟悉 UT39E 数字万用表的外表结构和电阻挡(也叫欧姆挡)。如图2-12所示,该数字万用表有五个电阻挡位,分别是:200 Ω、2 kΩ、20 kΩ、2 MΩ、200 MΩ。

用万用表测电阻的步骤和要点见表2-11。

记一记

表2-11 用数字万用表测电阻

检测步骤		方法要点	注意事项
第1步	准备	将红表笔插入"VΩ"插孔,黑表笔插入"COM"插孔	在测试时,人体不能同时接触被测电阻的两端,以免人体电阻影响测量的准确性
第2步	选挡测量	将量程开关置于合适的"Ω"测量挡(200 Ω、2 kΩ、20 kΩ、2 MΩ、200 MΩ),并将表笔并联到待测电阻上	
第3步	读取阻值	从显示器上直接读取被测电阻值,读数方法为:测量值=显示值+单位(LCD屏上方)	

做一做

用万用表测量电阻。

(1)实训目的:学会用万用表测量电阻的方法。

(2)器材准备:数字万用表一块,色环电阻三个。

(3)测试过程:依次测量三个电阻的阻值,并将测量过程填入表2-12中。

(4)实训评价:分自评、小组评、老师评,并将评价也填入表2-12中。

表 2-12　用万用表测电阻实训记录表

班　级		姓　名		
项　目		被测电阻		
识别和测试	电阻编号	R_1	R_2	R_3
	色环记录			
	测得阻值			
对测试过程和手法的评价	自评：			
	小组评：			
	老师评：			

查一查

怎样使用数字万用表检测电阻？

2.用兆欧表测绝缘电阻

兆欧表是常用于测量设备绝缘电阻的仪表，其核心是一个手摇式发电机。常用的兆欧表根据电压不同可分为 250,500,1 000 V 等几种，兆欧表的外形如图 2-13 所示。

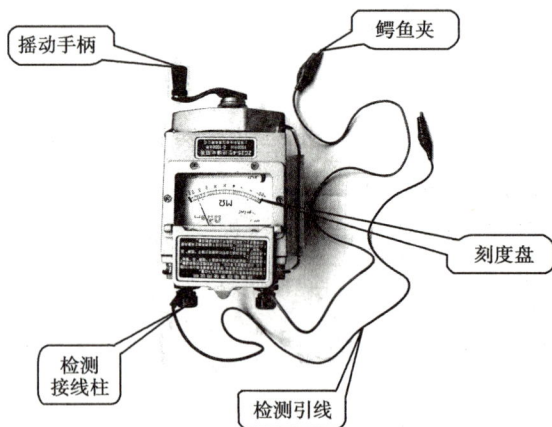

摇动手柄　鳄鱼夹　刻度盘　检测接线柱　检测引线

图 2-13　兆欧表

用兆欧表检测设备绝缘电阻的步骤和要点见表 2-13。

记一记

表 2-13   用兆欧表检测设备的绝缘电阻

检测步骤		方法要点	注意事项
1	校零检查	稍慢而匀速地摇动兆欧表的手柄,指针向"∞"位置偏转,快速碰触短接两鳄鱼夹,观察刻度盘,在短接瞬间如果指针能够迅速回到 0 位置,说明兆欧表正常,可以进行绝缘电阻测量	①测试过程中,不要将两根引出线绞接在一起,否则可能会影响测量的准确性;
2	检测与读数	停止摇动手柄,将两引线的鳄鱼夹分别夹住被测绝缘电阻的两端,稍快而匀速地摇动兆欧表的手柄,观察刻度盘,指针会慢慢移动,最后停留在某一刻度位置,此时指针所指示的读数即为测得的绝缘电阻值	②摇动手柄时兆欧表的两检测端会输出较高的电压,此时人体不能同时接触兆欧表的两个检测端或鳄鱼夹,以防电击

查一查

兆欧表的参数有哪些? 如何选购兆欧表?

3. 用电桥测量电阻

电桥是一种可以精确测量电阻阻值的装置。

(1)电桥原理

电桥电路如图 2-14 所示,被测电阻 R_X 与已知电阻 R_1、R_2、R_3 组成电桥的四个桥臂。四边形的一个对角线上接电源 E 和开关 S,另一个对角线接有检流计 G(该支路称为"桥")。

当 B、D 两点之间的电位相等时,"桥"路中的电流 $I_g = 0$,检流计指针指示为零,这时电桥处于平衡状态,此时 $V_B = V_D$

图 2-14   电桥原理图

于是有 $\dfrac{R_X}{R_3} = \dfrac{R_1}{R_2}$

则被测电阻为:

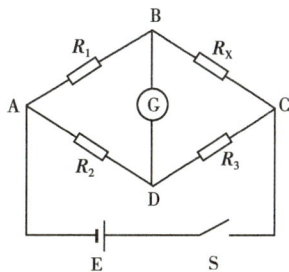

$$R_X = \frac{R_1}{R_2}R_3$$

式中　$\dfrac{R_1}{R_2}$——电桥的比率臂，称为倍率 κ；

　　　R_3——比较臂。

（2）用 QJ-23 型箱式电桥测电阻

QJ-23 型箱式电桥如图 2-15 所示，它可以测量阻值在 1 Ω~1 MΩ 的电阻。

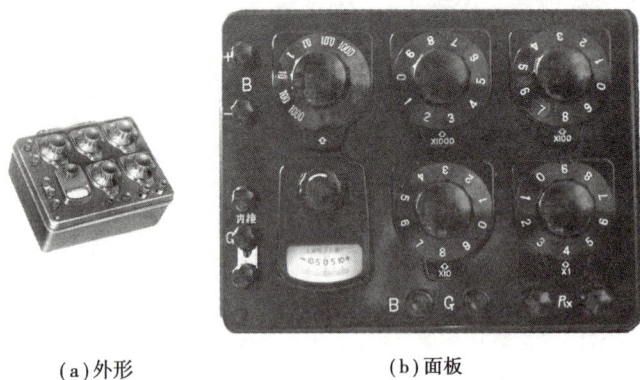

（a）外形　　　　　　（b）面板

图 2-15　QJ-23 型箱式单臂电桥

图 2-16 为 QJ-23 型箱式电桥的面板示意图。

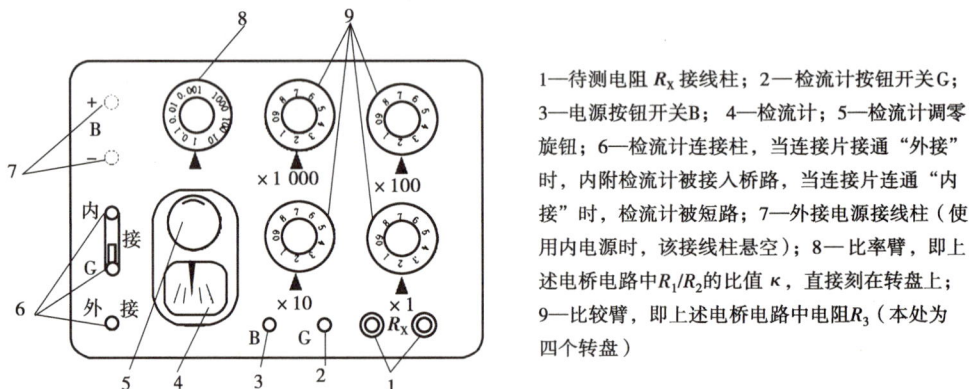

1—待测电阻 R_X 接线柱；2—检流计按钮开关G；3—电源按钮开关B；4—检流计；5—检流计调零旋钮；6—检流计连接柱，当连接片接通"外接"时，内附检流计被接入桥路，当连接片连通"内接"时，检流计被短路；7—外接电源接线柱（使用内电源时，该接线柱悬空）；8—比率臂，即上述电桥电路中R_1/R_2的比值 κ，直接刻在转盘上；9—比较臂，即上述电桥电路中电阻R_3（本处为四个转盘）

图 2-16　QJ-23 型箱式电桥面板功能

用 QJ-23 型箱式电桥测电阻的步骤和要点见表 2-14。

记一记

表 2-14　用 QJ-23 型箱式电桥测电阻

检测步骤	方法要点	注意事项
1	平放电桥,断开 G"内接"连接片;按要求接好电源 E 和检流计 G 的连接片;然后调节检流计 5,使其对准零刻度	电桥使用完毕,必须断开"B"和"G"按钮
2	接入待测电阻 R_X,根据 R_X 的估值选取合适的倍率 κ(尽量使 R_3 的第一位值在 1~9),确定 R_3 初始值(粗略值),将 R_3 取相应的粗略值	
3	操作开关 B 和 G 调电桥平衡:按下 B(并锁住),再按 G,观察检流计指针偏转情况,试探电桥是否平衡。对 R_3 进行细调(四个转盘),使电桥完全达到平衡。记下 R_3 及 κ 值,则 $R_X = R_3 \times \kappa$	

第四节　欧姆定律

在电路中,电压、电流和电阻之间有什么关系呢?下面我们通过对欧姆定律的学习来理解这一点。

一、欧姆定律

欧姆定律包括部分电路的欧姆定律和全电路的欧姆定律。

1.部分电路的欧姆定律

部分电路的欧姆定律是针对电路中某一个电阻性元件上的电压、电流与电阻值之间关系的定律。我们常说的欧姆定律一般就是指部分电路的欧姆定律,见表 2-15。

记一记

表 2-15　部分电路的欧姆定律

部分电路欧姆定律内容	电　路	条　件	表达式	说　明
电路中流过某电阻的电流与该电阻两端的电压成正比,与该电阻的阻值成反比		电流与电压参考方向相同	$I = \dfrac{U}{R}$ 或 $U = IR$	只适用于线性电阻和线性电路
		电流与电压参考方向相反	$I = -\dfrac{U}{R}$ 或 $U = -IR$	

讲一讲

【例题 2-5】

电路及参数如图 2-17 所示,求流过电阻 R 的电流 I。

解　在(a)图中,电流与电压的方向相同,根据欧姆定律可得:

$$I = \frac{U}{R} = \frac{6\ \text{V}}{120\ \Omega} = 0.05\ \text{A}$$

在(b)图中,电流与电压的方向相反,根据欧姆定律可得:

$$I = -\frac{U}{R} = -\frac{6\ \text{V}}{10\ \Omega} = -0.6\ \text{A}$$

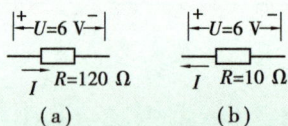

图 2-17　电路图

做一做

如图 2-18 所示电路中,分别求(a)、(b)图的电压 U。

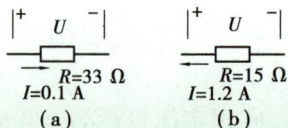

图 2-18　电路图

2.全电路的欧姆定律

什么是全电路? 全电路的欧姆定律与部分电路的欧姆定律有什么不同?

全电路是指由电源和负载构成的一个闭合回路。全电路的欧姆定律是针对这个闭合回路的电源电动势、电流、负载电阻及电源内阻之间关系的定律,见表2-16。

记一记

表2-16　全电路的欧姆定律

全电路欧姆定律的内容	电路	参数	表达式	说明
在闭合回路中,电流与电源电动势成正比,与回路的总电阻成反比	r 电源　负载 R E I	E:电源电动势; r:电源的内阻; R:负载电阻; I:回路电流	$I = \dfrac{E}{r+R}$ 或 $E = I(r+R)$	①回路的总电阻是电源内阻与负载电阻之和; ②电源的内阻值很小

讲一讲

【例题2-6】

在某闭合回路中,电源电动势 $E = 6$ V,电源内阻 $r = 2$ Ω,负载电阻 $R = 10$ Ω,求回路的电流 I 和内阻 r 上的电压 U_r。

解　根据全电路的欧姆定律可得回路电流为:

$$I = \frac{E}{r + R} = \frac{6 \text{ V}}{2 \text{ Ω} + 10 \text{ Ω}} = 0.5 \text{ A}$$

根据部分电路的欧姆定律,电源内阻 r 上消耗的电压为:

$$U_r = Ir = 0.5 \text{ A} \times 2 \text{ Ω} = 1 \text{ V}$$

做一做

已知闭合回路中的电流为1.5 A,负载电阻为27 Ω,电源内阻为3 Ω,求电源电动势的大小。

想一想

(1)在闭合回路中,负载短路会出现什么情况? 为什么? (提示:电源的内阻很小)

(2)电源的内阻是固定不变的吗? 如果是变化的,它会怎样变化? (提示:新、旧电池对比)

读一读

物理学家西蒙·欧姆简介

西蒙·欧姆是德国物理学家。欧姆在1817—1827年担任中学物理教师,对物理学浓厚的兴趣,促使其在物理学的海洋中遨游,并在这里得到自身的飞翔。

19世纪初期,对电磁学,人们所知道的事情少之又少,而西蒙·欧姆作为物理学家,在电磁学领域作出了卓越贡献,他的欧姆定律不仅揭开了电流科学神秘的面纱,也带来了一个坚持研究,延续科技辉煌的神话。1817年,欧姆的《几何学教科书》一书出版。同年,欧姆应聘在科隆大学预科教授物理学和数学。在该校设备良好的实验室里,他做了大量实验研究,完成了一系列重要发明。

10年的光阴,有时只是人生的一个停顿,有时则是一生的浓缩。西蒙·欧姆用10年完成了一生的成就,10年的岁月浓缩了太多的物理学原理,也成就了太多科学研究成果。

1852年,欧姆被任命为慕尼黑大学教授。为了纪念这位伟大的物理学家,人们把电阻的单位设置为欧姆,为这位10年磨一剑的科学家注入了永久的回忆和纪念。

二、电阻消耗的功率

电阻是耗能元件,它消耗的电功率为它两端的电压与流过它的电流的乘积,即:

$$P = UI \tag{2-7}$$

根据欧姆定律,式(2-7)可以变化为:

$$P = I^2R = \frac{U^2}{R} \tag{2-8}$$

式中　P——电阻上消耗的功率；

　　　U——电阻两端的电压；

　　　I——流过电阻的电流；

　　　R——电阻的阻值。

式（2-7）和式（2-8）是电阻电路中功率计算的两个非常重要的公式。

讲一讲

【例题 2-7】

在某电路中，测得电阻 R_1 两端的电压为 5 V，流过 R_1 的电流为 10 mA，则电阻 R_1 上消耗的功率为多少？如果已知电阻 $R_2 = 100\ \Omega$，测得电阻 R_2 上的电压为 6 V，则电阻 R_2 上消耗的功率为多少？

解　电阻 R_1 上消耗的功率为：

$$P_1 = U_1 I_1 = 5\ \text{V} \times 10\ \text{mA} = 5\ \text{V} \times 0.01\ \text{A} = 0.05\ \text{W}$$

电阻 R_2 上消耗的功率为：

$$P_2 = \frac{U_2^2}{R_2} = \frac{(6\ \text{V})^2}{100\ \Omega} = 0.36\ \text{W}$$

三、电阻的连接方式

电阻的连接方式有串联、并联和混联等，下面我们逐一进行学习。

1.电阻的串联

由两个或两个以上电阻依次连接组成的无分支电路称电阻串联电路。图 2-19 所示为 R_1、R_2 两个电阻的串联电路。

电阻串联电路的特点见表 2-17。

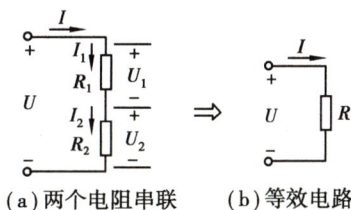

（a）两个电阻串联　　（b）等效电路

图 2-19　电阻串联电路

记一记

表 2-17　电阻串联电路的特点

参数	内　容	表达式
电流	串联电路中，通过各电阻的电流相等	$I_1 = I_2 = I$ （n 个电阻串联，则 $I_1 = I_2 = \cdots = I_n = I$）

续表

参数	内 容	表达式
电压	总电压等于各电阻上电压之和	$U = U_1 + U_2$ （n 个电阻串联，则 $U = U_1 + U_2 + \cdots + U_n$）
电阻	总电阻等于各个电阻之和	$R = R_1 + R_2$ （n 个电阻串联，则 $R = R_1 + R_2 + \cdots + R_n$）
分压	电阻的阻值越大，分得的电压越多	$U_1 = \dfrac{R_1}{R_1 + R_2} U$，$U_2 = \dfrac{R_2}{R_1 + R_2} U$ 上式称为两个电阻串联的分压公式

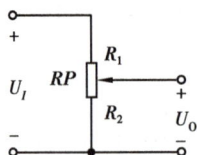

图 2-20　电位器的分压

电阻串联的应用：应用在分压、限流等方面，比如收音机的音量电位器就是利用串联电阻的分压作用来实现的，如图 2-20 所示。

讲一讲

【例题 2-8】

图 2-21 所示是一个分压器电路，已知 $R_1 = R_2 = 100\ \Omega$，$RP = 300\ \Omega$，当输入电压 $U_1 = 10$ V 时，求：

（1）a、b 两点间的等效电阻 R_{ab}；

（2）输出电压 U_0 的调节范围。

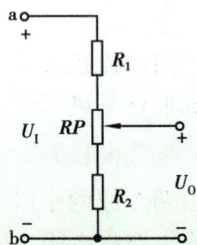

图 2-21　例 2-8 图

解　（1）$R_{ab} = R_1 + RP + R_2 = 100\ \Omega + 300\ \Omega + 100\ \Omega = 500\ \Omega$

（2）当 RP 的滑动臂滑到最上端时，输出电压最大，根据串联电阻的分压公式，此时的输出电压为：

$$U_{O1} = \frac{RP + R_2}{R_1 + RP + R_2} \times U_1 = \frac{300\ \Omega + 100\ \Omega}{100\ \Omega + 300\ \Omega + 100\ \Omega} \times 10\ \text{V} = 8\ \text{V}$$

当 RP 的滑动臂滑到最下端时，输出电压最小，根据串联电阻的分压公式，此时的输出电压为：

$$U_{O2} = \frac{R_2}{R_1 + RP + R_2} \times U_1 = \frac{100\ \Omega}{100\ \Omega + 300\ \Omega + 100\ \Omega} \times 10\ \text{V} = 2\ \text{V}$$

所以，输出电压的调节范围为 2~8 V。

做一做

有一个耐压值为 3 V 的小灯泡,测得其电阻值为 15 Ω,要用 5 V 的电源给该灯泡供电使它正常发光,问需要给灯泡串联多大的分压电阻?(电源内阻忽略不计)

2. 电阻的并联

将两个或两个以上电阻接到电路的两点之间构成的电路称为电阻并联电路。如图 2-22 所示为 R_1、R_2 两个电阻的并联电路(R_1 与 R_2 的并联可以记为 $R_1 // R_2$)。

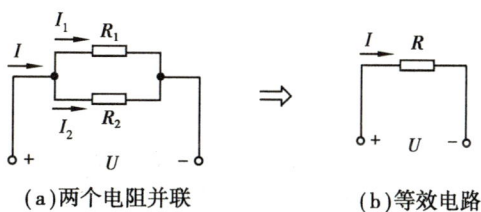

电阻并联电路的特点见表 2-18。

(a)两个电阻并联   (b)等效电路

图 2-22 电阻并联电路

记一记

表 2-18 电阻并联电路的特点

参 数	内 容	表 达 式
电流	并联电路的总电流等于各支路电流之和	$I = I_1 + I_2$ (n 个电阻并联,则 $I = I_1 + I_2 + \cdots + I_n$)
电压	并联电路各个电阻上的电压相等	$U_1 = U_2 = U$ (n 个电阻并联,则 $U_1 = U_2 = \cdots = U_n = U$)
电阻	并联电路中,总电阻的倒数等于各电阻的倒数之和	两个电阻并联:$\dfrac{1}{R} = \dfrac{1}{R_1} + \dfrac{1}{R_2}$ $\left(即 R = \dfrac{R_1 R_2}{R_1 + R_2};若 R_1 = R_2,则 R = \dfrac{R_1}{2}\right)$ n 个电阻并联,则 $\dfrac{1}{R} = \dfrac{1}{R_1} + \dfrac{1}{R_2} + \cdots + \dfrac{1}{R_n}$ $\left(若 R_1 = R_2 = \cdots = R_n,则 R = \dfrac{R_1}{n}\right)$
分流	电阻的阻值越大,分得的电流越小	$I_1 = \dfrac{R_2}{R_1 + R_2} I,\ I_2 = \dfrac{R_1}{R_1 + R_2} I$ 上式称为两个电阻并联的分流公式

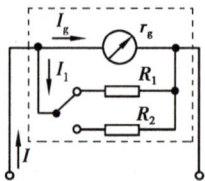

图 2-23 表头扩大量程

电阻并联的应用:应用于对电路的分流、扩大电流表的量程等。例如电流表有多个量程,就是通过转换开关的切换,给表头并联不同的电阻来实现的,如图 2-23 所示。

讲一讲

【例题 2-9】

在图 2-22 中,如果 $R_1 = 20\ \Omega$,$R_2 = 30\ \Omega$,总电流 $I = 1\ A$,试求:

(1)电路的总电阻 R;

(2)流过电阻 R_1、R_2 的电流各为多少?

解 (1)根据电阻并联的特点可知:

$$R = \frac{R_1 R_2}{R_1 + R_2} = \frac{20\ \Omega \times 30\ \Omega}{20\ \Omega + 30\ \Omega} = 12\ \Omega$$

(2)根据电阻并联的分流公式,流过电阻 R_1 的电流为:

$$I_1 = \frac{R_2}{R_1 + R_2} I = \frac{30\ \Omega}{20\ \Omega + 30\ \Omega} = 0.6\ A$$

根据电阻并联的特点,流过电阻 R_2 的电流为:

$$I_2 = I - I_1 = 1\ A - 0.6\ A = 0.4\ A$$

做一做

已知一个电流表表头的满刻度电流 $I_g = 10\ \mu A$,表头内阻 $r_g = 100\ \Omega$,为了将该电流表的量程扩大到 $1\ mA$,需要给表头并联多大的电阻?

3.电阻的混联

既包含电阻的串联,又包含电阻的并联的电路称为混联电路,图 2-24(a)所示电路即为一个电阻混联电路。

电阻混联电路该如何着手去分析呢?

分析电阻混联电路由三步组成,见表 2-19。

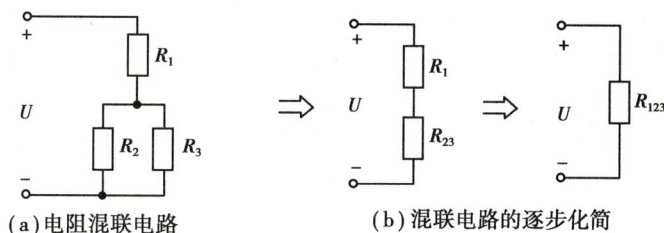

(a)电阻混联电路　　　　(b)混联电路的逐步化简

图 2-24　电阻的混联

表 2-19　电阻混联电路的分析步骤

步　骤	方　法
1	根据电路的串、并联关系,采用逐步化简法,求出电路的等效电阻,参照图 2-24(b)
2	根据欧姆定律,求出电路的总电流或总电压
3	逆行逐步化简法,求出电路中各支路的电流或电压

讲一讲

【例题 2-10】

图 2-24(a)中,已知电阻 $R_1 = 10\ \Omega$,$R_2 = 20\ \Omega$,$R_3 = 80\ \Omega$,试求:

(1)电路总的等效电阻 R;

(2)如果总电压 $U = 6.5$ V,则流过电阻 R_3 的电流、R_3 上的压降、R_3 上消耗的功率各为多少?

解　(1)采用图 2-24(b)所示的逐步化简法,R_2 与 R_3 并联,则

$$R_{23} = \frac{R_2 \times R_3}{R_2 + R_3} = \frac{20\ \Omega \times 80\ \Omega}{20\ \Omega + 80\ \Omega} = 16\ \Omega$$

根据逐步化简法,总电阻 R 等于 R_1 与 R_{23} 串联值,则

$$R = R_1 + R_{23} = 10\ \Omega + 16\ \Omega = 26\ \Omega$$

(2)电路的总电流为:$I = \dfrac{U}{R} = \dfrac{6.5\ V}{26\ \Omega} = 0.25$ A

流过 R_3 的电流为:$I_3 = \dfrac{R_2}{R_2 + R_3} I = \dfrac{20\ \Omega}{20\ \Omega + 80\ \Omega} \times 0.25$ A $= 0.05$ A

电阻 R_3 上的压降:$U_3 = I_3 R_3 = 0.05$ A $\times 80\ \Omega = 4$ V

根据式(2-8),电阻 R_3 上消耗的功率为:$P_3 = I^2 R_3 = (0.05\ A)^2 \times 80\ \Omega = 0.2$ W

做一做

求图 2-25 所示几个混联电路的等效电阻 R_{ab}。如果在 a、b 两端加上 3 V 电压,求流过各电阻的电流以及各电阻所消耗的功率。

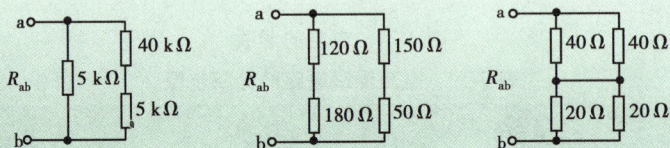

图 2-25　电路图

第五节　基尔霍夫定律

通过对前面的电阻串联、并联和混联电路的学习,特别是对混联电路的逐步化简,使我们具备了一定的电路分析能力。但是对于有的电路,它不能用简单的串、并联进行逐步化简(这样的电路称为复杂电路),这种电路我们又该怎样去分析呢? 这就需要应用基尔霍夫定律。

读一读

基尔霍夫简介

基尔霍夫(Gustav Robert Kirchhoff,1824—1887 年)是德国物理学家。当他 21 岁在柯尼斯堡大学就读期间,就根据欧姆定律总结出网络电路的两个定律(基尔霍夫第一、二定律),发展了欧姆定律,对电路理论作出了显著成绩。大学毕业后,他又把长期以来学术界混为一谈的电势与电压这两个概念进行了明确区分,同时又指出了它们之间的联系。他还与另一个科学家合作进行光谱研究,开拓出一个新的学科领域——光谱分析。采用这一新方法,发现了两种新元素铯(1860 年)和铷(1861 年)。1859 年,他通过把食盐投入火焰得到强烈的钠亮线的实验,从热力学角度对光的辐射与吸收进行了深入研究,从而建立了热辐射定律。这项研究工作成为量子论诞生的契机。他大胆提出假设:太阳光谱中的暗线,是元素吸收的结果,该元素能够辐射与暗线同一波长的亮线。将这一原理应用于天体,就能确定外层空间的化学元素含量与分布。他用这一方法研究了太阳的组成,发现太阳所含元素与地球上的若干元素相同,促使天体物理学得到发展。

让我们先来熟悉电路的几个概念,为后面的电路分析打下基础。

图 2-26　支路、节点、回路和网孔的概念

一、支路、节点、回路和网孔的概念

如图 2-26 所示电路中,支路、节点、回路和网孔的概念见表 2-20。

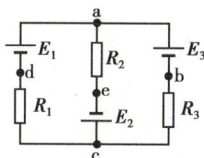

记一记

表 2-20　支路、节点、回路和网孔的概念

概　念	含　　义	实例说明(图 2-26)
支路	由一个或几个元件组成的无分支电路称为支路	aec 为一条支路,abc 为一条支路,adc 为一条支路
节点	三条及三条以上支路的连接点称为节点	a 是一个节点,c 是一个节点
回路	电路中的一个闭合路径称为回路	abcea 是一个回路,aecda 是一个回路,abcda 是一个回路
网孔	内部不含其他支路的回路称为网孔	aecda 和 abcea 各是一个网孔,abcda 不是网孔

二、基尔霍夫定律

1.基尔霍夫定律的内容

做一做

我们先来做一个电路的测试实验:(1)在实验箱(或实验台)上连接好如图 2-27 所示电路。(2)用万用表测出 I_1、I_2、I_3,填入表 2-21 中。(3)用万用表测出电压 U_{ab}、U_{bc}、U_{ce}、U_{ea}、U_{ae}、U_{ec}、U_{cd}、U_{da},填入表 2-21 中。(4)根据测得的 I_1、I_2、I_3 以及 U_{ab}、U_{bc}、U_{ce}、U_{ea} 和 U_{ae}、U_{ec}、U_{cd}、U_{da} 的值,将表 2-21 填充完整。

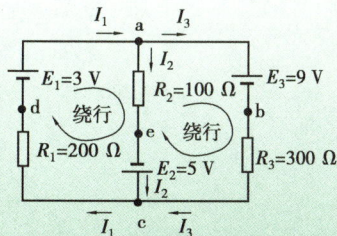

图 2-27　基尔霍夫定律

表 2-21　实验记录

项　目	测电流			测电压							
				abcea 回路电压				aecda 回路电压			
测试内容	I_1	I_2	I_3	U_{ab}	U_{bc}	U_{ce}	U_{ea}	U_{ae}	U_{ec}	U_{cd}	U_{da}
测得值											
观察计算	观察 I_1、I_2、I_3 的关系			$U_{ab}+U_{bc}+U_{ce}+U_{ea}=?$				$U_{ae}+U_{ec}+U_{cd}+U_{da}=?$			
计算结果											

通过表格中记录的实验数据,我们可以得出如下关系:

$$I_1 = I_2 + I_3$$
$$U_{ab} + U_{bc} + U_{ce} + U_{ea} = 0$$
$$U_{ae} + U_{ec} + U_{cd} + U_{da} = 0$$

说一说　这些表达式能告诉我们一些什么呢?

根据上述实验,我们可以归纳出两个重要的定律,即基尔霍夫第一定律和基尔霍夫第二定律,其内容见表 2-22。

记一记

表 2-22　基尔霍夫定律

基尔霍夫定律	定律内容	实例表达式(方程) (图 2-27)	说　明
第一定律 (节点电流定律)	对电路中的任意一个节点,流进该节点的电流之和等于流出该节点的电流之和	$I_1 = I_2 + I_3$	①标出的电流方向为参考方向; ②如果参考方向为全部流进(或流出)节点,则电流之和为0; ③如果电路的总节点数为 n,则独立的节点电流方程只有 $(n-1)$ 个; ④定律也适用于假想的封闭面,如下图所示: 

基尔霍夫定律	定律内容	实例表达式（方程）（图 2-27）	说　明
第二定律（回路电压定律）	对电路中的任一闭合回路，沿任一方向绕行一周，各段电压的代数和等于零	对 abcea 回路：$U_{ab}+U_{bc}+U_{ce}+U_{ea}=0$ 对 aecda 回路 $U_{ae}+U_{ec}+U_{cd}+U_{da}=0$	①对于电阻上的压降，若电流方向与绕行方向相同则取正，相反则取负；②对于电源，若绕行方向是从其正极→负极则取正，否则取负；③每一个回路都可以列出一个电压方程，但独立的电压方程个数等于网孔数

2.基尔霍夫定律的应用

讲一讲

【例题 2-11】

如图 2-28（a）所示，求：（1）写出 a、b 两个节点的电流方程；（2）写出两个网孔的回路电压方程。

解　假设三条支路中三个电阻的电流 I_1、I_2、I_3 的参考方向，如图 2-28（b）所示。

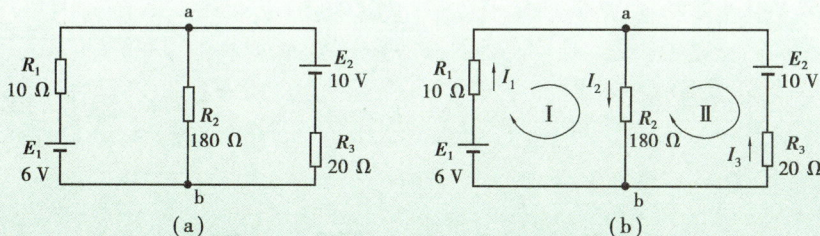

图 2-28　电路图

（1）根据基尔霍夫第一定律，对节点 a 得到电流方程：$I_1+I_3=I_2$

对节点 b 得到电流方程：$I_2=I_1+I_3$

（实际上，这两个方程是相同的。所以，对于两个节点的电路，只有一个独立的节点电流方程。这也验证了表 2-22 中"说明"的第 3 点）

（2）选定网孔 Ⅰ 和网孔 Ⅱ 的绕行方向，如图 2-28（b）所示。

根据基尔霍夫第二定律，对网孔 Ⅰ 可得：$I_2R_2-E_1+I_1R_1=0$，代入数据后变为：

$$180\ \Omega I_2-6\ V+10\ \Omega I_1=0（这就是网孔 Ⅰ 的电压方程）$$

对网孔 II ,得到: $E_2 - I_3 R_3 - I_2 R_2 = 0$,代入数据后变为:

$10 \text{ V} - 20 \text{ } \Omega I_3 - 180 \text{ } \Omega I_2 = 0$ (这就是网孔 II 的电压方程)

将上面的节点电流方程和回路电压方程组合在一起构成方程组:

$$\begin{cases} I_1 + I_3 = I_2 \\ 180 \text{ } \Omega I_2 - 6 \text{ V} + 10 \text{ } \Omega I_1 = 0 \\ 10 \text{ V} - 20 \text{ } \Omega I_3 - 180 \text{ } \Omega I_2 = 0 \end{cases}$$

解这个方程组,就可求得 I_1、I_2、I_3 ,从而求出电路的其他参数(过程略)。

⚠️ **注意**

解这类型的题时,各支路电流的参考方向和各回路的绕行方向都是可以任意假设的,但一经设定,就必须按照设定的方向根据基尔霍夫定律列出各相应的方程,然后解方程组求出相关数据。求得的值若为正,说明实际方向与假设方向相同;求得的值若为负,说明实际方向与假设方向相反。

做一做

如图 2-29 所示,已知 $E_b = 2 \text{ V}$,$E_c = 12 \text{ V}$,$R_b = 100 \text{ k}\Omega$,$R_c = 2 \text{ k}\Omega$,$R_{be} = 0.5 \text{ k}\Omega$,$R_{be} = 1 \text{ k}\Omega$。试求:

(1)写出 M、N 两个节点的电流方程;(2)写出两个网孔的回路电压方程。

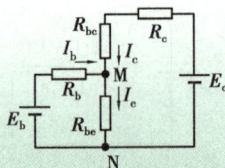

图 2-29 电路图

* 第六节　电源的模型

我们知道,电源是电路的供电设备。图 2-30 所示是几种变压供电器件。在前面的电路分析中,对于电源,我们一般是用一个干电池的符号来表示的,如图 2-28 中的"E_1""E_2"等。这种表示方法只表示出了电源的电动势 E 的大小。然而,实际的电源除了具有电动势外,还具有一定的内阻。那么在电路中究竟该怎样表示电源呢?

我们用电压源和电流源来作为电源的等效模型。

图 2-30　几种供电器件(变压器)

一、电压源

1.理想电压源

理想电压源是指内阻为 0,可以输出恒定电压的电压源,也称恒压源。我们一般说的电压源就是指的理想电压源,其电路符号如图 2-31(a)所示。

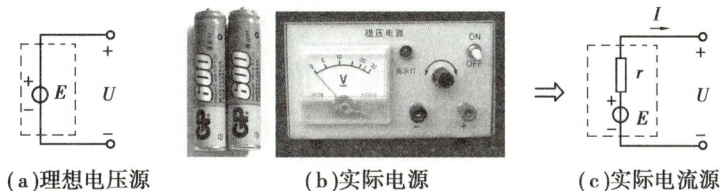

　(a)理想电压源　　　　　(b)实际电源　　　　(c)实际电流源

图 2-31　电压源

在理想电压源中,输出电压等于电源的电动势,即:

$$U = E$$

理想电压源在现实中是不存在的,它是分析电路引入的一个假想模型。

2.实际电压源

实际生活中的电源都不是理想电压源,如图 2-31(b)所示,这些电源只能等效为实际电压源。所谓实际电压源是用恒定电动势(E)和内阻(r)串联起来表示的电源,如图 2-31(c)所示(虚线框内为实际电压源)。当实际电压源向负载供电时,如果电流为 I,则它的输出的电压为:

$$U = E - Ir$$

对于新电池和性能良好的稳压电源,它们都是实际电压源,因其内阻很小,$r \approx 0$,此时该实际电压源的输出电压 $U \approx E$,所以可以把它们近似地看作理想电压源。

二、电流源

1.理想电流源

因为电源是向负载提供电流的,所以,电源也可以用电流源来表示。理想电流源是指能够输出恒定电流的电源,也称恒流源。理想电流源的电路符号如图2-32(a)所示,图中的 I_S 表示理想电流源所输出的恒定电流。

理想电流源在实际中也是不存在的,它是电路分析中引入的一个假想模型。

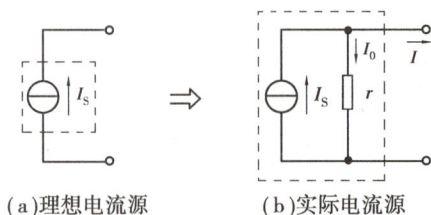

（a）理想电流源　　　（b）实际电流源

图 2-32　电流源

2.实际电流源

实际电流源是用一个理想电流源（I_S）并联一个内阻（r）来表示的电源，如图 2-32（b）所示（虚线框内为实际电流源）。由于实际电流源内阻 r 上要分一部分电流 I_0，所以当它向负载供电时，输出电流为：

$$I = I_S - I_0$$

想一想

能否将一个实际电压源变成一个实际电流源？能否将一个实际电流源变成一个实际电压源（参数如何计算）？

* 第七节　戴维宁定理

在对复杂电路进行分析时，有时会用到戴维宁定理。在某一个复杂电路中，当我们只求其中一个支路的电流或电压时，用戴维宁定理是一种最有效而简单的方法。

读一读

戴维宁简介

戴维宁（Le on Charles The venin，1857—1926 年），法国电报工程师和教育家。在基尔霍夫定律和欧姆定律的基础上，他提出了戴维宁等效公式，于 1883 年发表在法国科学院刊物上。戴维宁定理是在直流电源和电阻的条件下提出的，然而，由于其证明所带有的普遍性，它也适用于含电流源、受控源以及正弦交流、复频域等电路，成为一个重要的电路定理。50 余年后，美国贝尔电话实验室工程师诺顿（E.L.Norton）提出了戴维宁定理的对偶形式，所以也把戴维宁定理称为诺顿定理。

一、戴维宁定理的内容

戴维宁定理主要应用于对有源二端网络电路的等效化简。

1.二端网络

具有两个引出端的电路称为二端网络。二端网络分有源二端网络和无源二端网络，见表 2-23。

表 2-23　二端网络

种　类	概　念	等　效	电路实例
无源二端网络	内部不含电源的二端网络	等效为一个电阻	
有源二端网络	内部含有电源的二端网络	等效为一个实际电压源（或实际电流源）	

端电压与电流成正比的二端网络称线性二端网络，不成正比则为非线性二端网络。戴维宁定理主要适用于线性二端网络。

2.戴维宁定理

戴维宁定理：对于外电路，线性有源二端网络可以用一个实际电压源来代替，如图 2-33 所示。该电压源的电动势 E_0 等于原二端网络两端点间的开路电压 U_{ab0}，该电压源的内阻 r_0 等于原二端网络去除内电源后两端点间的等效电阻 R_{ab}。

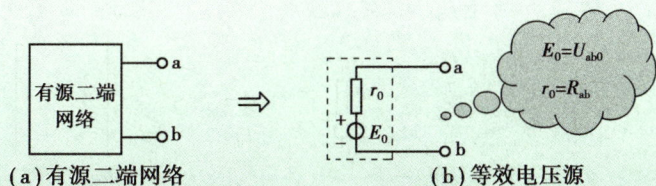

图 2-33　戴维宁定理

戴维宁定理也称等效电源定理。求等效电源的内阻时，对于二端网络内的电压源进行短路（即 $E_0 = 0$），但保留其内阻，对于二端网络内的电流源则进行开路（即令

$I_S = 0$），但保留其内阻。

二、戴维宁定理的应用

应用戴维宁定理解决实际问题可以按以下步骤进行：

（1）将电路分为待求支路和有源二端网络两部分，再断开待求支路；

（2）求出有源二端网络两端点间的开路电压 U_{ab0}，则等效电源电动势 $E_0 = U_{ab0}$；

（3）去除二端网络内的电源，求出有源二端网络两端点间的开路电阻 R_{ab}，则等效电源的内阻 $r_0 = R_{ab}$；

（4）将等效电源与待求支路相连接，根据欧姆定律求出待求支路的参数。

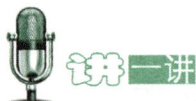

【例题 2-12】

电路如图 2-34（a）所示，已知 $E_1 = 3\ V$，$E_2 = 7\ V$，$R_1 = 30\ \Omega$，$R_2 = 20\ \Omega$，$R_3 = 18\ \Omega$，用戴维宁定理求流过 R_3 的电流 I_3。

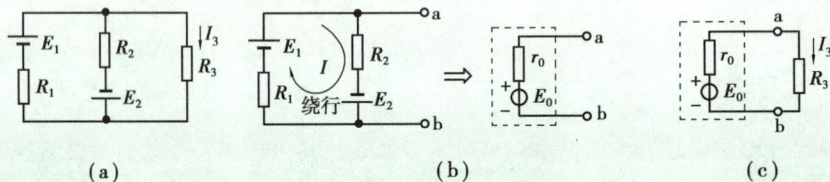

（a）　　　　　　　　　（b）　　　　　　　　　（c）

图 2-34　电路图

解　（1）将原电路中的 R_3 支路断开，得到有源二端网络及其等效电压源，如图 2-34（b）所示。

（2）求等效电压源电动势：

在图 2-34（b）中，假定回路的绕行方向与回路电流方向一致，有

$$IR_2 - E_2 + IR_1 - E_1 = 0，即 E_1 + E_2 = IR_1 + IR_2$$

所以　　　$$I = \frac{E_1 + E_2}{R_1 + R_2} = \frac{(3 + 7)\ V}{(30 + 20)\ \Omega} = 0.2\ A$$

$$E_0 = U_{ab0} = E_1 - IR_1 = 3\ V - 0.2\ A \times 30\ \Omega = -3\ V$$

（3）等效电压源的内阻为：

$$r_0 = R_{ab} = \frac{R_1 R_2}{R_1 + R_2} = \frac{30\ \Omega \times 20\ \Omega}{30\ \Omega + 20\ \Omega} = 12\ \Omega$$

（4）等效电压源与 R_3 连接，如图 2-34（c）所示。根据全电路的欧姆定律，流过 R_3 的电流为：

$$I_3 = \frac{E_0}{r_0 + R_3} = \frac{-3\ V}{12\ \Omega + 18\ \Omega} = -0.1\ A$$

设备（或单元电路）的输入端为两个引出端，设备的输出端也是两个引出端。当设备通过输入端或输出端与外电路相接时，为了分析外电路，可以将设备看作一个二端网络，两个输入端点间的等效电阻就是设备的输入电阻，两个输出端点间的等效电阻就是设备的输出电阻。

*第八节　叠加定理

在一些复杂电路中，可能有几个电源同时对一部分电路起作用，这样的复杂电路该怎样去分析呢？

叠加定理是分析复杂电路的一种重要方法。

一、叠加定理

叠加定理见表 2-24。

记一记

表 2-24　叠加定理

名　称	内　容	适用范围	说　明
叠加定理	电路中某一支路的电流，等于各个电源单独作用在该支路产生的电流的代数和	线性电路	每个电源单独作用时，其他电源不起作用。其他电源如为电压源，则进行短路但保留其内阻；如是电流源，则进行开路但保留其内阻

二、叠加定理的应用

叠加定理应用于对复杂电路的分析和计算,可以按以下步骤进行:

(1)将复杂电路分解为几个电路,每个电路由一个电源单独作用;

(2)计算出每个电源单独作用时待求支路的电流或电压(注意:每个电源作用时,支路上的电压方向要取相同方向,电流方向也取相同方向);

(3)将各个电路求得的该支路电流或电压进行代数和。

【例题 2-13】

如图 2-35(a)所示,已知 $E = 15$ V,电流源 $I_S = 3$ A,$R_1 = 10$ Ω,$R_2 = 20$ Ω,应用叠加定理求流过 R_2 的电流 I_2。

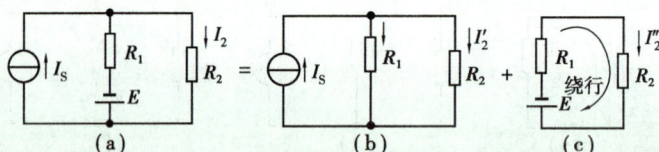

图 2-35　电路图

解　(1)作出每个电源单独作用的电路,如图 2-35(b)、(c)所示。

(2)求出每个电源单独作用时在 R_2 上产生的电流 I_2'、I_2'':

在图 2-35(b)中,只有电流源 I_S 起作用,电压源 E 短路,则根据并联分流公式得:

$$I_2' = \frac{R_1}{R_1 + R_2} I_S = \frac{10\ \Omega}{10\ \Omega + 20\ \Omega} \times 3\ \text{A} = 1\ \text{A}$$

只有电压源 E 起作用时,电流源 I_S 开路电路,如图 2-35(c)所示。选取如图所示的绕行方向,则有 $I_2''R_2 + E + I_2''R_1 = 0$,变换可得:

$$I_2'' = \frac{-E}{R_1 + R_2} = \frac{-15\ \text{V}}{10\ \Omega + 20\ \Omega} = -0.5\ \text{A}$$

(3)R_2 上的电流为:

$$I_2 = I_2' + I_2'' = 1\ \text{A} + (-0.5\ \text{A}) = 0.5\ \text{A}$$

叠加定理是一种对复杂电路分析的重要方法,今后学习放大电路时,放大元件(三极管等)的输入端一般是一个直流电压(偏置)与一个交流电压(信号)的叠加。

*第九节　负载获得的最大功率

前面我们学习过,一个实际的电源包含电动势 E 和内阻 r,当电源向负载 R 供电时,如图 2-36 所示,电源所提供的能量(功率)一部分消耗在负载 R 上,另一部分则会消耗在内阻 r 上。我们总是希望电源提供的能量不要受到损耗,尽可能都消耗在负载上,那么,电源提供的能量究竟有多少会消耗在内阻上呢?负载能够获得的最大功率又是多少呢?

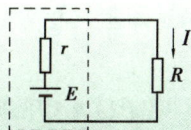
图 2-36　负载获得的功率

一、负载获得的最大功率及条件

当电源向负载供电时(如图 2-36 所示),负载 R 上获得的功率是随着 R 的阻值变化的。理论证明,负载获得最大功率的条件为:负载电阻等于电源内阻,即

$$R = r$$

负载 R 上获得的最大功率为:

$$P_{\max} = \frac{E^2}{4r} = \frac{E^2}{4R} \tag{2-9}$$

即:当负载电阻与电源内阻相等时,负载会获得最大的功率(不是我们平时认为的:负载越小获得的功率越大)。

🎤 **讲一讲**

【例题 2-14】

如图 2-37 所示,已知电源的电动势为 $E = 8$ V,电源内阻 $r = 2$ Ω,$R_1 = 8$ Ω,求:

(1)R_2 为多大时,在 R_2 上可以得到最大的功率?

(2)R_2 上获得的最大功率为多少?

解　(1)当求 R_2 上获得最大功率时,将 R_2 看作负载,而将 r 和 R_1 都看作电源的内阻,则

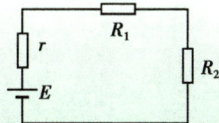
图 2-37　电路图

$$R_2 = r + R_1 = 2\ \Omega + 8\ \Omega = 10\ \Omega$$

（2）R_2 上获得的最大功率为：

$$P_{2\,max} = \frac{E^2}{4R_2} = \frac{(8\ V)^2}{4 \times 10\ \Omega} = 1.6\ W$$

二、负载获得最大功率的应用

负载获得最大功率的意义主要表现在阻抗匹配上，要求负载的阻抗与电源的阻抗相匹配（即阻抗相等），使电源的供电输出功率为最大，从而获得最大的效率和电源利用率。

1. 电子技术中的阻抗匹配

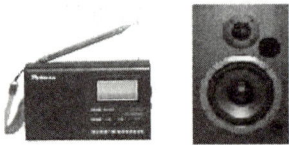

图 2-38　电子设备实例

在电子技术中，为了能够高效率地传输信号，要求实现阻抗匹配，即放大器或电子设备（图 2-38 是电子设备实例）的输入阻抗要等于信号源的输出阻抗，负载阻抗要等于放大器（设备）的输出阻抗等。

例如：将扬声器接到功率放大器上进行放音，要求扬声器的阻抗与功率放大器的输出阻抗相匹配（阻抗相等），否则不能获得最大输出功率，也得不到好的放音效果。所以，成品的功率放大器都标注有一个重要参数：输出阻抗值。根据这个参数，让使用者在选用扬声器（音箱）时容易实现阻抗匹配。

2. 电网供电的高效率

在电力电网的供电中，由于负荷（负载的用电量）相当大，要求供电系统的供电效率必须尽量高。体现在阻抗匹配上，由于负载的总阻抗非常小（各个用电器并联），所以要求供电系统的内阻也要尽量小，才能使负载上得到最大的功率，使供电系统自身的能耗为最小。为了减小能量损耗，供电系统要选用优质（内阻小、损耗小）的变电设备，并选用横截面积大的优质线材作为输电线，以减小电阻，降低线路损耗。

想一想

在输电技术上，采用高压输电方式，可大大减小在输电线上的能耗。同学们可试一试看能不能自己分析出原因。

（提示：输电线的电阻不变，电流小则耗能小）

实训 一 常用导线的连接

一、实训目的

(1)熟悉常用导线的规格型号和用途；
(2)会使用合适的工具对导线进行剥线；
(3)会正确进行常见导线的连接；
(4)能够对导线进行绝缘恢复。

二、实训器材

电工刀、钢丝钳(或尖嘴钳)、剥线钳、绝缘胶布、防水胶带、几种常见的连接导线(塑料硬线、塑料软线、护套线、橡套软线、漆包线等)。

三、实训步骤

1.常用导线的线头剥离

(1)学习剥线头方法

导线有多种种类和型号,常用的有塑料硬线、塑料软线、护套线、橡套软线、漆包线等,我们先来认识这几种导线,并学习线头剥离的方法。

常用导线及其线头剥离方法见表2-25。

表 2-25　常用导线及其线头剥离方法

导线种类	外形图	导线特点	线头剥离方法	剥线示意图
塑料硬线	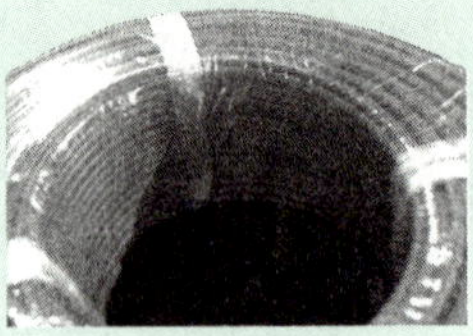 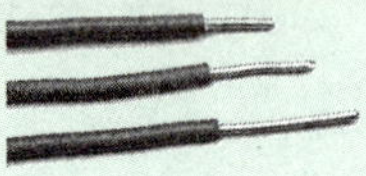	单根铜芯或铝芯金属线，外包有一层绝缘层（现在铝芯线用得越来越少了）	方法①用剥线钳剥线：将线头放入剥线钳对应孔径位置，用力揑一下剥线钳手柄即可	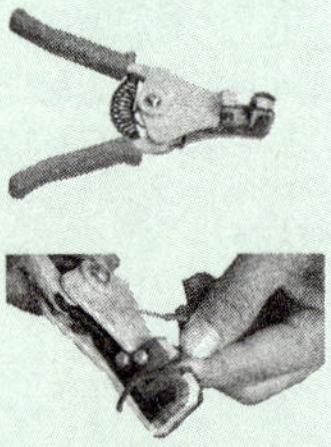
			方法②用钢丝钳剥线（2.5 mm² 及以下的导线适用）：先用钢丝钳轻轻切破线头的绝缘层，然后左手拉线，右手握住钢丝钳头部往外勒线，从而去掉线头绝缘层	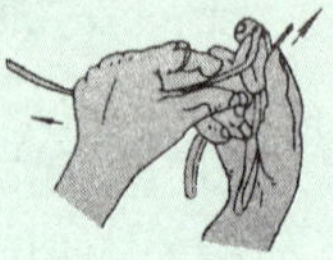
			方法③电工刀剥线（2.5 mm² 及以上的导线）：电工刀刀口对导线成 45°切入绝缘层，向前平推削出切口，然后将绝缘层外翻后齐根切去	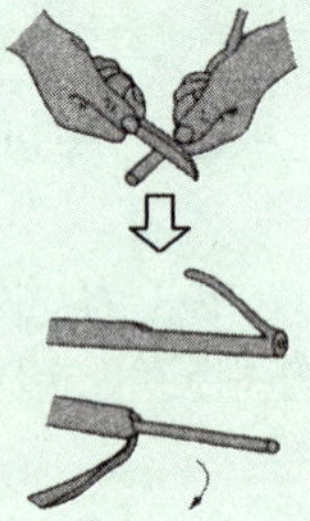
塑料软线		芯线为多股铜芯线，外包裹一层绝缘层	采用塑料硬线剥线方法的①②进行剥离（不能用③，易伤软芯线）	同上
塑料护套线	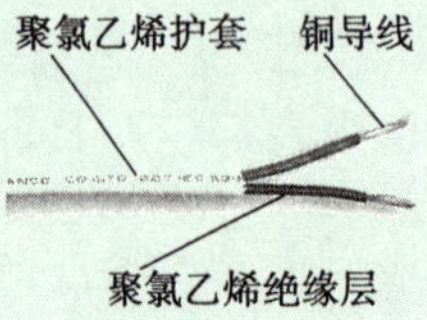	芯线为单根或多股铜线，每根芯线有一层绝缘塑料层，整根护套线包含两根或多根芯线，外有一层公共的绝缘层	对公共护套层，采用电工刀剥离：由中缝切破护套层，再外翻切去；对芯线绝缘层：采用塑料硬线的①②③中合适的方法进行线头剥离	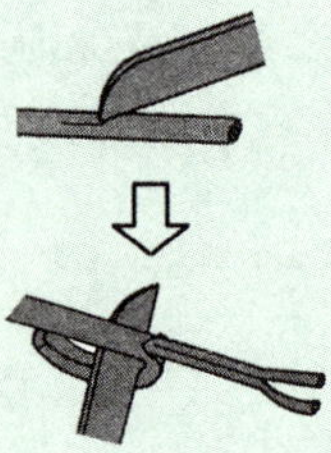

续表

导线种类	外形图	导线特点	线头剥离方法	剥线示意图
橡套软线（橡套电缆）	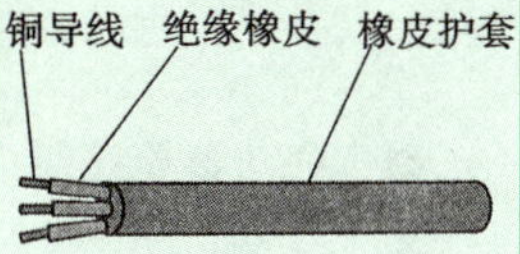 铜导线　绝缘橡皮　橡皮护套	芯线为多股铜线，每根芯线有橡皮绝缘层，多根芯线外有公共橡皮护套层	线头剥离方法与塑料护套线相同	同护套线
漆包线		单根铜芯线上喷涂有绝缘漆层，主要用于绕制电机或变压器的线圈等	用细砂纸擦除线头的绝缘漆层；对于直径在 0.6 mm 以上的漆包线，也可以用刀子小心刮去线头绝缘漆	—

⚠ **注意**

使用任何方法进行线头剥离，都不能损伤导线的金属芯线。

（2）常用导线的线头剥离实训

由同学们进行导线剥线头训练，将训练情况记入表 2-26 中。

表 2-26　常用导线的线头剥离训练记录

导线种类	导线规格型号	工具的使用	方法与手法	剥线头长度	结果和感受	实训评价
塑料硬线						
塑料软线						
塑料护套线						
橡套电缆						
漆包线						

2.导线的连接

不同种类和型号的导线，其连接方法是不同的。

（1）学习导线连接方法

几种常用的导线连接方法见表 2-27。

表 2-27   几种常用的导线连接方法

种 类	接 法	连接示意图	手法及要点
单股芯线的连接	绞接（适用于横截面较小的导线）	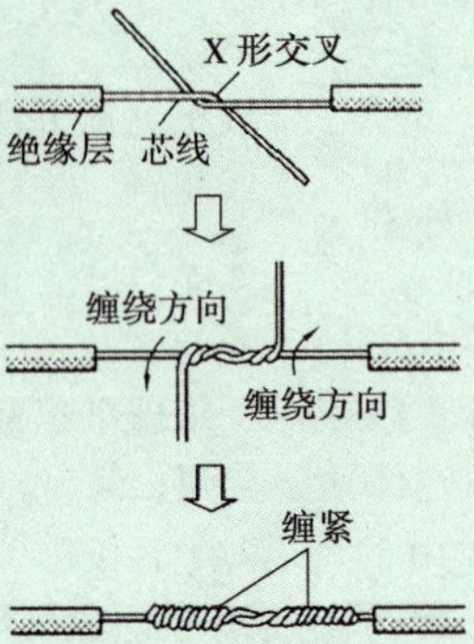 X 形交叉 绝缘层 芯线 ⇩ 缠绕方向 缠绕方向 ⇩ 缠紧	①将已剥头的两根导线线头呈 X 形交叉绞接 2~3 圈； ②将两个线头拉直，再各自绕着对方芯线紧密缠绕 6~8 圈； ③剪去多余线头并整理好
	粗线和细线对接（也适用于粗线与多芯细线的对接）	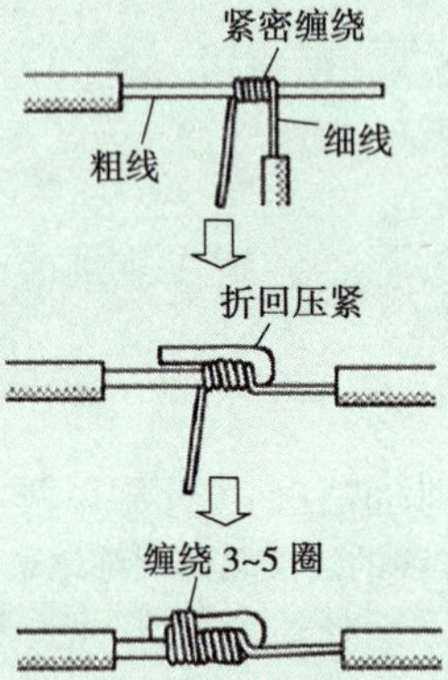 紧密缠绕 粗线 细线 ⇩ 折回压紧 ⇩ 缠绕 3~5 圈	①将细导线的芯线在粗导线的芯线上紧密缠绕 5~6 圈； ②将粗导线的芯线折回将缠绕层压紧； ③继续用细导线的芯线将粗导线及其芯线的折回部分紧密缠绕 3~5 圈； ④剪去多余线头并整理好
	T 形分支连接（适用于较小面积的单股、多股芯线分支）	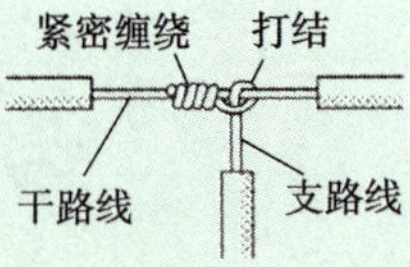 紧密缠绕 打结 干路线 支路线	①将支路线的线头在干路线芯上打一个缠绕结； ②将支路线头紧密缠绕干路线芯 5~8 圈； ③剪去多余线头并整理好

续表

种 类	接 法	连接示意图	手法及要点
多股芯线的连接	对接（交叉分组缠绕法）	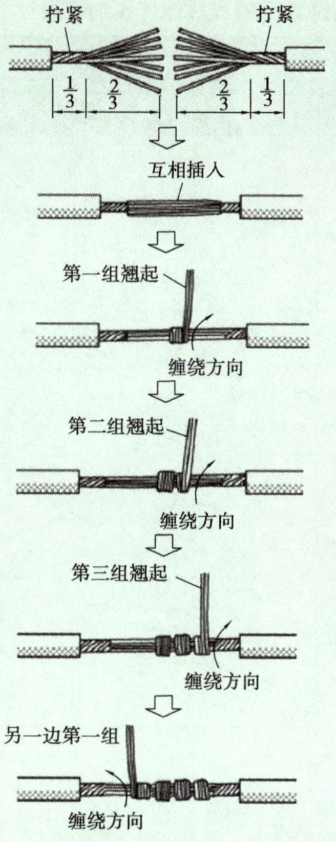	①将两根已经剥好线头的多股芯线拉直，线头后1/3部分拧紧，前2/3部分呈伞状张开； ②将两根线的伞状部分交叉插入，并将线抚平捏紧； ③把一边的线平均分三组，先将第一组翘起对另一根线的芯线进行紧密缠绕，然后将第二组翘起进行紧密缠绕，再将第三组翘起进行紧密缠绕； ④对另一边的线也分三组，并按第③步的方式进行紧密缠绕； ⑤剪去多余线头并整理好
	T形分支连接	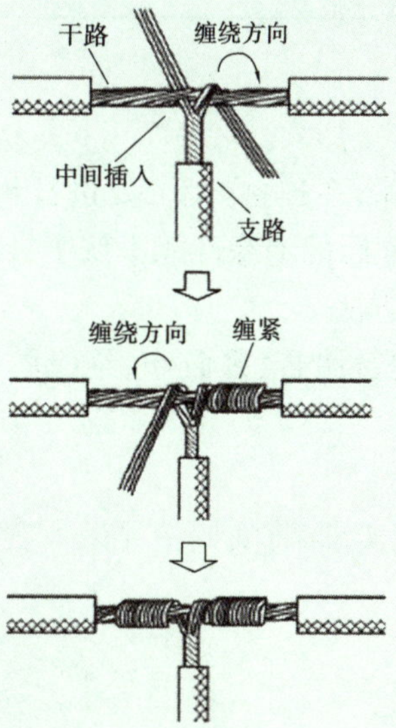	①将支路线剥好线头并把芯线拉直拧紧，然后将支路芯线平均分为两组，并将一组芯线从干路芯线的中间插入； ②未插入的那一组支路芯线对干路芯线进行紧密缠绕，缠绕5圈左右； ③将插入的那一组支路芯线对干路芯线进行相反方向的紧密缠绕，也缠绕5圈左右； ④剪去多余线头并整理好

（2）导线连接实训

进行几种常用的导线连接实训，将实训情况记入表 2-28 中。

表 2-28　几种常用的导线连接实训记录

导线	连接方法	导线规格型号	剥线头长度	缠绕圈数	方法与手法	结果和感受	评分
单股芯线	绞接						
	粗线和细线对接						
	T 形分支连接						
多股芯线	对接						
	T 形分支连接						

3.导线连接点的绝缘恢复

在导线的连接处，绝缘层已经去除，在连接好后，要进行绝缘层的恢复，使连接处的绝缘良好，保证其安全性。要求恢复后的绝缘性能不低于导线原有的绝缘性能。

（1）学习导线连接处恢复绝缘的方法

导线连接处的绝缘恢复一般采用黄腊带、黑胶布、绝缘胶带等进行缠裹包扎。常用的绝缘恢复方式见表 2-29。

（2）导线连接处绝缘恢复实训

进行常用的导线连接处绝缘恢复实训，将实训情况记入表 2-30 中。

表 2-29　导线连接点的绝缘恢复

种　类	图　示	方法要点及注意事项
对接线头的绝缘恢复	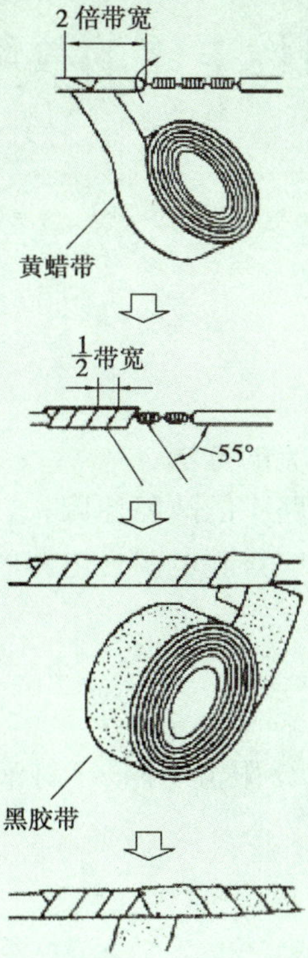	方法要点： ①包缠一层黄蜡带。在距离导线剥头前 2 倍带宽处，用黄蜡带开始缠绕，缠绕方向与水平方向成 55°左右的角度，缠绕时后一圈压住前一圈带宽的 1/2，一直包缠到超过另一端的剥线头 2 倍带宽处； ②包缠一层黑胶布。在黄蜡带结束处，用黑胶布以相反的方向缠绕，角度和压前一圈的多少均与缠绕黄蜡带相同，直到将黄蜡带全部缠绕包裹完为止 注意事项： ①无论是黄蜡带还是黑胶布，在缠绕时每一圈都要缠紧； ②缠绕包裹后，不能再有导线裸露的现象，保证绝缘良好； ③也可以不用黄蜡带，而用黑胶布和绝缘胶带，特别是在潮湿的环境中，更应该用绝缘胶带
T 形连接的绝缘恢复	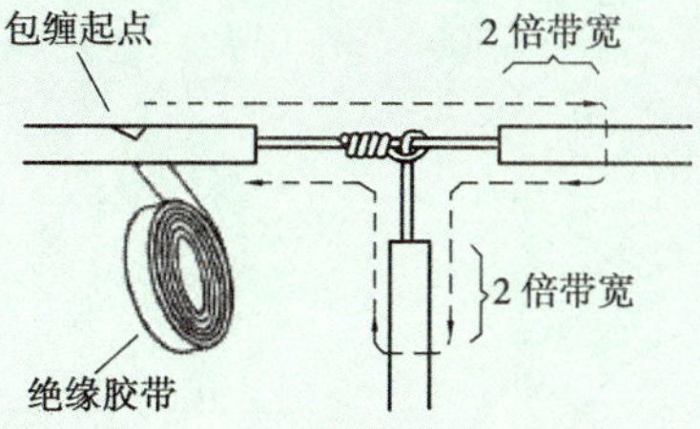	采用绝缘胶带，在距离主干线剥头前 2 倍带宽处开始缠绕，沿图中虚线方向缠绕一周（55°），后一圈压住前一圈带宽的 1/2），回到起点处结束。这样，每一个地方都用绝缘胶带包缠了两遍，从而保证了绝缘良好

表 2-30　导线连接处绝缘恢复的实训记录

种　类	所用包裹材料	方法与手法	绝缘恢复质量评价	得　分
对接线头的绝缘恢复				
T 形连接的绝缘恢复				

实训 二 电阻性电路的故障检查

一、实训目的

(1)熟悉用万用表测量直流电压、直流电流的方法;

(2)会根据测得的电压值、电流值分析电路中的故障原因;

(3)学会电阻性电路故障的检查方法,能够排除电阻性电路的一般故障。

二、实训器材

实训电路器材(包含 6 V 电源、开关、100 Ω 限流电阻、小灯泡、连接导线等)、万用表、记录本、笔等。

三、实训步骤

1.实训准备

①如图 2-39 所示连接好实训电路。

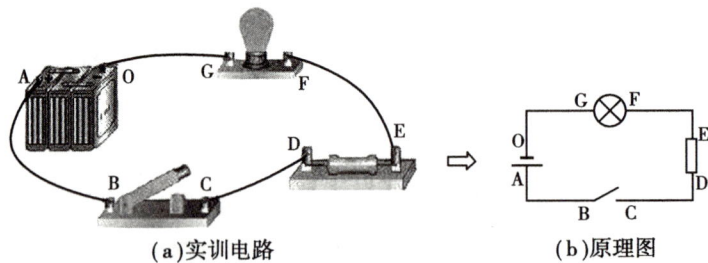

(a)实训电路　　　　　　　(b)原理图

图 2-39　电路

②闭合开关,电路正常工作,灯泡正常发光。

③如果电路不能正常工作(灯泡不发光),说明电路存在故障,则进行后一步实训:故障的检查排除。如果电路正常,则由实训指导教师给电路设置故障,然后进行后一步的实训。

2.故障检查训练

当电路存在灯泡不能正常发光故障时,可以通过测量电路的电压、电流、电阻等方法来检查电路故障,并加以排除。

学生实训:按照表 2-31 中的顺序依次进行检查,并将实训情况记入表中。

表 2-31　电阻性电路的故障检查及记录

步　骤	方　法	示意图	测试结果及分析	
			测试结果	原因分析 (可讨论)
第一步 测电路 中电流	断开回路中的某一点,将万用表的电流挡串联接入(注意挡位和表笔接法)		①电流为 0	
			②电流很小	
			③电流很大	
第二步 测量电压	(1)测 U_{FO}:将万用表调电压挡测量 F 点对 O 点电压(注意挡位和表笔接法)		①电压为 6 V	
			②电压为 0 V	
	(2)测 U_{GO}:将万用表调电压挡测量 G 点对 O 点电压		①电压为 6 V	
			②电压为 0 V	
	(3)测 U_{EO}:将万用表调电压挡测量 E 点对 O 点电压		①电压为 6 V	
			②电压为 0 V	

续表

步　骤	方　法	示意图	测试结果及分析	
			测试结果	原因分析（可讨论）
第二步 测量电压	（4）测 U_{DO}：将万用表调电压挡测量 D 点对 O 点电压		①电压为 6 V	
			②电压为 0 V	
	（5）测 U_{CO}：将万用表调电压挡测量 C 点对 O 点电压		①电压为 6 V	
			②电压为 0 V	
	（6）测 U_{BO}：将万用表调电压挡测量 B 点对 O 点电压		①电压为 6 V	
			②电压为 0 V	
	（7）测 U_{AO}：接好电路，将万用表调电压挡测量 A 点对 O 点电压		①电压为 6 V	
			②电压低（低于 5 V）	
第三步 测电阻	在上面的检查中，当分析判断出可能是某处有开路或短路时，可通过测量电阻来进一步确认故障点			

说明：如果在"测试结果"栏中还有表中没有罗列到的情况，也请记录下来，并分析其原因

测一测、想一想：电路正常工作时，E 点、F 点对 O 点的电压各为多少？为什么？

学习小结

（1）电路由电源、负载、控制装置和连接导线四大部分组成,电池是最常见的电源之一。

（2）电路的基本物理量包括电动势、电流、电压、电位、电功、电功率等。

（3）为了电路分析和计算的方便,给电路中的电压、电流假定一个参考方向。可以用安培表（电流表）测量直流电流,用伏特表（电压表）测量直流电压。实际使用中,常用万用表来测量直流电流和直流电压。

（4）电阻最主要的参数是阻值、功率和误差,物质的电阻会受温度影响。线性电阻的阻值是一个常数,适用欧姆定律;非线性电阻的阻值不是常数,不适用欧姆定律。

（5）电阻器的参数标注方法有直接标注、字符标注、数码标注和色环标注等几种。特殊电阻包括熔断电阻器、可调电阻和电位器、电阻传感器等。

（6）一般电阻用万用表检测,包括准备、选挡测量、读取阻值三大步;绝缘电阻用兆欧表检测,包括校零检查、测量读数两步;用电桥可以精确测量电阻。

（7）欧姆定律反映了电路中的电压、电流和电阻之间的关系。欧姆定律包括部分电路的欧姆定律和全电路的欧姆定律。部分电路的欧姆定律为:电路中流过某电阻的电流与该电阻两端的电压成正比,与该电阻的阻值成反比;全电路的欧姆定律为:在闭合回路中,电流与电源电动势成正比,与回路的总电阻成反比。

（8）基尔霍夫定律是分析复杂电路的基础,它包括基尔霍夫第一定律和基尔霍夫第二定律。基尔霍夫第一定律是节点电流定律,其内容为:对电路中的任意一个节点,流进该节点的电流之和等于流出该节点的电流之和;基尔霍夫第二定律是回路电压定律,其内容为:对电路中的任一闭合回路,沿任一方向绕行一周,各段电压的代数和等于零。

（9）实际的电源可以用电压源或电流源来等效。

（10）戴维宁定理主要用于对线性有源二端网络的等效化简。其内容为:对于外电路,线性有源二端网络可以用一个电压源来代替,如图 2-33 所示。该电压源的电动势 E_0 等于原二端网络两端点间的开路电压 U_{ab0},该电压源的内阻 r_0 等于原二端网络去除内电源后两端点间的等效电阻 R_{ab}。

（11）叠加定理的内容为:线性电路中某一支路的电流,等于各个电源单独作用在该支路产生的电流的代数和。

（12）负载获得最大功率的条件是负载电阻等于电源内阻。

（13）导线连接前要先进行线头剥离,对导线的连接方式有对接、T 形连接等,导线连接好后要进行绝缘恢复。

（14）对电阻性电路的故障检查可以通过测量电路中的电流、电压来帮助判断故障部位,通过测量电阻来确定故障点。

（15）本章涉及的主要公式见表 2-32。

表 2-32　直流电路部分的主要公式

电路的物理量	公　式	含义及单位
电动势	$E = \dfrac{W}{q}$	E—— 电动势，单位为 V； W——运送电荷所做的功，单位为 J； q——电荷的电量，单位为 C
电流	$I = \dfrac{q}{t}$	I——电流，单位为 A； q——电量，单位为 C； t——时间，单位为 s
电压	$U_{ab} = \dfrac{W}{q}$	U_{ab}——电压，单位为 V； W——运送电荷所做的功，单位为 J； q——电荷的电量，单位为 C
电位	$U_{ab} = V_a - V_b$	U_{ab}——a 点对 b 点的电压，单位为 V； V_a——a 点电位，单位为 V； V_b——b 点电位，单位为 V
电功（能）和电功率	$P = \dfrac{W}{t}$	P——电功率，单位为 W； W——电功，单位为 J； t——时间，单位为 s
电阻定律	$R = \rho \dfrac{L}{S}$	R——电阻，单位为 Ω； ρ——电阻率，单位为 Ω·m； L——长度，单位为 m； S——面积，单位为 m^2
部分电路的欧姆定律	$I = \dfrac{U}{R}$ （或 $U = IR$）	I——电流，单位为 A； U——电压，单位为 V； R——电阻，单位为 Ω
全电路的欧姆定律	$I = \dfrac{E}{r+R}$ [或 $E = I(r+R)$]	I——电流，单位为 A； E——电源电动势，单位为 V； r——电源内阻，单位为 Ω； R——电阻，单位为 Ω
功率	$P = UI$	P——功率，单位为 W； U——电压，单位为 V； I——电流，单位为 A

续表

电路的物理量	公　式	含义及单位
电阻上的功率	$P = I^2 R$	P——功率,单位为 W; I——电流,单位为 A; R——电阻,单位为 Ω
电阻串联 (以两个为例)	基本公式: $I_1 = I_2 = I$ $U = U_1 + U_2$ $R = R_1 + R_2$	串联电路中,电流处处相等; 串联电路中,总电压等于各分电压之和; 串联电路中,总电阻等于各电阻之和
	分压公式: $U_1 = \dfrac{R_1}{R_1 + R_2} U, U_2 = \dfrac{R_2}{R_1 + R_2} U$	串联电路中,电阻的阻值越大,分得的电压越多
电阻并联 (以两个为例)	基本公式: $I = I_1 + I_2$ $U_1 = U_2 = U$ $\dfrac{1}{R} = \dfrac{1}{R_1} + \dfrac{1}{R_2}$ $\left(即 R = \dfrac{R_1 R_2}{R_1 + R_2}\right)$	并联电路中,总电流等于各支路电流之和; 并联电路中,各电阻上的电压相等; 并联电路中,总电阻的倒数等于各电阻的倒数之和
	分流公式: $I_1 = \dfrac{R_2}{R_1 + R_2} I$ $I_2 = \dfrac{R_1}{R_1 + R_2} I$	并联电路中,电阻值越大,该支路分得的电流越小
负载获得 最大功率	条件: $R = r$	负载获得最大功率的条件是负载电阻等于电源内阻
	最大功率: $P_{\max} = \dfrac{E^2}{4r} = \dfrac{E^2}{4R}$	$P_{\max}$——负载获得的最大功率,单位为 W; E——电源电动势,单位为 V; r——电源内阻,单位为 Ω; R——负载电阻,单位为 Ω

学习评价

1.填空题

(1)电路通常由 ＿＿＿＿＿＿＿＿＿、＿＿＿＿＿＿＿＿＿、＿＿＿＿＿＿＿＿＿和 ＿＿＿＿＿＿＿＿＿四部分组成。

(2)电路主要有两个作用,一是＿＿＿＿＿＿＿＿＿;二是＿＿＿＿＿＿＿＿＿。

(3)电池的两个最重要参数是＿＿＿＿＿＿＿＿＿和＿＿＿＿＿＿＿＿＿。

(4)电池的容量一般用＿＿＿＿＿＿＿＿＿和＿＿＿＿＿＿＿＿＿来表示,一个容量为 300 mA·h 的电池,以 100 mA 的电流为电子设备供电,能正常工作的时间为＿＿＿＿＿＿＿＿＿。

(5)方形电池也称为＿＿＿＿＿＿＿＿＿电池,它适用于＿＿＿＿＿＿＿＿＿场合。

(6)纽扣电池的特点是＿＿＿＿＿＿＿＿＿、＿＿＿＿＿＿＿＿＿和＿＿＿＿＿＿＿, 适用于耗电量不大的小型电子产品中。

(7)根据充电性能,电池可分为＿＿＿＿＿＿＿＿＿电池和＿＿＿＿＿＿＿＿＿电池两类。

(8)电动势是衡量＿＿＿＿＿＿＿＿＿能力大小的物理量,电动势存在于 ＿＿＿＿＿＿＿＿＿,电动势的方向由电源的＿＿＿＿＿＿＿＿＿极指向＿＿＿＿＿＿＿＿＿极。

(9)在对电路进行计算时,可以先选定电压(或电流)的参考方向,如果算出的电压(或电流)是正值,说明其实际方向与参考方向＿＿＿＿＿＿＿＿＿;如果计算出的电压(或电流)是负值,则说明其实际方向与参考方向＿＿＿＿＿＿＿＿＿。

(10)在用万用表测量直流电流时,电流应从＿＿＿＿＿＿＿＿＿表笔流进万用表,从 ＿＿＿＿＿＿＿＿＿表笔流出万用表;在用万用表测量直流电压时, ＿＿＿＿＿＿＿＿＿表笔接高电位端,＿＿＿＿＿＿＿＿＿表笔接低电位端。

(11)1 A = ＿＿＿＿＿＿＿＿＿ mA, 1 mA = ＿＿＿＿＿＿＿＿＿ μA, 1 MΩ = ＿＿＿＿＿＿＿＿＿ kΩ, 1 kΩ = ＿＿＿＿＿＿＿＿＿ Ω, 1 V = ＿＿＿＿＿＿＿＿＿ mV, 1 mV = ＿＿＿＿＿＿＿＿＿ μV, 1 kW·h = ＿＿＿＿＿＿＿＿＿度。

(12)某 4 色环标注的电阻,其色环依次为金、红、蓝、绿,其电阻值为＿＿＿＿＿＿, 误差为＿＿＿＿＿＿。

(13)在某设备的电路图中发现图 2-40 所示的几种符号,它们分别表示的器件为:

(a)＿＿＿＿＿＿,(b)＿＿＿＿＿＿,(c)＿＿＿＿＿＿,(d)＿＿＿＿＿＿。

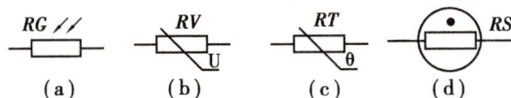

图 2-40　题(13)图

（14）一个 800 Ω 的电阻与一个 200 Ω 的电阻串联后的总电阻为_____,这两个电阻并联后的总电阻为_____。

（15）为了扩大电压表的量程,应该给表头_____联电阻;为了扩大电流表的量程,应该给表头_____联电阻。

（16）图 2-41 中,$I_1 = 50$ mA,$I_2 = 80$ mA,则 $I_3 = $_____。

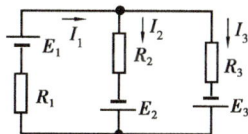 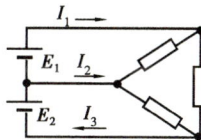

图 2-41　题（16）图　　　　图 2-42　题（17）图

（17）在图 2-42 中,$I_1 = 1.5$ A,$I_2 = 0.6$ A,则 $I_3 = $_____。

*（18）理想电压源的内阻为_____,理想电流源的内阻为_____。

*（19）负载获得最大功率的条件为_____。

2.判断题

（1）电动势将正电荷由电源的负极移动到正极。　　　　　　　　（　　）

（2）电流的方向为负电荷移动的方向。　　　　　　　　　　　　（　　）

（3）在电路分析中,参考点是可以任意选定的。　　　　　　　　（　　）

（4）电动势的单位和电压的单位都是伏［特］。　　　　　　　　（　　）

（5）白炽灯、电烙铁是电阻性器件,电炉丝是电感性器件。　　　（　　）

（6）当温度升高时,普通电阻的阻值会减小。　　　　　　　　　（　　）

（7）当温度升高时,绝缘体的绝缘电阻会减小。　　　　　　　　（　　）

（8）线性电阻适用于欧姆定律,非线性电阻不适用于欧姆定律。（　　）

（9）热敏电阻和光敏电阻都是线性电阻。　　　　　　　　　　　（　　）

（10）用兆欧表测电阻时,人可以同时接触兆欧表的两个检测端。（　　）

3.选择题

（1）测量直流电流和直流电压时,电流表和电压表与被测电路的连接方式分别为（　　）。

　　A.串联,串联　　　　B.串联,并联　　　　C.并联,串联　　　　D.并联,并联

（2）某电阻上的参数标注为"221",该电阻的阻值为（　　）。

　　A.22 Ω　　　　　　B.220 Ω　　　　　　C.221 Ω　　　　　　D.221 kΩ

（3）某电阻上的参数标注为"4R7K",该电阻的阻值为（　　）。

　　A.4.7 Ω　　　　　　B.7 Ω　　　　　　　C.4.7 kΩ　　　　　　D.7 kΩ

（4）连续点亮一个 25 W 的灯泡作照明,消耗 1 kW·h 电所用的时间为（　　）。

　　A.2.5 h　　　　　　B.4 h　　　　　　　C.25 h　　　　　　　D.40 h

（5）常用的检测绝缘电阻的仪表是（　　）。

　　A.万用表　　　　　　B.兆欧表　　　　　　C.伏特表　　　　　　D.电桥箱

　　(6)使用压敏电阻为电路作过压保护时,压敏电阻应与被保护电路(　　)。

　　　　A.串联　　　　　　B.并联　　　　　　C.混联　　　　　　D.以上均可

　　4.简答题

　　(1)电动势与电压有什么不同?

　　(2)电位与电压有什么不同?

　　(3)用电流表(万用表的直流电流挡)测量直流电流时该怎样连接? 测量时要注意什么问题?

　　(4)用电压表(万用表的直流电压挡)测量直流电压时该怎样连接? 测量时要注意什么问题?

　　(5)如何检测可调电阻和电位器的好坏?

　　(6)全电路欧姆定律的内容是什么?

　　(7)电阻串联的电路有什么特点?

　　(8)电阻并联的电路有什么特点?

　　(9)基尔霍夫第一定律和第二定律的内容分别是什么?

　　*(10)什么是电压源? 什么是电流源?

　　*(11)戴维宁定理的内容是什么? 在求等效电源的电阻时要注意什么问题?

　　*(12)叠加定理的内容是什么?

　　5.计算题

　　(1)在 1 min 时间内,通过某段导线的电量为 3 C,求这段时间内该导线中的平均电流是多少?

　　(2)在某电路中,测得 M 点电位为 9 V,N 点电位为−2 V,则 M、N 两点之间的电压 U_{MN} 为多少?

　　(3)如果测得电路中 E、F 两点间的电压 $U_{EF}=5$ V,且 E 点电位为 2 V,求 F 点的电位。

　　(4)一把 50 W 的电烙铁,通电使用 1 h 会消耗多少电能? 它使用多长时间消耗 1 kW·h 电?

　　(5)已知一段横截面积为 1.5 mm^2 的铜导线,其长度为 30 m,这段铜导线的总电阻为多少?

　　(6)图 2-43 所示的部分电路中,$R_1=220$ Ω,R_1 上的电流 $I=0.01$ A,则 R_1 上的电压 U_1 为多少?

　　(7)如图 2-44 所示,电源电动势 $E=12$ V,电源内阻 $r=1$ Ω,电阻 $R=24$ Ω,求:

　　①流过电阻 R 的电流为多少?

　　②内阻 r 和电阻 R 上的电压各为多少?

　　③内阻 r 和电阻 R 上消耗的功率各为多少?

　　(8)一个 220 V/60 W 的电灯泡,当用 110 V 电压为其供电时,它发光的功率为多少?

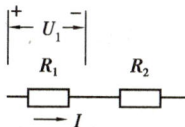

图 2-43　题(6)图

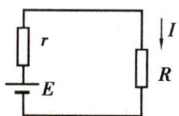

图 2-44　题(7)图

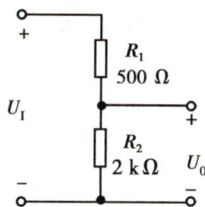

图 2-45　题(9)图

(9)如图 2-45 所示,输入电压 $U_1 = 15$ V,求输出电压 U_0。

(10)要用一个 36 V 的电源给一个"24 V/6 W"的灯泡供电使其正常发光,需要给灯泡串联多大的电阻?

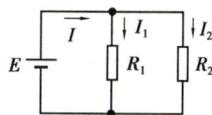

图 2-46　题(11)图

(11)如图 2-46 所示,电源 $E = 8$ V,电阻 $R_1 = 80$ Ω,$R_2 = 20$ Ω,求电流 I、I_1、I_2。

(12)某万用表表头的满偏电流为 $I_g = 100$ μA,在该表的直流 5 mA 挡,若与表头并联的电阻为 4 Ω,则该万用表表头的内阻为多少?

(13)在图 2-47 中,求各图中 A、B 两端等效电阻 R_{AB}。

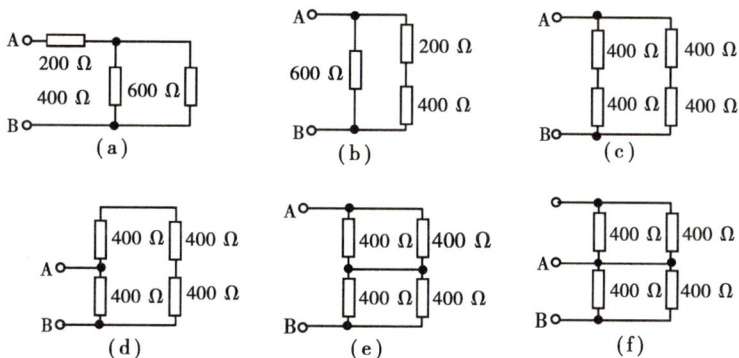

图 2-47　题(13)图

(14)图 2-48 中,求 B 点电位。

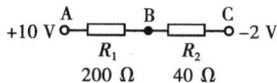

图 2-48　题(14)图

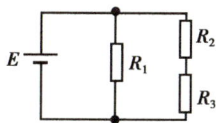

图 2-49　题(15)图

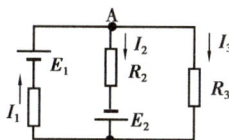

图 2-50　题(16)图

(15)在图 2-49 中,$E = 10$ V,$R_1 = 400$ Ω,$R_2 = 60$ Ω,$R_3 = 40$ Ω,求:

①各个电阻上的电流;

②各个电阻消耗的功率。

(16)图 2-50 中,$E_1 = 10$ V,$E_2 = 5$ V,$R_1 = 2$ Ω,$R_2 = 5$ Ω,$R_3 = 10$ Ω,列出 A 点的电流方程和两个网孔的电压方程。

*(17)图 2-51 中，$E_1 = 12$ V，$E_2 = 15$ V，$R_1 = 6$ Ω，$R_2 = 3$ Ω，$R_3 = 10$ Ω，试用戴维宁定理求流过 R_3 的电流 I_3。

*(18) 图 2-52 中，$E_1 = 9$ V，$E_2 = 6$ V，$R_1 = 3$ Ω，$R_2 = 5$ Ω，$R_3 = 15$ Ω，试用叠加定理求流过 R_3 的电流 I_3。

*(19)图 2-53 中，$E_1 = 15$ V，$R_1 = 10$ Ω，要使 R_2 获得最大的功率，R_2 的阻值应取多大？R_2 上得到的最大功率是多少？

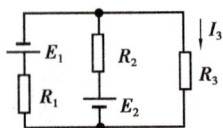   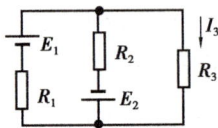   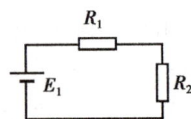

图 2-51　题(17)图　　　图 2-52　题(18)图　　　图 2-53　题(19)图

第三章

电容和电感

1.知识目标

（1）知道电容的概念和电容器的结构,分清电容器的种类,能直观识读电容器的参数;

（2）能计算电容器串、并联的等效电容,并掌握其性质;

（3）知道磁场、磁通、磁感应强度、磁场强度、磁导率的概念及在实际生活中的应用;

（4）能熟练应用右手螺旋定则判断电流产生的磁场方向,能熟练应用左手定则判断磁场对通电导体的作用力方向;

（5）知道磁路的基本概念及常见磁性材料,知道电感的概念及影响电感器电感量的因素;

（6）知道互感和同名端的概念,知晓变压器的结构和工作原理。

2.能力目标

（1）熟悉电容器和电感器的参数,能识别不同类型的电容器和电感器,并能正确选用电容器和电感器;

（2）能用万用表检测不同类型的电容器和电感器的好坏;

（3）能够对变压器进行正确检测和选用。

电容器和电感器是电工电子技术中最基本的元器件,也是电子设备中具有储能作用的元件。电容器在电子技术中具有滤波、选频、隔直、旁路、移相等作用。在电力系统中,可用电容器提高其功率因数,从而提高能源的利用率。电感器具有通直流、阻交流的作用,常用于滤波、选频、变压、电动机等方面。

第一节　电容器

你见过电容器吗? 你在什么电路中见过电容器? 你知道它在该电路中起什么作用吗?

一、认识电容器

电容器在电子产品中与电阻器一样被广泛应用,如图 3-1 所示为一电路实物图,其电路板上就用到了有极性电容器和无极性电容器。

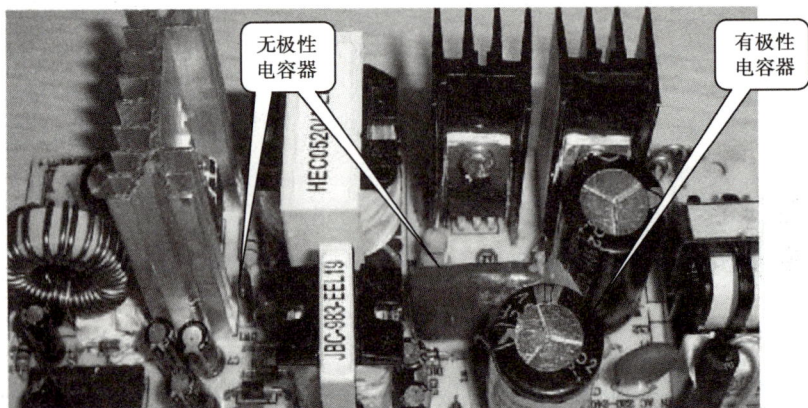

图 3-1　电路板上的电容

1.电容器

两个彼此绝缘(中间隔以绝缘物质)又互相靠近的导体就构成了一个电容器,这两个导体就是电容器的两个电极,中间的绝缘物质称为电介质。最简单的电容器是平行板电容器,它由两块相互平行靠得很近而又彼此绝缘的金属板构成。

电容器最基本的特性是储存电荷,不同的电容器储存电荷量的能力不同,其极板上储存的电荷随外接电源电压的增加而增加。电容器所带的电荷量与它的两极板间电压的比值称为电容器的电容量,简称电容,用 C 表示。其表达式和相关单位见表 3-1。

记一记

表 3-1　电容表达式及单位

电容表达式	相关量及单位	电容其他单位
电容器的电容: $C=\dfrac{q}{U}$	C——电容器的电容,单位名称为法[拉],符号是 F; q——电容器所储存的电荷量,单位名称为库[仑],符号是 C; U——电容器两极板间电压,单位名称为伏[特],符号是 V	法[拉]是一个较大的单位,电容的常用单位还有微法(μF)、皮法(pF),其换算关系: $1\ F = 10^3\ mF = 10^6\ \mu F = 10^9\ nF = 10^{12}\ pF$
平行板电容器电容: $C=\dfrac{\varepsilon S}{d}$	C——电容器的电容,单位名称为法[拉],符号是 F; ε——电介质的介电常数,单位名称为法[拉]每米,符号是 F/m; S——两极板间正对的有效面积,单位名称为平方米,符号是 m^2; d——两极板间的距离,单位名称为米,符号是 m	

电容是电容器固有的特性,其大小仅由自身因素(如结构、几何尺寸等)决定,而与两极板间电压的高低、所带电荷量的多少无关。

注意

不仅成品的电容器有电容,任何导体之间都存在电容。如两根输电线之间、每根传输线与大地之间等,都被空气介质隔开,都存在着电容。晶体管各电极之间、电子仪器的导线与金属外壳之间也存在电容。这类电容通常称为分布电容,其值较小,但有时也会给传输线路或电子设备的正常工作带来影响,因此应采取措施给予消除。

讲一讲

【例题 3-1】

将一只电容器接到 30 V 的直流电源上，其两极板所带电量为 $3×10^{-3}$ C，求该电容器的容量。如果将该电容器接到 50 V 的直流电源上，其电容量是多大？两极板所带电量是多少？

解 $C = \dfrac{q}{U} = \dfrac{3×10^{-3}\ \text{C}}{30\ \text{V}} = 10^{-4}\ \text{F} = 100\ \mu\text{F}$

由于电容量是电容器的固有特性，其大小由自身因素决定，与极板间所加电压和所带电荷量无关，因此将该电容器接到 50 V 的直流电源上，其电容量仍为 100 μF。

此时两极板所带电量为：

$q = CU = 100\ \mu\text{F} × 10^{-6} × 50\ \text{V} = 5×10^{-3}\ \text{C}$

2. 电容器的符号、种类、外形和参数

常用电容器按其结构不同可分为固定电容器、可变电容器、半可变电容器（微调电容器）等。其符号、特点、外形见表 3-2。

记一记

表 3-2　电容器符号、特点、外形

名称	特点	符号	外形	应用说明
固定电容器	电容量固定不变	无极性		固定电容器的性能和用途与内部两极板间的介质有密切联系，常用的有：涤纶电容、瓷片电容、金属膜电容等，使用时不分极性。在电路中常用作旁路、隔断直流电等

续表

名称	特点	符号	外形	应用说明
固定电容器	电容量固定不变	+⊥⊤ 有极性		有极性电容有正负极之分，一般工作在直流状态下，使用时必须注意极性。常用作滤波、耦合信号等
可变电容器	电容量可在一定范围内随意变动			它由动片和定片组成，转动动片可改变电容量，在无线电接收电路中起调谐作用
半可变电容器	只能在小范围内改变其电容量			其电容量只能在几皮法至几十皮法内改变，常在电路中作补偿和校正电容用

　　一般成品的电容器上都标有容量、允许误差和额定工作电压（耐压）等主要参数，有的还标有型号命名，有极性电容还标出正负极性。在使用电容器时，必须根据其参数进行选用。电容器的参数有几种标注方法，见表3-3。

记一记

表3-3　电容器参数的标注方法

标注法	含义	实例
直标法	将电容器的标称容量、允许误差及工作电压直接标注在电容器上	例如：一只电容上标有"（250±10%）pF 160 V"，表示该电容的容量为250 pF，误差为±10%，耐压为160 V； 有些电容器采用"R"表示小数点，如 R47μF 表示电容量为 0.47 μF； 如右图所示电解电容，其容量为 680 μF，耐压为 200 V

续表

标注法	含义	实例
数字表示法	它是只标数字而不标单位的直接表示法	例如：一只电容上标注数字为 15，表示其容量为 15 pF；一只电容上标注数字为 0.47，表示其容量为 0.47 μF
数码表示法	用三位数字表示电容器电容量的大小	第一、二位为有效数字，第三位表示倍率，即后面加 0 的个数，其单位为 pF。例如：224 表示容量为 220 000 pF（0.22 μF）；右图电容的容量为 $10×10^7$ pF（100 μF）
数字字母法	容量的整数部分写在容量单位字母的前面，小数部分写在容量单位字母的后面	例如： 4μ7 表示容量为 4.7 μF； 6n8 表示容量为 6.8 nF，即 6 800 pF； 1p5 表示容量为 1.5 pF
色标法	用色码标注，标注的颜色符号与前面介绍的电阻器颜色符号相同	每个色码对应的数字与电阻的色码对应的数字相同，且容量计算方法也相同，其容量单位为 pF。对于立式电容器，色环顺序从上而下，沿引线方向排列

电容器在标注中，有的也用字母表示误差等级，其中 D 为 ±0.5%、F 为 ±1%、G 为 ±2%、K 为 ±10%、M 为 ±20%、N 为 ±30%。例如：103K 表示容量为 10 000 pF（即 0.01 μF），误差为 ±10%。

做一做

找出直标电容、数字标注电容、数码标注电容、数字字母标注电容及色标电容各五个，进行参数识别练习，看谁认得快、认得准，并将识别情况记录在下表中。

	直 标	数字标注	数码标注	数字字母标注	色 标
正确识别数量/个					
总用时/min					
总体评价					

上面介绍的是单个电容的参数，如果将几个电容连接在一起，其参数会怎样变化呢？

二、电容器的串联和并联

当一只电容器的容量或耐压不能满足电路的要求时,常将几只电容器进行串联或并联使用,以满足电路的要求。

1. 电容器的串联

将两只或两只以上的电容器首尾相接,连成一个无分支的电路,称为电容器的串联。图 3-2 所示为三只电容器串联的电路。

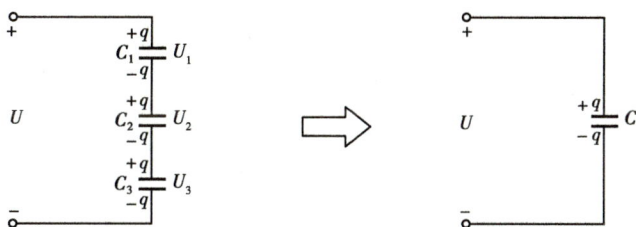

图 3-2 电容器串联电路

电容器串联电路的特点见表 3-4。

表 3-4 电容器串联电路的特点

序号	特 点	表达式
1	每只电容器所带电荷量相等	$q = q_1 = q_2 = \cdots = q_n$
2	总电压等于各电容器上的电压之和	$U = U_1 + U_2 + \cdots + U_n$
3	各电容器上分得的电压与自身容量成反比	$U_1 = \dfrac{q_1}{C_1}, U_2 = \dfrac{q_2}{C_2}, \cdots, U_n = \dfrac{q_n}{C_n}$
4	总电容量的倒数等于各电容器容量的倒数之和	$\dfrac{1}{C} = \dfrac{1}{C_1} + \dfrac{1}{C_2} + \cdots + \dfrac{1}{C_n}$

电容器串联后,相当于增大了两极板间的距离,总电容比其中任何一只电容都小,其等效关系与电阻并联时相似。

讲一讲

【例题 3-2】

如图 3-2 中,已知 $C_1 = 100\ \mu F$,额定工作电压为 25 V,$C_2 = C_3 = 200\ \mu F$,额定工作电压为 50 V,将这三只电容器串联后接到电压 U 为 150 V 的电源上。试求:

(1)串联电容器总的等效电容为多大?

(2)每只电容器两端的电压为多大?并说明能否安全使用。

解 (1) $\dfrac{1}{C} = \dfrac{1}{C_1} + \dfrac{1}{C_2} + \dfrac{1}{C_3} = \dfrac{1}{100\ \mu F} + \dfrac{1}{200\ \mu F} + \dfrac{1}{200\ \mu F} =$

$$\dfrac{2+1+1}{200\ \mu F} = \dfrac{1}{50\ \mu F}$$

所以 $C = 50\ \mu F$

(2)串联电容器总的电量为:

$$q = CU = 50\ \mu F \times 10^{-6} \times 150\ V = 7.5 \times 10^{-3}\ C$$

且有 $\qquad\qquad\qquad q = q_1 = q_2 = q_3$

所以 $U_1 = \dfrac{q_1}{C_1} = \dfrac{7.5 \times 10^{-3}\ C}{100 \times 10^{-6}\ F} = 75\ V$,$U_2 = \dfrac{q_2}{C_2} = \dfrac{7.5 \times 10^{-3}\ C}{200 \times 10^{-6}\ F} = 37.5\ V$

$$U_3 = \dfrac{q_3}{C_3} = \dfrac{7.5 \times 10^{-3}\ C}{200 \times 10^{-6}\ F} = 37.5\ V$$

可见,C_1 两端所加电压(75 V)大于其额定工作电压(25 V),在工作时会被击穿,所以不能安全使用。

电容量不等的电容器串联时,各电容器两端的电压与自身容量成反比。因此在使用时,应先通过计算,在安全可靠的情况下再串联使用,以减少不必要的损失。

2.电容器的并联

将两只或两只以上的电容器接在两个节点之间,这种连接方式称为电容器的并联。图 3-3 所示为三只电容器并联的电路。

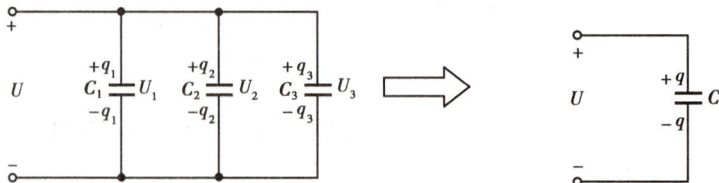

图 3-3 电容器并联电路

电容器并联电路的特点见表3-5。

记一记

表3-5 电容器并联电路的特点

项　目	特　点	表达式
电荷量	总电荷量等于各并联电容器所带电荷量之和	$q = q_1 + q_2 + \cdots + q_n$
电压	各电容器上的电压相等,且为电源电压	$U = U_1 = U_2 = \cdots = U_n$
电容量	总电容等于各电容器电容之和	$C = C_1 + C_2 + \cdots + C_n$

电容器并联后,相当于增大了两极板间的面积,总电容比其中任何一只电容都大,其等效关系与电阻串联时相似。

讲一讲

【例题 3-3】

已知电容器 C_A 的电容为 10 μF,充电后电压为 30 V,电容器 C_B 的电容为 20 μF,充电后电压为 15 V,将它们并联接在一起后,电容器两端的电压为多少?

解 (1)连接前

电容器 A 的电荷量为:

$$q_A = C_A U_A = 10 \times 10^{-6}\ F \times 30\ V = 3 \times 10^{-4}\ C$$

电容器 B 的电荷量为:

$$q_B = C_B U_B = 20 \times 10^{-6}\ F \times 15\ V = 3 \times 10^{-4}\ C$$

(2)并联后

总电荷量为:

$$q = q_A + q_B = 3 \times 10^{-4}\ C + 3 \times 10^{-4}\ C = 6 \times 10^{-4}\ C$$

总电容为:

$$C = C_A + C_B = 10 \times 10^{-6}\ F + 20 \times 10^{-6}\ F = 3 \times 10^{-5}\ F$$

电压为:

$$U = \frac{q}{C} = \frac{6 \times 10^{-4}\ C}{3 \times 10^{-5}\ F} = 20\ V$$

想一想

(1)两只电容器串联,其总容量减小,而总耐压如何? 在实际电路中如何应用?

(2)电容器并联时均承受外加电压,且要求每只电容器的耐压应大于外加电压,如果在并联电路中有一只电容器的耐压不够,会出现什么后果?

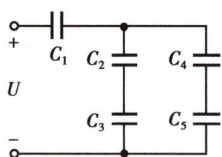

图 3-4 电容器混联电路

从以上分析可知:电容器串联时,总容量减小,总耐压值可增大;电容器并联时,总容量增大,但耐压不变。在实际应用中,有时既要增大容量,又要增大耐压,因此可将几只电容器进行混联连接,即电路中既有串联,也有并联。如图 3-4 所示为电容器混联电路,电路中 C_4 与 C_5 串联,C_2 与 C_3 串联,二者并联后再与 C_1 串联。

三、电容器的充放电实验

1.电容器的充放电

电容器的充放电实验,如图 3-5 所示。

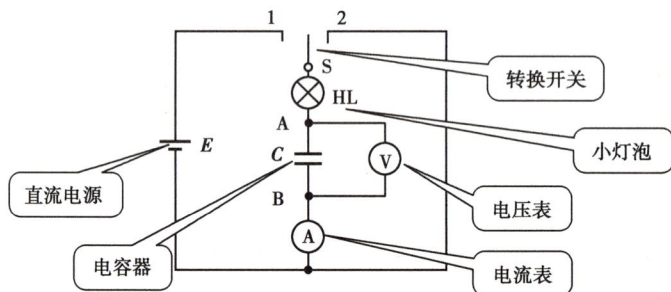

图 3-5 电容器的充放电电路图

将开关 S 置于与"1"闭合时,就构成了电容器的充电电路。当电容器充电结束后,如果将开关 S 置于与"2"闭合时,就构成了电容器的放电电路。电容器充、放电的现象见表 3-6。

电容器充、放电时为什么会有这样的变化规律呢?

电容器在充电时,由于 S 刚闭合的瞬间,在电源作用下,正、负电荷分别向电容器的 A、B 两极板移动,形成充电电流。开始时,电容两极板上没有电压,电源电压全部作用在灯泡上,所以充电电流大,灯泡较亮。随着电容器极板上电荷的积累,两极板之间的电压升高,作用于灯泡上的电压逐渐下降,电流也越来越小,当两极板间电压达到电源电压时,灯泡熄灭,电流下降为零,充电过程结束。此时电容器两端的电压等于电源电动势,即 $U_C = E$,电容器中储存的电荷 $q = CE$。

表 3-6　电容器充、放电现象

项目	电容器的充电实验	电容器的放电实验
电路图		
观察现象	①开关 S 与 1 闭合后,小灯泡 HL 开始较亮,然后逐渐变暗,最后熄灭; ②电流表指针最初偏转一个较大的角度,然后逐渐返回,最后指针回到零位置; ③电压表指针从零逐渐上升,最后停在电源电压位置上(即等于电源电动势)	①小灯泡 HL 开始较亮,然后逐渐变暗,最后熄灭; ②电流表指针偏转一个较大的角度,然后逐渐返回,最后指针回到零位置; ③电压表指针指示的电压从电源电压位置上逐渐下降,最后回到零位置
电容两端电流电压变化		
结论	电容器的充电过程中,充电电流开始较大,然后逐渐减小直至为零;而电容器两极板间的电压从零逐渐增大,直到两极板间的电压等于电源电动势,充电结束	电容器的放电过程中,放电电流开始较大,然后逐渐减小直至为零;电容器两极板间的电压从 E 开始逐渐下降直至为零,当电流表和电压表的指针都回到零时,说明电容器放电过程结束

　　电容器在放电时,A、B 极板上储存的正、负电荷经灯泡分别向对方定向移动,形成放电电流。刚开始,A、B 两极板间的电压等于电源电动势,放电电流较大,灯泡较亮。但随着两极板上正负电荷的不断中和,两极板间的电压逐渐减小,所以放电电流也逐渐减小。当 A、B 两极板间的正负电荷完全中和时,两极板间的电压为零,放电电流为零,灯泡熄灭,放电结束。

！注意

　　在电容器的充、放电过程中,电路中的电流是由电容器的充、放电所形成的,并不是电流直接通过电容器中的电介质。在充电过程中,电容器储存电荷,两极板间形成一定的电压,产生电场,储存一定的电场能量;在放电过程中,电容器释放电荷量,同时释放电场能量。

电容器中储存的能量大小与电容器两端的电压和电容量大小有关,电容器能量是以电场能的方式储存的,其电场能为:

$$W_C = \frac{1}{2}CU^2 \tag{3-1}$$

式中　W_C——电场能量,单位名称为焦[耳],符号是 J。

讲一讲

【例题 3-4】

某电容容量为 220 μF,对它进行充电后,测得它两端的电压为 20 V,此时该电容内储存的电场能量是多少?

解　$W_C = \frac{1}{2}CU^2 = \frac{1}{2} \times 220 \times 10^{-6} \text{ F} \times (20 \text{ V})^2 = 0.044 \text{ J}$

2.电容器质量的判别

根据电容器的充、放电原理,用指针式万用表就能判断电容器的质量、电解电容器的极性,并能定性比较电容器容量的大小。

(1)质量判定

检测前,先将电容器两极板短接,释放掉原来存储的电能。

用万用表的 $R \times 1$ kΩ 挡,将表笔接触电容器(1 μF 以上的容量)的两引脚,接通瞬间,表头指针应向顺时针方向偏转,然后逐渐逆时针回转。如果不能复原,则稳定后的读数就是电容器的漏电电阻,阻值越大表示电容器的绝缘性能越好。若在上述的检测过程中,表头指针无摆动,说明电容器开路;若表头指针向右摆动的角度大且不回复,说明电容器已击穿或严重漏电;若表头指针保持在 0 Ω 附近,说明电容器内部短路。

对于小于 1 μF 的电容器,由于电容充、放电现象不明显,检测时万用表指针偏转幅度很小或根本无法看清,这并不能说明电容器质量有问题。

(2)容量判定

检测过程同上。接通瞬间,表头指针向右摆动的角度越大,说明电容器的容量大;反之则说明容量小。

(3)极性判定

根据有极性的电解电容器正接时漏电电流小、漏电电阻大,反接时漏电电流大、漏电电阻小的特点可判断其极性。将万用表置于电阻挡的 $R \times 1$ kΩ 挡,先测一下电解电容器的漏电电阻值。将电容器两极短接放电后,再将两表笔对调一下,再测一次漏电电阻值。两次测试中,漏电电阻值大的一次,黑表笔接的是电解电容器的正极,红表笔接的是电解电容器的负极。

(4)可变电容器碰片检测

用万用表的 $R \times 1$ kΩ 挡,将两表笔固定接在可变电容器的定、动片接线端子上,慢慢转动可变电容器的转轴,如表头指针发生摆动说明有碰片,否则说明是正常的。使用时,动片应接地,防止调整时人体静电通过转轴引入噪声。

第二节　电磁感应

磁是什么?它有什么特性?磁与电之间有联系吗?它们有什么样的联系?

一、磁场

在公元 11 世纪,我国古人就发现用天然磁铁做成细长的小磁针,它有一端总是指向南方,另一端总是指向北方。由此发明了能确定南北方向的指南针(俗称罗盘),它的中间悬挂着一根能自由转动的小磁针(指南针),如图 3-6 所示。

读一读

　　指南针是我国古代的四大发明之一,四大发明又是我国作为世界文明古国的标志之一。古代,我国的科学技术在许多方面居于世界的前列。5 世纪后的千余年里,欧洲处在封建社会之中,科学技术发展缓慢,而我国的科学技术一直在向前发展。我国的四大发明在欧洲近代文明产生之前陆续传入西方,成为"资产阶级发展的必要前提"(《马克思恩格斯全集》),为资产阶级走上政治舞台提供了物质基础:印刷术的出现改变了只有僧侣才能读书和受高等教育的状况,有利于文化的传播;火药和火器的采用摧毁了封建城堡,帮助资产阶级去战胜封建贵族;指南针传到欧洲航海家的手里,使他们有可能发现美洲和实现环球航行,为资产阶级奠定了世界贸易和工场手工业发展的基础。总之,我国古代的四大发明,在人类科学文化史上留下了灿烂的一页。这些伟大的发明曾经影响并造福于全世界,推动了人类历史的向前发展。

1.磁场的概念

物体吸引铁、钴、镍等物质的性质称为磁性,具有磁性的物体称为磁体,磁体两端磁性最强的区域称为磁极。任何磁体的磁极总是成对出现,即 S 极(南极)和 N 极(北极),不存在单磁极。磁极之间具有相互作用的磁力,即同名磁极互相排斥,异名磁极互相吸引。常见的磁体如图 3-7 所示。

图 3-6　指南针

图 3-7　磁体

　　磁体对周围的铁磁物质具有吸引力,互不接触的磁极之间也具有作用力,这种力通常称为磁力。磁力是由磁场来传递的,磁场是磁体周围存在的一种特殊形式的物质,它看不见、摸不着,但又具有力和能量的性质。

　　磁场是有方向的,其方向的规定是:在磁场中放置一个可以自由转动的小磁针,当小磁针静止时,小磁针 N 极所指的方向就是该点的磁场方向。

　　为了形象地表示磁场中各点的磁场方向和磁场的强弱,可以在磁场中画出一些有方向的假想曲线,使这些曲线上每一点的切线方向与该点的磁场方向一致,这种曲线称为磁感线(也称磁力线),如图 3-8 所示。

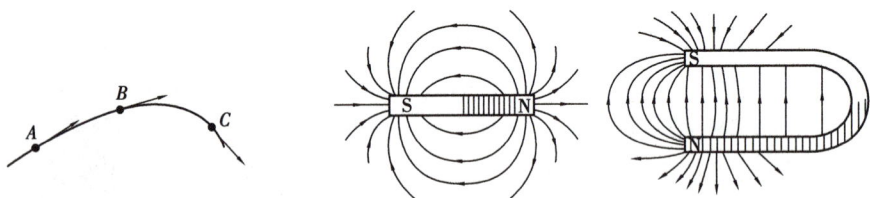

图 3-8　磁感线

　　由图 3-8 可知,磁感线具有以下特点:

　　(1)磁感线是既互不相交,又不中断的闭合曲线。

　　(2)磁感线在磁体的外部是从 N 极(北极)指向 S 极(南极),而在磁体内部则是由 S 极(南极)指向 N 极(北极)。

　　(3)磁感线上任一点的切线方向就是该点的磁场方向,即小磁针静止时 N 极(北极)所指的方向。

　　(4)磁感线的疏密程度表示其磁场的强弱,磁感线越密,磁场越强;磁感线越疏,磁场越弱。匀强磁场的磁感线是一些分布均匀又相互平行的直线。

2.载流直导体周围的磁场和右手螺旋定则

磁体并不是磁场的唯一来源,丹麦物理学家奥斯特在1820年用实验证明:通电导体的周围存在着磁场。如图3-9(a)所示,把一根导线平行地放在磁针的上方,给导线通电时,磁针将发生偏转。说明电流也能产生磁场,而且电流的方向决定了磁场的方向,可见电与磁是密切相联系的。

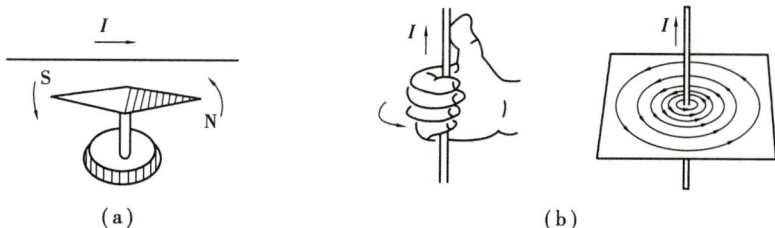

（a）　　　　　　　　　　　　　　　　（b）

图3-9　通电直导线产生的磁场

通电直导线产生的磁感线是一些以导线上各点为圆心的同心圆,且距导线越近,磁场越强,磁感线越密;电流越大,磁场也越强。通电直导线中电流的方向与磁场方向之间的关系可用右手螺旋定则(也称为安培定则)来判定,如图3-9(b)所示。其方法是:用右手握住通电直导线,大拇指伸直指向电流的方向,则弯曲的四指所指的方向就是磁感线的环绕方向。

3.通电螺线管周围的磁场及其应用

当电流通过螺线管时也要产生磁场,线圈中电流产生的磁场跟条形磁体产生的磁场相似,一端相当于N极,另一端相当于S极。通电线圈的磁场方向也用右手螺旋定则来判定,如图3-10所示。其方法是:用右手握住螺线管,让弯曲的四指所指的方向与电流方向一致,则大拇指所指为通电螺线管的N极方向。

通电螺线管两端的磁场极性与螺线管中电流的方向有关,磁场强弱与电流的大小和螺线管匝数有关。当电流的方向变化时,通电螺线管的磁极也发生改变,同时由于螺线管的绕制方向不同,螺线管中电流的方向也不同。因此,当线圈通过交变电流时,线圈周围将产生交变磁场,可以对需要消磁的物体进行反复磁化。

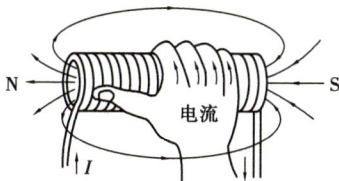

图3-10　通电螺线管产生的磁场

关于磁,还有些什么概念和参数呢?

二、磁通、磁感应强度、磁场强度和磁导率

磁场不仅有方向,而且有强弱,用磁感线来描述磁场,形象直观,但只能进行定性分析。要定量分析磁场特征,可以用磁通、磁感应强度、磁场强度、磁导率等物理量来描述。

1.磁通和磁感应强度

磁通和磁感应强度的概念、表达式见表3-7。

记一记

表 3-7　磁通和磁感应强度的概念、表达式

名称	概　念	表　达　式	说　明
磁感应强度	垂直于磁场方向的通电导体在磁场中所受的磁场力 F 与电流 I 和导体长度 L 的乘积的比值,称为通电导体在磁场内某点的磁感应强度	$B = \dfrac{F}{IL}$	B——导体某处的磁感应强度,单位名称为特[斯拉],符号是 T; F——与磁场垂直的通电导体受到的力,单位名称为牛[顿],符号是 N; I——导体中通过的电流,单位为 A; L——导体在磁场中的有效长度,单位为 m	①磁感应强度是一个既有方向又有大小的矢量; ②如果磁场内各点的磁感应强度大小相等、方向相同,这样的磁场称为匀强磁场; ③磁感线的切线方向即为该点的磁感应强度方向; ④磁感应强度可用专门的高斯计来测量
磁通	磁感应强度 B 与垂直于磁场方向的某一截面积 S 的乘积,称为通过该面积的磁通	$\Phi = BS$	Φ——磁通,单位名称为韦[伯],符号是 Wb; B——匀强磁场的磁感应强度,单位为 T; S——与 B 垂直的某一截面的面积,单位为 m^2	①公式 $\Phi = BS$ 只适用于匀强磁场,且磁场方向和平面互相垂直; ②当平面面积 S 与磁场方向形成任意夹角 α ($\alpha \leqslant 90°$)时,$\Phi = BS \sin \alpha$

2.磁导率和磁场强度

磁导率和磁场强度的概念、表达式见表3-8。

表 3-8 磁导率和磁场强度的概念、表达式

名称	概　念	表 达 式	说　明
磁导率	磁导率是用来描述介质导磁能力的物理量。其他物质的磁导率与真空磁导率之比值称为物质的相对磁导率	$\mu_r = \dfrac{\mu}{\mu_0}$ μ_r——相对磁导率,它的大小反映物质导磁能力的高低; μ——某物质磁导率,单位名称为亨[利]每米,符号是 H/m; μ_0——真空磁导率,它是一个常数,其值为 $4\pi \times 10^{-7}$ H/m	①当 μ_r 略大于 1 时的物质为顺磁性物质,如空气、铝、铅等; ②当 μ_r 略小于 1 时的物质为反磁性物质,如铜、银、锌等; ③当 μ_r 远大于 1 时的物质为铁磁性物质,如铁、钢、钴等; ④顺磁性物质和反磁性物质的相对磁导率接近于 1,可认为等于 1,除铁磁性物质外,这些物质称为非铁磁性物质
磁场强度	磁场中某点的磁感应强度 B 与磁介质磁导率 μ 的比值,称为该点的磁场强度	$H = \dfrac{B}{\mu}$ H——磁场中某点的磁场强度,单位名称为安[培]每米,符号是 A/m; B——磁场中某点的磁感应强度,单位为 T; μ——物质磁导率,单位为 H/m	①磁场强度是一个矢量,其方向与磁感应强度的方向一致; ②通电长螺线管的内部中间部分的磁场可认为是匀强磁场,其磁场强度与螺线管长度 L、匝数 N 和电流大小有关,其表达式为: $$H = \dfrac{NI}{L}$$

　　①磁感应强度、磁通、磁导率、磁场强度都是反映磁场性质的物理量,但各自反映磁场性质的侧重点不同;

　　②磁感应强度和磁场强度都是既有大小,又有方向的矢量,其方向可用右手螺旋定则来判定。

三、左手定则

　　通过前面的学习我们知道:通电导体的周围将产生磁场,而将通电导体置于磁场中时,也会受到力的作用,这个力称为磁场力(也称为安培力或电磁力)。磁场对通电导体具有力的作用是磁场的重要特性。

1.磁场对载流直导线的作用

　　如图 3-11 所示,将一载流直导线放入磁场中,当导线未通电时,导线不动;当接通电源,如果电流从 B 流向 A 时,导线立刻向外侧运动,说明导线受到向外的磁场力;如果改变电流方向,则导体向相反方向运动,说明磁场力方向也改变。可见,磁场力是磁场和通电导体周围产生的磁场相互作用的结果。

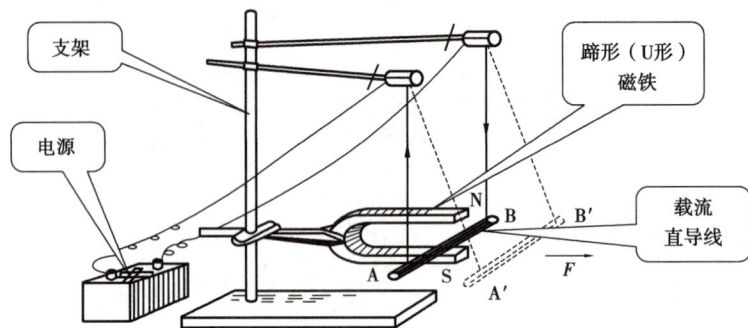

图 3-11　磁场对载流直导线的作用

那么,如何确定磁场力的大小呢? 见表 3-9。

记一记

表 3-9　确定磁场力的大小

概　述	公式表达式	说　明
在匀强磁场中,当通电直导体与磁场方向垂直时,磁场力的大小与导体中电流大小成正比,与导体在磁场中的有效长度及导体所在处的磁感应强度成正比	$F=BIL$ F——导体受到的磁场力,单位为 N; B——匀强磁场的磁感应强度,单位为 T; I——导体中的电流,单位为 A; L——导体在磁场中的有效长度,单位为 m 当导体和磁感线方向呈 α 时,磁场力的大小为: $$F=BIL\sin\alpha$$	通电导体在磁场中所受力的大小不仅与 B、I、L 的大小有关,还与电流方向与磁场方向之间的夹角有关: ①当电流 I 的方向与磁感应强度 B 的方向平行时($\alpha=0$ 或 $\alpha=180°$),导线不受磁场力的作用($F=0$); ②当 $\alpha=90°$ 时,磁场力 F 最大; ③当有一定夹角时,可将 B 分解成两个互相垂直的分量

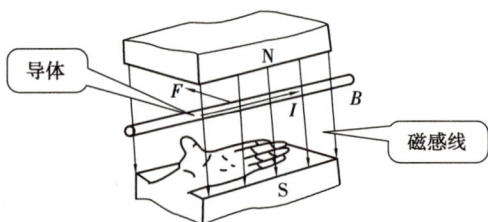

图 3-12　左手定则

表 3-9 可确定磁场力的大小,那么磁场力的方向又该如何确定呢? 通电导体在磁场中受到的磁场力方向,可以用左手定则来判定,如图 3-12 所示。其方法是:伸开左手,让四指与大拇指在同一平面内且互相垂直,让磁感线垂直穿过手掌心,四指指向导体的电流方向,则大拇指所指的方向就是通电导体在磁场中受到的磁场力方向。

讲一讲

【例题3-5】

在磁场强度为 0.2 T 的匀强磁场中,有一长度为 50 cm 的直导线,如图3-13所示,导线中的电流为 1 A。当导线与磁感线的夹角 α 分别为 0°、30°、90° 时,导线受到的磁场力各是多少?

图3-13 例题3-5图

解 根据 $F = BIL \sin \alpha$,得:

当 $\alpha = 0°$ 时,$F = BIL \sin \alpha = 0.2 \text{ T} \times 1 \text{ A} \times 50 \times 10^{-2}$ m$\times \sin 0° = 0$ N

当 $\alpha = 30°$ 时,$F = BIL \sin \alpha = 0.2 \text{ T} \times 1 \text{ A} \times 50 \times 10^{-2}$ m$\times \sin 30° = 0.05$ N

当 $\alpha = 90°$ 时,$F = BIL \sin \alpha = 0.2 \text{ T} \times 1 \text{ A} \times 50 \times 10^{-2}$ m$\times \sin 90° = 0.1$ N

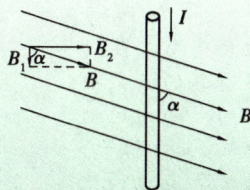

想一想

当导线与磁感线有夹角 $\alpha \left(0 < \alpha < \dfrac{\pi}{2}\right)$ 时,$\vec{B}$ 可以分解为与导线平行的分量 $\vec{B_1}$ 及与导线垂直的分量 $\vec{B_2}$,这两个分量对导线作用的效果分别是怎样的?

2.磁场对运动电荷的作用

磁场对通电导体具有力的作用,而通电导体中的电流又是由电荷的定向移动形成的,那么磁场对通电导体中的电荷是否也有作用力呢? 下面我们来看一个实验,如图 3-14 所示,在一只阴极射线管的两极间加上电压时,则阴极发射电子束,从荧光屏上可以看到电子束沿直线前进。当把阴极射线管放入蹄形磁铁的两极间时,从荧光屏上可以看到电子束的运动轨迹发生了偏转。由此说明,磁场对通电导体中的电荷也有作用力。

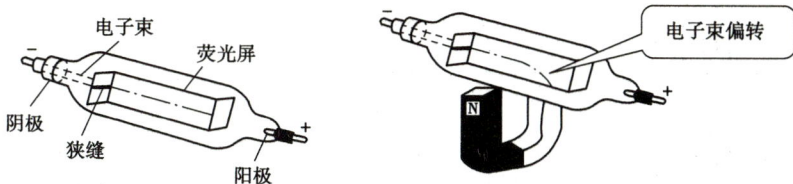

图3-14 磁场对运动电荷的作用

荷兰物理学家洛伦兹首先研究并确定了磁场对运动电荷有作用力,所以把这种力称为洛伦兹力,其表达式见表3-10。

记一记

表 3-10　洛伦兹力

概　述	表达式		说　明
运动电荷在磁场中受到的洛伦兹力的大小由运动电荷(带电粒子)的电量、运动的速度与磁感应强度及二者的夹角决定	$F = qvB \sin \alpha$	F——洛伦兹力,单位为 N; q——运动电荷(带电粒子)的电量,单位为 C; v——带电粒子运动速度,单位为 m/s; B——磁感应强度,单位为 T; α——带电粒子运动方向与磁感应强度方向的夹角,单位为(°)	洛伦兹力的方向也用左手定则来判定,其左手四指所指的方向为正电荷运动的方向,即电流的方向和速度的方向;而对于负电荷,四指将指向负电荷运动的相反方向,即负电荷运动速度的相反方向

　　洛伦兹力总是垂直于磁场和速度所在的平面,由于运动电荷所受到的洛伦兹力的方向总是与速度的方向垂直,所以洛伦兹力不做功。

讲一讲

【例题 3-6】
　　某电子束扫描时,其电量为 1.6×10^{-19} C,以 3×10^7 m/s 的速度垂直进入 2 T 的匀强磁场中,求其所受到的洛伦兹力的大小。

　　解　根据 $F = qvB \sin \alpha$ 得
　　$F = 1.6 \times 10^{-19}$ C $\times 3 \times 10^7$ m·s$^{-1} \times 2$ T $\times \sin 90° = 9.6 \times 10^{-12}$ N

做一做

　　(1)在图 3-15 中,标出由电流产生的磁极极性或电源的正负极性。

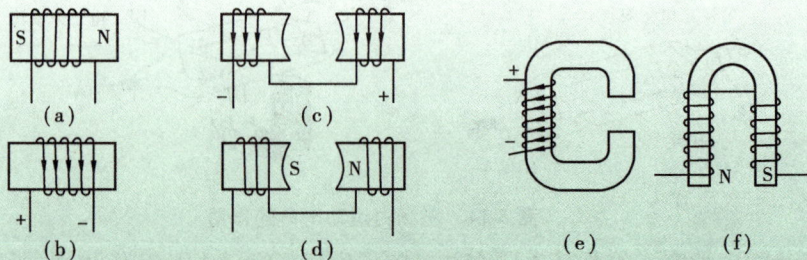

图 3-15　右手螺旋定则练习

（2）在图 3-16 中，根据左手定则，标出电流方向或载流导体的受力方向（⊗表示垂直于纸面向里，⊙表示垂直于纸面向外）。

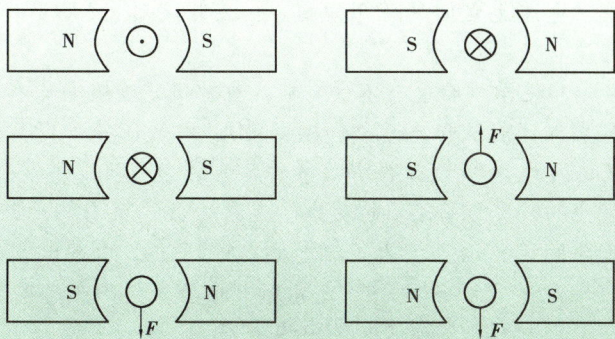

图 3-16　左手定则练习

读一读

安培简介

安培（Andre Marie Ampe，1775—1836 年），法国物理学家，1775 年 1 月 22 日生于里昂一个富商家庭。他博览群书，吸取营养，走自学的道路，对物理、数学和化学都做出了贡献。

安培最主要的成就是 1820—1827 年对电磁作用的研究。

◆ 发现了安培定则。奥斯特发现电流磁效应的实验，引起了安培注意，他集中全部精力研究，两周后就提出了磁针转动方向和电流方向的关系遵从右手螺旋定则的报告，以后这个定则被命名为安培定则（即右手螺旋定则）。

◆ 发现电流的相互作用规律。接着他又提出了电流方向相同的两条平行载流导线互相吸引，电流方向相反的两条平行载流导线互相排斥。

◆ 发明了电流计。安培还发现，电流在线圈中流动的时候表现出来的磁性和磁铁相似，创制出第一个螺线管，在这个基础上发明了探测和量度电流的电流计。

◆ 提出分子电流假说。他根据磁是由运动的电荷产生的这一观点来说明地磁的成因和物质的磁性，提出了著名的分子电流假说。安培认为构成磁体的分子内部存在一种环形电流——分子电流。由于分子电流的存在，每个磁分子成为小磁体，两侧相当于两个磁极。通常情况下磁体分子的分子电流取向是杂乱无章的，它们产生的磁场互相抵消,对外不显磁性。受外界磁场作用后,分子电流的取向大致相同,分子间相邻的电流作用抵消,而表面部分未抵消,它们的效果显示出宏观磁性。

◆ 总结了电流元之间的作用规律——安培定律,安培第一个把研究动电的理论称为"电动力学"。

他在数学和化学方面也有不少贡献。他曾研究过概率论和积分偏微方程;他几乎与 H.戴维同时认识元素氯和碘,导出过阿伏伽德罗定律,论证过恒温下体积和压强之间的关系,还试图寻找各种元素的分类和排列顺序关系。

安培将他的研究综合在《电动力学现象的数学理论》一书中,成为电磁学史上一部重要的经典论著。为了纪念他在电磁学上的杰出贡献,电流的单位名称以他的姓氏命名为安[培]。麦克斯韦称赞安培的工作是"科学上最光辉的成就之一",还把安培誉为"电学中的牛顿"。

安培以独特的、透彻的分析,论述带电导线的磁效应,因此我们称他是电动力学的先创者。

*第三节　磁　路

磁是看不见、摸不着的,怎样去认识和分析它呢? 我们引入磁路的概念。

一、磁路的物理量

1.磁路和磁通势

在通电线圈中插入铁磁材料,其导磁能力将显著增加,因此大多数电气设备都有铁芯。在工作时,绝大多数的磁通都从铁芯穿过而形成闭合回路,这种能让磁通集中通过的闭合路径称为磁路。磁路与电路相似,分为无分支磁路和有分支磁路,如图3-17 所示。

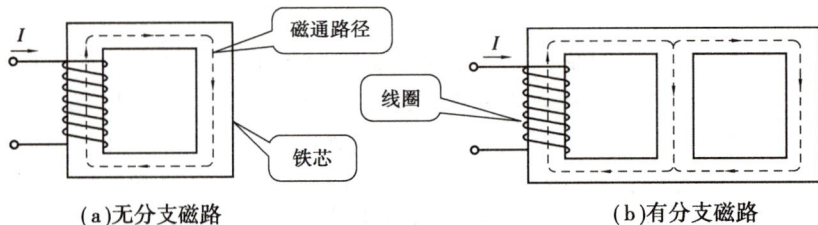

(a)无分支磁路　　(b)有分支磁路

图 3-17　磁路

电流通过线圈产生磁场,通过线圈的电流越大,产生的磁场越强,磁通也越大;如果线圈的匝数越多,则线圈的磁通也越大。电流通过线圈产生的磁通与线圈的匝数和通电电流的乘积成正比。把通过线圈的电流与线圈匝数的乘积,称为磁通势,用 E_m 表示,其单位为安匝,则磁通势的表达式为:

$$E_m = IN \tag{3-2}$$

2.主磁通和漏磁通

当线圈中通以电流后,大部分磁感线沿铁芯、衔铁和工作气隙构成回路,这部分磁通称为主磁通;另有一部分没有经过衔铁和工作气隙而经其他物质(如空气)构成回路,这部分磁通称为漏磁通,如图 3-18 所示。在漏磁通不严重时,常忽略漏磁通而只考虑主磁通。

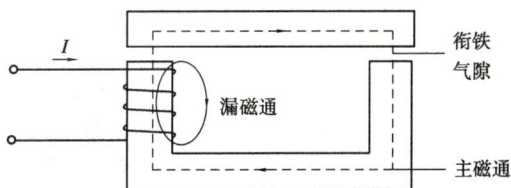

图 3-18 主磁通和漏磁通

大多数情况下漏磁通是有危害的,如它会降低系统的效率、产生电磁辐射干扰等,所以一般要尽量减小漏磁通。我们也可以利用漏磁通为我们服务,如根据漏磁通特点制成的金属管道腐蚀检测仪等。

3.磁阻

电路有电阻,与此类似,磁路也有磁阻,电路与磁路对应关系如图 3-19 所示。

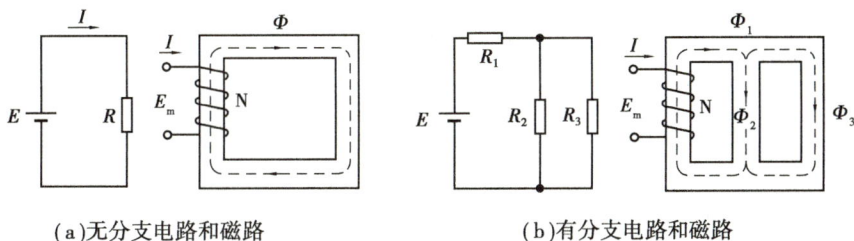

(a)无分支电路和磁路　　　　　　　　(b)有分支电路和磁路

图 3-19 电路与磁路

磁阻就是磁通通过磁路时所受到的阻碍作用,用 R_m 表示,其表达式见表 3-11。

表 3-11 磁阻表达式

概　述	表达式	说　明
磁路中磁阻的大小与磁路的长度成正比,与磁路的横截面积成反比,并与组成磁路的铁磁材料有关	$R_m = \dfrac{l}{\mu S}$ R_m——磁阻,单位为 H^{-1}; l——长度,单位为 m; μ——磁导率,单位为 H/m; S——横截面积,单位为 m^2	①由于磁导率不是常数,故磁阻也不是常数; ②磁阻单位为每亨(H^{-1}),即 1/H

电路有欧姆定律,磁路也有欧姆定律。磁路的欧姆定律为:通过磁路的磁通 Φ 与磁通势 E_m 成正比,与磁阻 R_m 成反比,即

$$\Phi = \frac{E_m}{R_m} \qquad (3\text{-}3)$$

磁路的欧姆定律与电路的欧姆定律存在着对应的物理关系,见表 3-12。

记一记

表 3-12　磁路欧姆定律与电路欧姆定律的对比

电　路		磁　路	
名称	表达式	名称	表达式
电流	I	磁通	Φ
电阻	$R = \rho \dfrac{L}{S}$	磁阻	$R_m = \dfrac{l}{\mu s}$
电阻率	ρ	磁导率	μ
电动势	E	磁通势	$E_m = IN$
电路欧姆定律	$I = \dfrac{E}{R}$	磁路欧姆定律	$\Phi = \dfrac{E_m}{R_m}$

二、磁性材料

哪些物质具有磁性? 哪些物质容易产生磁性呢?

1.磁化和磁性材料

本来不具有磁性的物质,在磁场的作用下具有了磁性的现象称为磁化。所有铁磁性物质都能被磁化,而非铁磁性物质是不能被磁化的。

铁磁性物质能被磁化,是因为铁磁性物质是由许多具有磁性的小磁畴构成,每一个小磁畴就是一个小磁体。在没有外界磁场作用时,小磁畴排列杂乱无章,对外不显磁性,如图 3-20(a)所示。但在外界磁场作用下,小磁畴受到磁场力的作用,沿磁场方向有序而又整齐地排列,使小磁畴的极性方向一致,如图 3-20(b)所示,形成附加磁场,从而磁性大大增加,对外显示很强的磁性。

可见,小磁畴是铁磁物质被磁化的内因,而外磁场是小磁畴被磁化的外部条件。有些铁磁性物质在撤去外磁场后,小磁畴的一部分或大部分仍能保持极性方向一致,对外仍显磁性。不同的铁磁物质,由于内部结构不同,磁化后的磁性各有差异。铁磁性物质被磁化的性能,被广泛应用于电子和电气设备中,如变压器、继电器、电动机等。

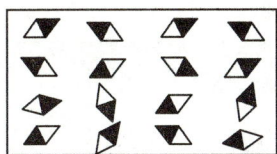

(a)没有外磁场作用的磁畴排列　　　(b)有外磁场作用的磁畴排列

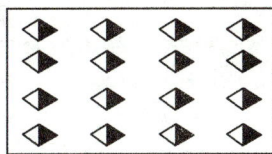

图 3-20　铁磁性物质的磁化

铁磁物质的磁感应强度 B 随磁场强度 H 变化而变化的曲线称为磁化曲线。不同的铁磁物质,磁化曲线的形状不同,如图 3-21 所示。

磁化曲线只是反映了铁磁性物质在外磁场由零逐渐增强时的磁化过程,但在实际应用中,铁磁性物质往往工作于交变磁场中,因此存在反复磁化的问题。被磁化的物质,当外界磁场强度 H 逐渐为零时,磁感应强度 B 不能随磁场强度 H 的减少而减少为零,它还留有一定的剩磁,这种磁感应强度 B 的变化滞后于磁场强度变化的性质称为磁滞。反复改变电流方向,经过多次循环,得到一个近似闭合的(abcdefa) B—H 曲线,如图 3-22 所示,这条曲线称为磁滞回线。从曲线可知:0a 是起始磁化曲线,当逐渐减少 H 时,B 不沿起始曲线减少,而是沿 ab 下降,当 H 减少为零时,B 值不等于零,而保留一定的值,即为剩磁,用 B_r 表示。当反向磁场强度达到一定值时,B 才减为零,这种使剩磁减少为零的反向磁场强度 H_C 称为矫顽磁力。

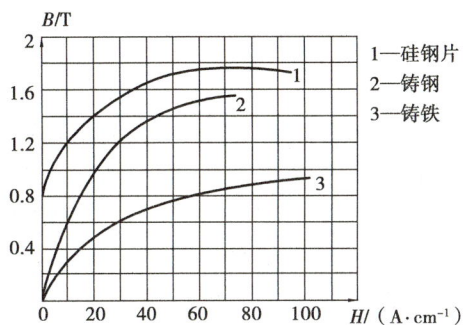

图 3-21　不同铁磁物质的磁化曲线

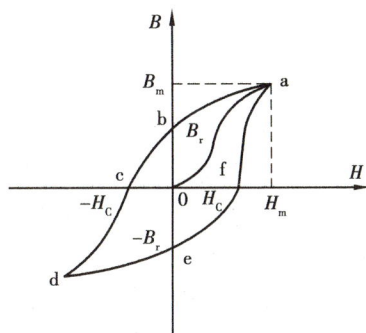

图 3-22　磁滞回线

铁磁性物质的反复交变磁化,会损耗一定的能量,因为在交变磁化时,磁畴要来回翻转,产生能量损耗,这种损耗称为磁滞损耗。磁滞回线包围的面积越大,磁滞损耗就越大,因此剩磁和矫顽磁力越大的铁磁性物质,磁滞损耗也越大。

不同的铁磁物质,不仅磁滞回线的形状不同,而且剩磁和矫顽磁力也不同,因此它们的用途也不同。铁磁性物质根据磁滞回线的形状可分为软磁性物质、硬磁性物质和矩磁性物质三大类,见表 3-13。

表 3-13 铁磁性物质的种类

种 类	材 料	磁滞回线	特 点	用 途
软磁性物质	常见有:硅钢片、纯铁、铸铁、铁镍合金等		剩磁和矫顽磁力都小,容易磁化,磁化后也易退磁,适合于需要反复磁化的场所	制造电动机、变压器、仪表和电磁铁的铁芯
硬磁性物质	常见有:钨钢、铬钢、碳钢等		剩磁和矫顽磁力都大,不容易磁化,磁化后也不易退磁,适合于制作永久磁铁	制作永久磁铁和恒磁(如扬声器磁钢)
矩磁性物质	常见有:锰镁铁氧体和锂锰铁氧体等		在很小的磁场强度作用下就会被磁化达到饱和,去掉外磁场后,其剩磁仍能保持其饱和值	在电子计算机中作为存储元件的环形磁芯

2. 消磁与充磁

使物体磁性减弱的过程称为去磁,而使物体剩磁为零,失去永久磁性的过程称为消磁。在某些场合,需要铁磁性材料不带磁性,消磁的方法较多,常用的是反复去磁法。其方法是将需消磁的物体置于交变磁场中反复磁化,每磁化一次就减弱磁场强度一次(一般采用减小励磁电流),最后将磁场强度减小到零,使物体的剩磁减小到零。

在电视技术中,为了防止地磁及电视机周围杂散磁场对电子束扫描产生影响,造成色纯与会聚不良,设置了一个消磁电路,其主要器件之一就是一个消磁线圈。电视每次开机时,都有交变电流流过消磁线圈,在消磁线圈内产生一个由大逐渐到小的交变磁场,对金属材料反复磁化,使剩磁接近为零,从而达到消磁的目的。

使原来不带磁性或磁性较弱的硬磁性材料带上较强剩磁和矫顽磁力的过程称为充磁。充磁的方法很多,工业上批量生产多用充磁机,一般用户和实验可用下述方法充磁:

◆ 接触充磁法 将磁铁两极分别接触充磁磁源异性磁极,连续摩擦几下即可充磁。此法适合临时充磁,但效果较差。

◆ 通电充磁法 将被充磁铁绕上线圈,一般 2 000 匝左右,一端接 6~12 V 直流电源正极,另一端与负极瞬时碰触,连续几次即可充磁。此法在对有一部分剩磁的旧磁铁充磁时,应注意线圈绕向和电池组极性是否与原磁铁极性相同,如果两者极性相反会削弱原磁场。

3.涡流损耗

将绝缘导线绕在金属板块(铁芯)上,当导线中的电流发生变化时,穿过金属块的磁通也会发生变化,所以金属块就会产生感应电流。这种感应电流在金属块内自成闭合回路,很像水的旋涡,因此把导体中产生的这种旋涡状的电流称为涡流,如图 3-23 所示。

在很多电气设备中,为了使有限的电流产生较强的磁场,往往把线圈绕在铁芯上。当线圈通以变化的电流时,铁芯中就会产生涡流,电流越大,频率变化越高,产生的涡流也越大。涡流不但白白地消耗电能,使电气设备效率降低,而且由于产生大量的热量,使铁芯温度升高,影响设备的寿命。由涡流所造成的电能损耗称为涡流损耗,在电气设备中需设法降低涡流。

降低涡流损耗的方法有两种:

◆ 增大铁芯材料的电阻率。如在钢中掺入硅形成硅钢,其电阻率比普通钢大很多,电阻率大,电阻也大,故能降低涡流。

◆ 用涂有绝缘漆的薄硅钢片叠加制成铁芯。如图 3-24 所示,由于片与片之间相互绝缘,使涡流只能在每片狭窄的横截面中流动,涡流限制在每一薄片之中,从而增大了涡流回路的电阻,降低了涡流损耗。

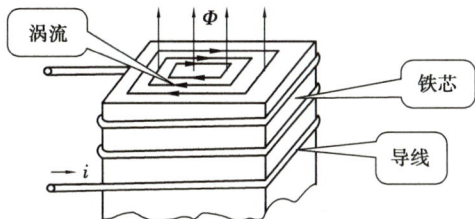

图 3-23 涡流的产生   图 3-24 降低涡流的方法

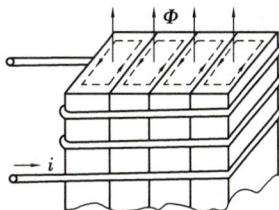

我们既要想法尽量消除涡流的危害,也要利用涡流为我们服务。涡流在金属铁芯中流动时,会产生大量的热,称为涡流的热效应。在家用电器中,电磁灶就是利用涡流的热效应来加热食物的;在冶金工业中,利用涡流的热效应,可以制成高频感应炉来冶炼金属。

读一读

电磁炉简介

电磁炉(又名电磁灶)是现代厨房革命的产物,是无火煮食厨具。

电磁炉作为厨具市场的一种新型灶具,它打破了传统的明火烹调方式,采用磁场感应电流(即涡流)的加热原理,通过电子线路板部分产生交变磁场,当含铁质锅具底部放置炉面时,锅具即切割交变磁力线而在锅具底部金属部分产生交变的电流(即涡流)。涡流使锅具铁分子高速无规则运动,分子互相碰撞、摩擦而产生热能(故:电磁炉煮食的热源来自于锅具底部而不是电磁炉本身发热传导给锅具,所以热效率要比所有炊具的效率均高出近1倍)使器具本身自行高速发热,从而达到煮食的目的。

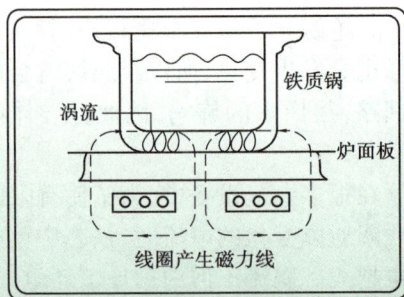

电磁炉具有升温快、热效率高、无明火、无烟尘、无有害气体、对周围环境不产生热辐射、体积小巧、安全性好和外观美观等优点,能完成家庭的绝大多数烹饪任务。因此,在一些国家里,被誉为"烹饪之神"和"绿色炉具"。

电磁炉不适用于由铜、铝、陶、玻璃材料构成的锅和容器,因为它们的分子都不是磁性分子,不能在磁场的作用下产生碰撞。磁性分子包括铁、钴、镍及金属氧化物等。

4.磁屏蔽

在电子技术中,设备产生的漏磁通可能会影响其他器件的正常工作。如漏磁通会破坏示波管或显像管中的电子聚焦等。因此需将这些器件屏蔽起来,使其免受外界磁场的影响。这种措施就是磁屏蔽,广泛应用于移动电话、医疗仪器、家用电子产品等电子设备。

磁屏蔽措施就是利用软磁性材料作屏蔽罩,把容易产生漏磁通的元件或线圈放在金属屏蔽罩内。由于软磁材料屏蔽罩的磁导率是空气的很多倍,罩内线圈产生的磁场不能穿出罩外;同样,外界磁场也不能穿入罩内。因此,避免了内外磁场的相互影响,起到了屏蔽作用。比如:电视机中的高频调谐器、收音机的中频变压器等,如图3-25所示,均采用了屏蔽措施。

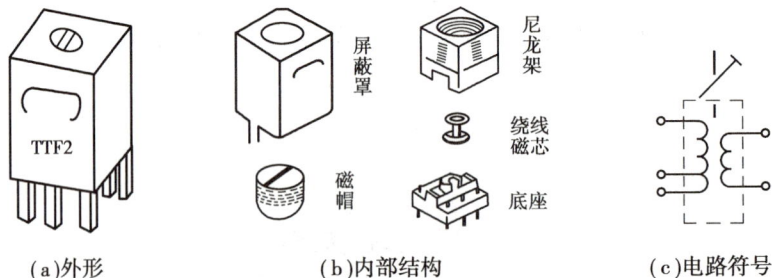

(a)外形   (b)内部结构   (c)电路符号

图3-25 中频变压器(中周)

对高频变化的磁场,常用铜或铝等导电性能良好的金属制成屏蔽罩,交变的磁场在金属屏蔽罩上产生很大的涡流,利用涡流的去磁作用来达到磁屏蔽的目的。在这种情况下,一般不用铁磁性材料作屏蔽罩。

另外,在电子装配中,应将相邻的两个线圈互相垂直放置,使其所产生的磁场互相影响最小,从而起到降低磁场互相干扰的作用。

第四节 电 感

电感是什么?它有什么作用呢?

电感器和电容器一样,是常用的储能元件之一,它具有储存磁场能的作用。在电路中完成阻流、变压、传送信号、谐振和阻抗变换等功能。

一、电感的概念

1.电感的概念

具有电磁感应作用的电子器件称为电感器,简称电感。它一般由导线绕成线圈构成,故又称为电感线圈。在高频电路中使用的电感器件较多,如收音机、无线麦克风、开关电源等。如图 3-26 所示为电视机高频调谐器中所用的电感线圈。有时为了增加电感器的电感量、品质因素(Q 值)和缩小体积,常在线圈中增加由软磁性材料构成的磁芯。用导线构成的线圈,可分为空心线圈(有骨架或无骨架)、磁芯线圈和可调磁芯线圈等。

电感器具有阻止交变电流通过的特性,电流的频率越高,则电感的阻抗越大。电感器在电子产品中的应用见表 3-14。

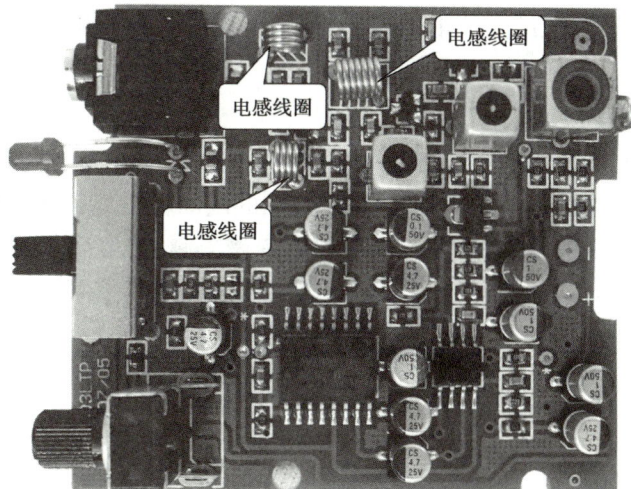

图 3-26　无线麦克风中的电感线圈

表 3-14　电感器的用途

序　号	用　途
1	用于滤波电路,阻止交流干扰
2	用作谐振线圈,与电容器组成谐振电路
3	在高频电路中作为高频信号的负载
4	制作各种变压器,用作传递信号、阻抗变换等
5	利用电磁感应特性制作磁性器件,如收录机中的磁头和电磁铁等器件
……	……

当变化的电流通过线圈时,线圈中会产生感应电动势。不同的线圈产生感应电动势的能力不同,我们用电感来表示线圈产生感应电动势大小的能力,电感用字母 L 表示,其单位为亨［利］(H)。实际使用的单位还有毫亨(mH)和微亨(μH),其关系为:

$$1\ H = 10^3\ mH = 10^6\ \mu H$$

电感线圈和电容一样是一种储能元件,它能把电能转换成磁场能储存起来。电感线圈中储存的磁场能与本身的电感量成正比,与通过线圈电流的平方成正比,即

$$W_L = \frac{1}{2}LI^2 \qquad\qquad (3\text{-}4)$$

式中　L——线圈的电感,单位为 H;

　　　I——通过线圈的电流,单位为 A;

　　　W_L——线圈中的磁场能量,单位为 J。

电感元件的特点是对直流电呈现很小的阻碍作用(近似于短路),对交流电呈现较大的阻碍作用,而且通过的交流电的频率越高,呈现的阻碍作用越大。因此流过电感的电流不能突变。

2.影响电感量的因素

电感量的大小主要决定于线圈的直径、匝数及导磁材料等,三者中任一发生改变都将影响电感器的电感量。线圈圈数越多、绕制的线圈越密集,电感量就越大;有磁芯的线圈比无磁芯的线圈电感量大;线圈的磁芯导磁率越大,电感量也越大。如在插入磁芯的电感线圈中,改变磁芯在线圈中的位置即可调节电感量的大小(例如:收音机的中频变压器等);而采用高磁导率的硅钢片或铁氧体作线圈铁芯,则可用较少的线圈匝数得到较大的电感量。

你见过什么样的电感器呢?

二、常用电感器

1.电感的符号和外形

常用电感器有固定电感线圈、可变电感线圈等,其符号、特点、外形见表 3-15。

表 3-15　电感的符号和外形

名称	符号	特点	外　形	说　明
固定电感线圈		空心线圈		电感线圈有小型固定电感、空心线圈、扼流圈和变压器等,有密封式和非密封式两种,结构上有立式和卧式之分,在电路中各有不同的作用
		铁芯线圈	电感量固定,它具有体积小、质量小、结构牢固、安装方便等优点	
		磁芯线圈		
可变电感线圈			通过调节铁芯（磁芯)的位置来改变电感量	为可调和微调两种,常与电容构成调谐、振荡电路,用作频率补偿线圈、阻波线圈等

2.电感的参数

电感的主要参数见表 3-16。

表 3-16　电感的参数

参　数	说　明
标称电感量	电感量也称自感系数,它反映电感线圈存储磁场能的能力,也反映电感器通过变化电流产生感应电动势的能力
允许偏差	允许偏差是指电感器上标称的电感量与实际电感量的允许误差值。一般用于振荡或滤波等电路中的电感器要求精度较高,允许偏差为±0.2%～±0.5%;用于耦合、高频阻流等线圈的精度要求不高,允许偏差为±10%～±15%
品质因数	品质因数也称 Q 值或优值,是衡量电感器质量的主要参数。它是指电感器在某一频率的交流电压下,所呈现的感抗与其等效损耗电阻之比。电感器的 Q 值越高,其损耗越小,效率越高。电感器品质因数的高低与线圈导线的直流电阻、线圈骨架的介质损耗及铁芯、屏蔽罩等引起的损耗有关
分布电容	分布电容又称为固有电容,是指线圈的匝与匝之间、线圈与磁芯之间存在的电容。它是导致品质因数下降的主要原因,电感器的分布电容越小,其稳定性越好
额定电流	额定电流是指电感器在正常工作时所允许通过的最大电流值。若工作电流超过额定电流,则电感器就会因发热而使性能参数发生改变,甚至还会因过流而烧毁

　　电感器的参数标注一般有直接标注法和色标法两种。直接标注是将电感器的标称电感量、允许偏差等主要参数直接标注在电感线圈的外壳上,其中标称电感量的单位是微亨(μH)。电感的色标法与电阻的四环色标法相似,第一条和第二条色环所对应的数字为电感量的有效数字,第三条色环表示倍率(或后面加 0 的个数),第四条色环表示允许偏差。

3.电感器好坏的判断

　　(1)电感器通断检测

　　电感器的好坏主要是根据测出的电阻值大小进行判别。将万用表置于 $R×1$ 挡,测试电感器的电阻,正常时应具有一定的电阻值(注意有的电感的电阻值非常小,接近于 0 Ω)。如果测得电感的阻值为无穷大,说明电感已经损坏(内部开路)。

　　(2)绝缘性能检测

　　将万用表置于 $R×10$ k 挡,根据不同的电感器件,测试其绕组与绕组之间、绕组与磁芯或金属外壳之间的电阻值,其阻值为无穷大则正常。如果阻值为一个不是无穷大的具体值,说明有漏电现象;如果阻值为零,说明有短路故障。

读一读

认识继电器

　　继电器是一种具有隔离功能的电子控制器件,起到控制和转换电路的作用,通常应用于自动控制电路中。它实际上是用较小的电流去控制较大电流的一种"自动开关"。继电器的种类很多,但应用得最早、最多的是电磁式继电器。它一般由铁芯、线圈、衔铁、触点簧片等组成。只要在线圈两端加上一定的电压,线圈中就会流过一定的电流,从而产生电磁效应,衔铁就会在电磁

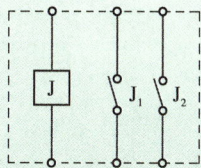

J—继电器线圈
J_1—常闭触点
J_2—常开触点

几种继电器外形图　　　　　　　　　　某型继电器的等效电路

力吸引下克服返回弹簧的拉力吸向铁芯,从而带动衔铁的动触点与静触点(常开触点)吸合。当线圈断电后,电磁的吸力也随之消失,衔铁就会在弹簧的反作用力下返回到原来的位置,使动触点与原来的静触点(常闭触点)吸合。这样吸合、释放,从而达到在电路中接通、切断的目的。对于继电器的"常开、常闭"触点,可以这样来区分:继电器线圈未通电时处于断开状态的触点,称为"常开触点";继电器线圈未通电时处于接通状态的触点,称为"常闭触点"。

*三、暂态过程

1.暂态过程的概念及换路定律

（1）暂态过程的概念

正常工作的电路从一种稳定状态转换到另一种稳定状态,需要一个时间过程,这个过程称为暂态过程,也称为过渡过程。电容器的充、放电过程都是一个暂态过程。

在如图 3-27 所示的电路中,HL_1、HL_2、HL_3 是三只完全相同的灯泡,电路的暂态过程见表 3-17。

表 3-17　电路的暂态过程

一种稳定状态	另一种稳定状态		
	当开关 S 闭合时的暂态过程		
	灯泡　HL_1	HL_2	HL_3
当开关 S 断开时,三条支路无电流,所有灯泡不发光,这是一种稳定状态	现象　立刻正常发光	逐渐变亮,一段时间后达到与灯泡 HL_1 同样的亮度	灯泡一闪亮就渐渐变暗,然后就不亮了
	三条支路电流波形		
	i_1 图, $I_1=\dfrac{E}{R}$	i_2 图, $I_2=\dfrac{E}{R}$	i_3 图, $I_3=\dfrac{E}{R}$
	原因　通电瞬间,电流由 0 达到稳定状态,$I_1 = E/R$,电流大小与时间无关,所以 HL_1 正常发光	通电瞬间,由于电感 L 的自感作用,电流需要经过一段时间才能从 0 增加到 I_2,达到 I_2 后电流不再变化,此时 L 不会再产生自感现象,这时 HL_2 与 HL_1 一样亮。这个过程即为暂态过程	通电瞬间,电源对电容 C 充电,电流较大,然后逐渐减小,直到 $I=0$ 为止。所以 HL_3 逐渐变暗,然后熄灭。从较大电流到电流为 0,也是一个暂态过程

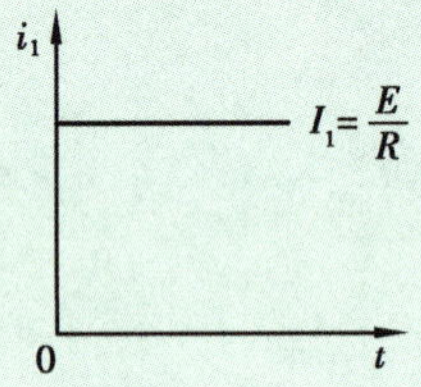

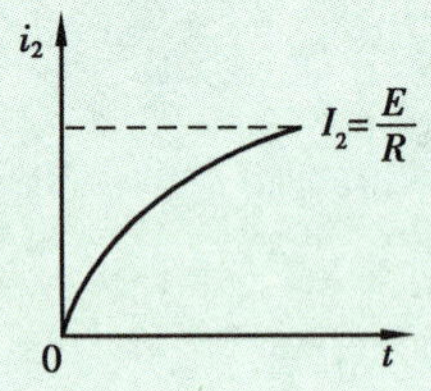

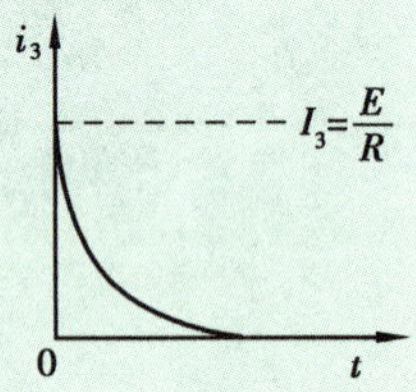

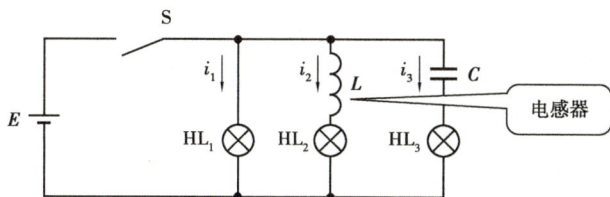

图 3-27 电路暂态过程

记一记

从图 3-27 电路的暂态过程可得出两个重要结论：
◆电容器两端的电压不能发生突变；
◆电感中的电流不能发生突变（电感将在本章的后面介绍）。

因此，在具有电容器或电感器元件的电路中，引起电路的工作状态发生变化（换路）必定有一个暂态过程。

（2）换路定律

上述两条结论同样适用于电路换路的瞬间。如果把换路操作的瞬间定为 $t=0$，并且以 $t=0^-$ 表示换路前的一瞬间，以 $t=0^+$ 表示换路后的一瞬间，根据以上两条结论可得出换路定律：

电容器两端的电压或电感器中的电流在开关闭合前一瞬间应与开关闭合后一瞬间相等。

其数学表达式为：

$$u_C(0^+) = u_C(0^-)$$
$$i_L(0^+) = i_L(0^-)$$

换路定律可以确定电路发生暂态过程的起始值（$t=0^+$ 时的值），它是研究暂态过程必不可少的依据。

电路暂态过程初始值的计算按下面步骤进行：

①根据换路前的电路求出换路前瞬间，即 $t=0^-$ 时的 $u_C(0^-)$ 和 $i_L(0^-)$ 值；

②根据换路定律求出换路后瞬间，即 $t=0^+$ 时的 $u_C(0^+)$ 和 $i_L(0^+)$ 值；

③根据基尔霍夫定律求电路其他电压和电流在 $t=0^+$ 时的值（把 $u_C(0^+)$ 等效为电压源，$i_L(0^+)$ 等效为电流源）。

讲一讲

【例题 3-7】

如图 3-28 所示的电路中,已知 $E = 12$ V,$R_1 = 3$ kΩ,$R_2 = 6$ kΩ,开关 S 闭合前电容两端电压为零。试求:

(1)开关 S 闭合瞬间各元件上的电压;

(2)各支路电流的初始值。

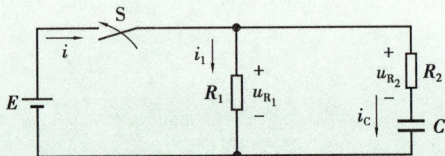

图 3-28 电路图

解 选定有关电流和电压的参考方向,如图 3-28 所示。

开关 S 闭合前:$u_C(0^-) = 0$

开关 S 闭合瞬间,根据换路定律有:

$$u_C(0^+) = u_C(0^-) = 0$$

在 $t = 0^+$ 时刻,应用基尔霍夫定律有:

$$u_{R_1}(0^+) = E = 12 \text{ V}$$

$$u_{R_2}(0^+) + u_C(0^+) = E$$

$$u_{R_2}(0^+) = 12 \text{ V}$$

所以

$$i_1(0^+) = \frac{u_{R_1}(0^+)}{R_1} = \frac{12 \text{ V}}{3 \times 10^3 \text{ Ω}} = 4 \text{ mA}$$

$$i_C(0^+) = \frac{U_{R_2}(0^+)}{R_2} = \frac{12 \text{ V}}{6 \times 10^3 \text{ Ω}} = 2 \text{ mA}$$

则有

$$i(0^+) = i_1(0^+) + i_C(0^+) = 6 \text{ mA}$$

在实际工作过程中应特别注意电路的暂态过程现象,否则会因电路出现过电流或过电压,将电路及设备损坏。当然,暂态过程时间虽然很短,但它与稳态相比,具有独特的状态和特点,在技术上也得到了广泛应用,如在电力系统中的避雷器(如图 3-29 所示)、在开关电路中的加速电路等。在电子技术中,常利用电路的暂态过程改善波形或产生某种特定的波形信号。

读一读

避雷设施简介

雷电有破坏性,它会威胁生产和生活安全。雷电的破坏分直击雷(雷电放电电流直接通过而造成的破坏)和感应雷(雷电的感应电荷或感应电场造成的破坏)两种。为了防止雷电的破坏,建筑物等都安装有避雷设施。

预防直击雷的避雷装置由三部分组成:接闪器、引下线和接地体。接闪器又分为避雷针、避雷线、避雷带、避雷网等,其作用是将雷电接收到自身而保护建筑物;引下线指避雷针的接触点及与避雷针连接在一起的整个金属构件,其作用是将避雷针等接收到的雷电传递到地面;接地体就是通常说的地线,其作用是将引下线传递来的雷电引入地下深处。

预防感应雷的避雷装置主要是避雷器,如图3-29、图3-30所示。

对一个保护对象常常同时采用多种避雷设施,称为综合性防雷电。避雷装置要定期进行检测,防止因导线损坏或接地不良而失去保护作用。

图 3-29　电力系统中的避雷器

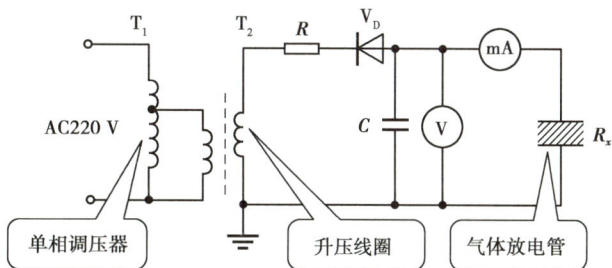

图 3-30　避雷器测试电路

查一查

去图书馆(或上网)查一查,找出下面问题的答案,并整理出来。

(1)雷电活动有哪些规律?

(2)防雷常识有哪些?

2.RC 串联电路的暂态过程和时间常数

(1)RC 电路的充电

如图3-31中,开关S刚合上时,由于$u_C(0^-)=0$,所以$u_C(0^+)=0$,$u_R(0^+)=E$,该瞬间电路中的电流为:

$$i(0^+) = E/R$$

电路中电流开始对电容器充电,u_C 逐渐上升,充电电流 i 逐渐减小,u_R 也逐渐减小。当 u_C 趋近于 E,充电电流 i 趋近于 0,充电过程基本结束。理论和实践证明:RC 电路的充电电流按指数规律变化。

充电的快慢由时间常数 τ 决定,$\tau = RC$,它反映电容器的充电速率。τ 越大,充电过程越慢。当 $t = (3 \sim 5)\tau$ 时,u_C 为 $(0.95 \sim 0.99)E$,可以认为充电过程基本结束。

u_C 和 i 的函数曲线如图 3-32 所示。

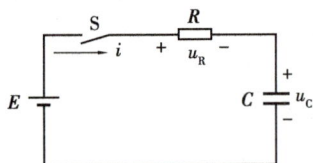

图 3-31　RC 充电电路

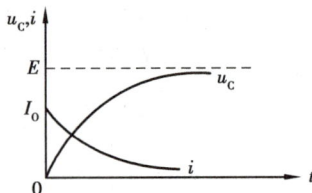

图 3-32　充电过程 u_C 和 i 的变化曲线

(2)RC 电路的放电

如图 3-33 所示,电容器充电至 $u_C = E$ 后,将开关 S 扳到 2,电容器通过电阻 R 放电,电路中的电流仍按指数规律变化。

放电的快慢由时间常数 τ 决定,$\tau = RC$,τ 越大,放电过程越慢。

u_C 和 i 的函数曲线如图 3-34 所示。

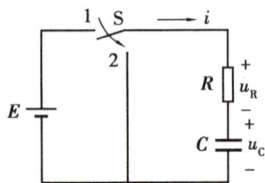

图 3-33　RC 放电电路

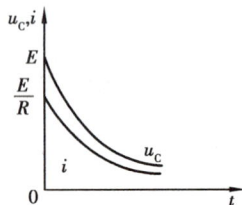

图 3-34　放电过程 u_C 和 i 的变化曲线

可见,电容器的充电和放电快慢都由电容量的大小和电阻值的大小决定,常把乘积 RC 称为时间常数,用 τ 表示,即 $\tau = RC$,单位为秒(s)。τ 越大,充、放电时间越长;τ 越小,充、放电时间越短。

*第五节 互 感

前面讲电感都是在一个线圈的情况下,如果有两个线圈相互作用,又会是什么情况呢?

两个线圈可能会产生互感现象,图 3-35 所示是一些常见的互感器件。

(a)电流互感器

(b)电压互感器

图 3-35 常用互感器

一、互感的概念

1.互感的概念及其应用

当只有一个线圈时,电流的变化将引起磁通的变化,这种由于线圈中的电流变化而在线圈中产生的电磁感应现象称为自感现象。而当有两个线圈且回路靠得很近时,一个线圈的电流变化,除线圈本身会产生磁通变化外,必然有一部分磁通穿过另一个线圈,这部分磁通称为互感磁通。两个线圈通过磁通来联系称为磁耦合,而由磁耦合引起的线圈之间的电磁感应现象称为互感现象,简称互感。互感的大小称互感量,用符号"M"表示。由互感产生的感应电动势称为互感电动势。

互感现象在电力工程和电子技术中应用非常广泛,它很方便地将能量或信号从一个线圈传递到另一个线圈。如在电力输送或变电站中用的电力变压器;在各种电气设备中用的电源变压器、中频变压器、电压互感器、电流互感器、电视机中的行输出变压器等都是根据互感原理来工作的。

2.同名端

当两个或两个以上的线圈彼此耦合时,一个线圈本身要产生自感电动势,同时在另一个线圈中产生互感电动势。互感电动势的方向不仅决定于互感磁通是增加还是减少,而且与线圈的绕向有关。然而对于成品的器件,这一切都无法从外观直接看出。因此,在制造器件时就要用符号来标注线圈的绕向,这种符号表明了线圈的极性。规定两个线圈产生的感应电动势极性相同的端子为同名端,用符号"＊"或"·"来标注;反之为异名端,如图 3-36 所示。

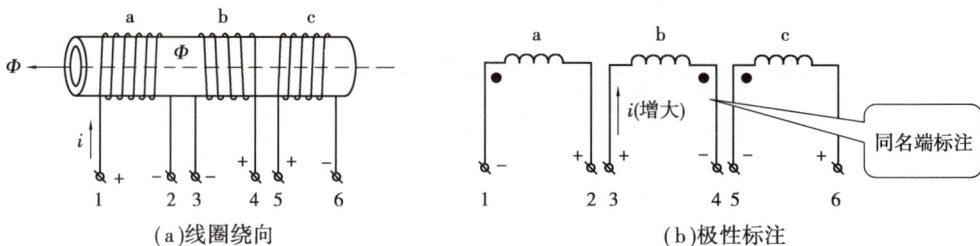

图 3-36　互感线圈同名端

图 3-36 中,当线圈 a 中通以电流 i,如果是增加,则 a、b、c 三个线圈的感应电动势极性如图所示;若电流 i 不是增加而是减小,则各端的极性将发生改变。但无论 i 如何变化,图中 1、4、5 三个端子的极性始终一致;同样,2、3、6 三个端子的极性也一致,且与 1、4、5 三个端子的极性相反。因此 1、4、5 三个极性相同的端子为同名端,2、3、6 三个端子也为同名端,而 1 和 3、2 和 5 则为异名端。

在实际中如何判断互感线圈的同名端呢?可采用以下方法:

◆ 观察法　当已知线圈两绕组的绕向时,可直接从线圈绕组的绕向判断同名端,绕组均取上端为首端,下端为末端。如果两线圈绕组绕向相同,则两首端为同名端(当然两末端也为同名端),如图 3-37(a)所示;如果两绕组绕向相反,则两首端为异名端,即一绕组的首端与另一绕组的末端为同名端,如图 3-37(b)所示。

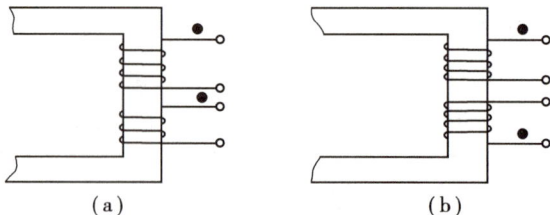

图 3-37　观察法

◆ 直流法　如图 3-38 所示,当开关 S 闭合瞬间,若毫安表的指针正偏,则可断定 1 和 3 为同名端;若指针反偏,则 1 和 4 为同名端。

直流法中也可用万用表(代毫安表)和电池来判断,方法是:将万用表两个表笔接在一个线圈的两个端头;对另一个线圈,电池负极接一个端头,正极去碰另一个端头。观察表针的摆动方向,正向摆动时,红表笔接的端头和电池正极接的端头为同名端;反摆时,黑表笔接的端头和电池正极接的端头是同名端。

直流法是判断三相电动机的三个线圈同名端的常用方法。

◆**交流法** 如图 3-39 所示,将两个线圈 N_1 和 N_2 的任意两端(如 2、4 端)连在一起,在其中的一个线圈(如 N_1)两端加一个低压交流电压,另一线圈开路(如 N_2),用交流电压表分别测出端电压 u_{13}、u_{12} 和 u_{34}。若 u_{13} 是两个绕组端压之差,则 1 和 3 是同名端;若 u_{13} 是两绕组端压之和,则 1 和 4 是同名端。

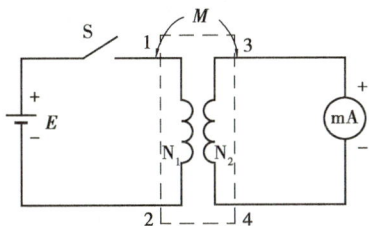
图 3-38　直流法

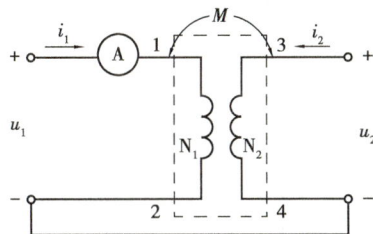
图 3-39　交流法

同名端的应用不单是判断感应电动势极性,在实际工作中,当有几个线圈(如变压器各线圈)连接时,就必须考虑到同名端的问题。当两个线圈的一对异名端相连(顺串)作为一个线圈使用时,可以提高电感量;当两个相同的线圈的一对同名端相连(反串)作为一个线圈使用时,由于两个线圈产生的磁通大小在任何时候总是相等,而且方向相反,因此相互抵消,这样整个线圈就无电感;当两个线圈并联使用时,应将同名端连接在一起。

互感有利也有弊,常见的各种变压器、电动机、电流互感器等都是利用互感原理工作的,这是有利的一面。但在电子电路中,若线圈的位置安放不当,各线圈产生的磁场就会相互干扰,严重时会使电路无法正常工作。前面讲到的磁屏蔽是克服互感危害的一种有效措施,通过把线圈间距拉大或把两个线圈垂直安放,以减小相互的干扰。

二、变压器

变压器实质上是一种电感器,它是利用两个电感线圈靠近时的互感原理来传递交流信号或能量的。制作时将两组或两组以上的线圈绕在同一个线圈骨架上,或绕在同一铁芯上。

1.变压器的作用和结构

变压器是根据电磁感应原理制成的一种电磁能量转换器件,它具有变换电压、变换电流和变换阻抗的作用。变压器还可以隔离电源和负载,在电工技术、电子技术和自动控制中被广泛应用。常用的变压器有电力变压器、电源变压器、调压变压器、特种变压器、中频变压器、音频变压器、高频变压器和脉冲变压器等多种,如图 3-40 所示。

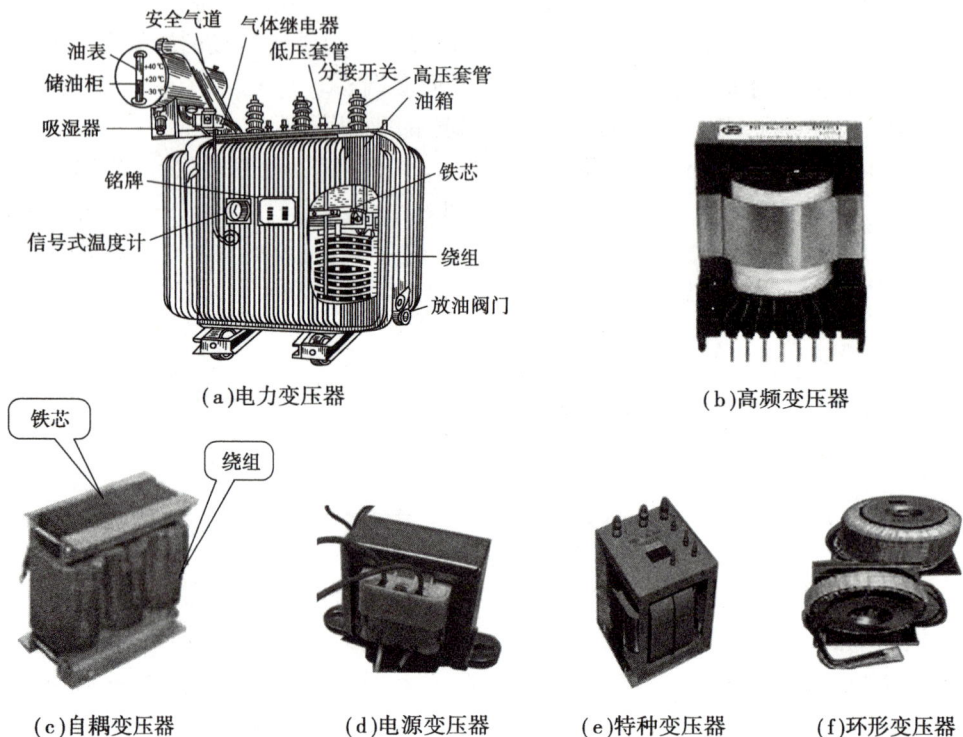

（a）电力变压器   （b）高频变压器

（c）自耦变压器   （d）电源变压器   （e）特种变压器   （f）环形变压器

图 3-40　常见变压器

在不同频率中工作的变压器,虽然在结构、外形、体积上有很大差异,但它们都是由绕组(线圈)和铁芯两部分构成。

绕组(线圈)是变压器的电路部分,担负着电能输入、输出的功能,它是由具有良好绝缘性能的漆包线、纱包线或丝包线绕制而成。在工作时,与电源相连的绕组称为原边绕组(也称初级绕组或一次绕组),而与负载相连的绕组称为副边绕组(也称次级绕组或二次绕组)。通常将电压较低的绕组安装在靠近铁芯柱的内层,电压较高的绕组安装在低压绕组的外面,而且绕组的区间和层间要绝缘良好,绕组和铁芯、不同绕组之间必须绝缘良好。为了提高变压器的绝缘性能,在制造时要进行去潮处理(烘干、灌蜡、密封等)。

铁芯是变压器的磁路部分,为了减小涡流和磁滞损耗,铁芯用导磁率高且相互绝缘的硅钢片叠装而成,硅钢片的厚度一般为 0.35~0.5 mm,且表面涂有绝缘漆膜。根据铁芯的构造不同,变压器又可分为心式和壳式两种,如图 3-41 所示。

变压器工作时,绕组和铁芯都会发热,因此要采取相应的冷却措施。对于小容量变压器多采用空气冷却方式,对大容量变压器则采用油浸自冷、油浸风冷或强迫循环风冷等方式,同时要考虑工作环境的电磁屏蔽作用。

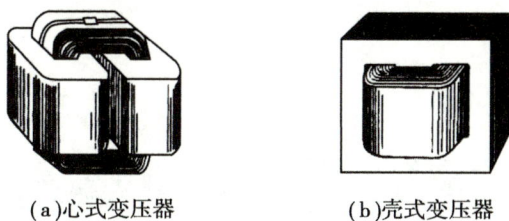

(a)心式变压器　　　　　(b)壳式变压器

图 3-41　心式和壳式变压器

做一做

（1）在老师的带领下，参观学校或学校附近的电力变压器，初步了解电力变压器的结构、附件及型号参数。

（2）任找一变压器观察其结构，并用万用表测试每一绕组间、绕组与绕组间及绕组与铁芯间的阻值。

2.变压器的工作原理

变压器能将某一数值的交流电变换成频率相同而电压高低不同的交流电，其工作分为空载运行和负载运行，如图 3-42 所示。当变压器的原边绕组（初级）加上电压，而副边绕组（次级）开路（不接负载）时，称为空载运行；当变压器原边绕组接上电压，副边绕组接上负载工作时，称为负载运行。

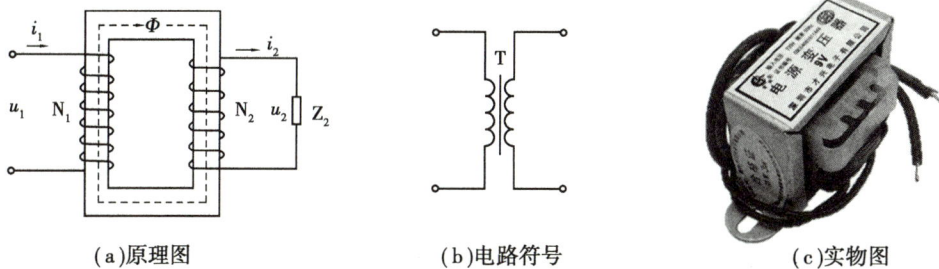

(a)原理图　　　　　　(b)电路符号　　　　　　(c)实物图

图 3-42　变压器的工作原理

设原边绕组匝数为 N_1，其电压为 u_1，流过的电流为 i_1，从原边绕组两端看进去的等效阻抗为 Z_1；副边绕组匝数为 N_2，其电压为 u_2，流过的电流为 i_2，从副边绕组两端看进去的等效阻抗为 Z_2（为了阻抗匹配，负载阻抗也为 Z_2）。原绕组与副绕组之间的电压、电流及阻抗之间的关系见表 3-18。

记一记

表 3-18　变压器的参数

项　目	关　系　式	含　义	说　明
变压比	$\dfrac{U_1}{U_2}=\dfrac{N_1}{N_2}=n$	变压器原、副绕组的电压之比等于原、副绕组的匝数之比；式中 n 为变压器的变压比	当 $n>1$ 时：$U_1>U_2$、$N_1>N_2$，变压器使电压下降，此变压器为降压变压器；当 $n<1$ 时：$U_1<U_2$、$N_1<N_2$，变压器使电压升高，此变压器为升压变压器
变流比	$\dfrac{I_1}{I_2}=\dfrac{U_2}{U_1}=\dfrac{N_2}{N_1}=\dfrac{1}{n}$	变压器工作时，原、副绕组中的电流与原、副绕阻的匝数或电压成反比	变压器电压高的绕组匝数多通过的电流小，可用细导线绕制；而电压低的绕组匝数少通过的电流大，应用较粗的导线绕制
阻抗变换	$Z_1=n^2 Z_2$	变压器副绕组接上负载 Z_2 后，就相当于使电源直接接上一个阻抗为 $n^2 Z_2$ 的负载	在电工电子技术中，利用变压器的阻抗变换作用，可使负载获得最大功率

讲一讲

【例题 3-8】

已知某变压器原边绕组的电压为 220 V，副边电压为 22 V，原边绕组匝数为 1 100 匝，试求该变压器的变压比和副边绕组的匝数。

解　由 $\dfrac{U_1}{U_2}=\dfrac{N_1}{N_2}=n$

得

$$n=\frac{U_1}{U_2}=\frac{220\text{ V}}{22\text{ V}}=10$$

$$N_2=\frac{U_2 N_1}{U_1}=\frac{22\text{ V}\times 1\ 100\text{ 匝}}{220\text{ V}}=110\text{ 匝}$$

想一想

（1）在日常生活中，你还知道有哪些变压器，能说一说吗？

（2）检测高电压、大电流时，应使用什么仪器？其理论依据是什么？

（3）当变压器原、副边绕组匝数相同时，这种变压器有何功能？

学习小结

（1）任意两个彼此绝缘（中间隔以绝缘物质）又互相靠近的导体就构成了一个电容器，电容器所带的电量与它的两极板间电压的比值称为它的电容。电容是电容器固有的特性，其大小仅由自身因素（如结构、几何尺寸等）决定，与两极板间电压的高低、所带电量的多少无关。

（2）常用电容器的种类按其结构不同可分为：固定电容器、可变电容器、半可变电容器（微调电容器）等，其主要参数有容量、允许误差和额定工作电压（耐压）等。

（3）电容器在电路的连接中有串联、并联和混联。

（4）电容器在充电过程中，电容器储存电荷，两极板间形成一定的电压并产生电场，储存一定的电场能量；电容器在放电过程中，电容器释放电荷量，同时释放电场能量。电容器中储存的能量大小与电容器两端的电压和电容量的大小有关，电容器能量是以电场能的方式储存的。

（5）电路从一种稳定状态到另一种稳定状态，需要一个时间过程，这个过程称为暂态过程（也称过渡过程）。换路定律：电容器两端的电压或电感器中的电流在开关闭合前一瞬间应与开关闭合后一瞬间相等。RC 电路的时间常数为：$\tau = RC$。

（6）磁场是磁体周围存在的一种特殊形式的物质，其方向是在磁场中放置一个可以自由转动的小磁针，当小磁针静止时，小磁针 N 极所指的方向就是该点的磁场方向。

（7）载流直导体周围的磁场和通电螺线管周围的磁场都用右手螺旋定则来判断，但要注意四指与大拇指的关系。

（8）定性分析磁场特征，常用磁通、磁感应强度、磁场强度和磁导率等物理量。

（9）通电导体在磁场中受到磁场力的作用，其受力方向可以用左手定则来判定，而受力的大小为：$F = BIL \sin \alpha$。磁场对运动电荷有作用力，这种力称为洛伦兹力，也用左手定则来判定其方向。

（10）能让磁通集中通过的闭合路径称为磁路。磁路欧姆定律为：通过磁路的磁通 Φ 与磁通势 E_m 成正比，与磁阻 R_m 成反比。

（11）本来不具有磁性的物质，在磁场的作用下具有了磁性的现象称该物质被磁化。铁磁物质的磁感应强度 B 随磁场强度 H 变化的曲线称为磁化曲线。铁磁性物质根据磁滞回线的形状不同,将铁磁性物质分为三种:硬磁性物质、软磁性物质和矩磁性物质。

(12)涡流有危害,应采取措施使其减小,但也有可利用的一面。

(13)在电子技术中,为了防止出现外界磁场干扰和电路产生自激,常采用磁屏蔽措施。

(14)能产生电磁感应作用的电子器件称为电感器(简称电感)。线圈产生感应电动势的能力强弱用电感量来反映,电感量用符号 L 表示,其单位名称是亨[利],符号为 H。

(15)常用电感器有固定电感线圈、可变电感线圈等。其主要参数有标称电感量、允许偏差、品质因数、分布电容和额定电流等。

(16)由磁耦合引起的线圈之间的电磁感应现象称为互感现象(简称互感),用符号"M"表示。互感线圈同名端的判断方法主要有:观察法、直流法和交流法。

(17)变压器是根据电磁感应原理制成的一种电磁能量转换器件,它具有变换电压、电流和阻抗的作用,还可以隔离电源和负载。

学习评价

1.填空题

(1)电容量反映了电容器_____的能力,其大小只与_____、_____和_____有关,而与_____和_____无关。

(2)电容器最基本的特性是_____,电容器的电容通常用_____与_____的比值来表示,其公式表达式为_____。

(3)电容器上所标注的电压为_____,电容器正常工作时的电压应_____此电压。

(4)有四只容量为 220 μF 的电容器串联后总容量为_____μF,即_____pF;而并联后其总容量为_____μF,即_____F。

(5)两个电容器 $C_1:C_2=3:2$,将它们串联接入 100 V 的电压,则 $U_{C_1}=$_____,$U_{C_2}=$_____。

(6)有一电容量为 100 μF 的电容器,接到直流电源上对它充电,这时它的电容量是_____;当它充电结束后,对它进行放电,这时它的电容量是_____;当它不带电时,它的电容量是_____。

(7)电路在工作时,从一种_____到另一种_____,需要一个时间过程,这个过程称为_____,也称过渡过程。电容器的_____就是一个暂态过程。

(8)在具有_____或_____的电路中,引起电路的工作状态发生变化(换路)必定有一个暂态过程。

(9)电容器充、放电的快慢取决于_____,即用 τ 表示。τ 越_____,充、放电时间越长;τ 越_____,充、放电时间越短。

（10）_____是磁体周围存在的一种特殊物质。其方向是在磁场中放置一个可以自由转动的小磁针,当小磁针静止时,小磁针_____所指的方向就是该点的磁场方向。

（11）通电直导线周围的磁场形状是_____,可用_____定则来判断其方向。

（12）磁感线是一些_____,其上任一点的_____就是该点的磁场方向,磁感线的疏密程度表示其磁场的_____,磁感线越密,表示磁场越_____。

（13）_____、_____、_____、_____是描述磁场的四个物理量。

（14）载流导体在磁场中受到的作用力用_____定则来判断,其方法是伸开_____,让四指与大拇指在_____且_____,让_____穿过手掌心,四指指向导体的_____方向,则大拇指所指方向为_____。

（15）磁场对运动电荷的作用力称为_____,大小等于_____,方向用_____来判断。

（16）磁阻的大小与磁路的_____成正比,与磁路的_____成反比,还与_____有关。

（17）铁磁性物质在没有外磁场作用时,其内的小磁畴_____地排列,对外部不呈现_____;在有外磁场作用时,小磁畴变成_____,对外部呈现_____。

（18）根据导磁率的不同,可将物质分为_____、_____、_____三种。

（19）电感器的电感量大小主要取决于_____、_____及_____等。

（20）常用电感器分为_____和_____,电感器的品质因素 Q 值越_____,其损耗越_____,效率越_____,导致品质因素下降的主要原因是_____。

（21）判断互感线圈的同名端的方法主要有_____、_____和_____。

（22）变压器是根据_____原理制成的一种_____转换器件,它具有_____、_____和_____的作用,还可以隔离电源和负载。

2.判断题

（1）几只电容器并联后的等效电容比任一只电容都小。　　　　　　　　（　　）

（2）任何两根导体之间都存在着电容。　　　　　　　　　　　　　　　（　　）

（3）为提高电容器的耐压,可将几只电容器串联使用。　　　　　　　　（　　）

（4）电容器的电容量越大,则它储存的电场能量也一定大。　　　　　　（　　）

（5）任何电容器在电路中连接时可任意连接。　　　　　　　　　　　　（　　）

（6）时间常数 τ 越小,则电容器充、放电的速度越快,暂态过程越短。　（　　）

（7）任何磁体都有 N 极和 S 极,若将磁体截成两段,则一段为 N 极,另一段为 S 极。　　　　　　　　　　　　　　　　　　　　　　　　　　　　　　　（　　）

（8）磁力线的方向总是从 N 极指向 S 极。　　　　　　　　　　　　　（　　）

（9）通电线圈在磁场中的受力方向可用左手定则判断,也可用右手定则判断。　　　　　　　　　　　　　　　　　　　　　　　　　　　　　　　　　（　　）

（10）磁场强度是矢量,而磁感应强度是标量。　　　　　　　　　　　（　　）

(11)磁导率是一个用来表示介质磁性的物理量,它是一个常数。　　（　　）

(12)软磁性材料的特点是容易磁化,但撤走外磁场后则磁性也容易消失。（　　）

(13)变压器铁芯不是整块金属,而是用很多硅钢片叠压而成,从而节约材料。
　　　　　　　　　　　　　　　　　　　　　　　　　　　　　　（　　）

(14)变压器可以改变各种电源的电压。　　　　　　　　　　　　　　（　　）

(15)变压器作阻抗变换时,变压比等于原、副边阻抗的平方比。　　　（　　）

3.选择题

(1)根据电容的表达式 $C = \dfrac{q}{U}$,可以得出（　　）。

A.电容器的容量与所带电量成正比

B.电容器的容量与两端的电压成反比

C.电容器的容量是本身的一种属性,与两端电压和所带电量无关

D.电容器的容量与所带电量成正比,与两端的电压成反比

(2)如果将某电容器的极板面积增加1倍,而将距离减小一半,则电容将（　　）。

　　A.增大1倍　　　　B.减小一半　　　　C.增大4倍　　　　D.保持不变

(3)电容器 C_1 和 C_2 串联后接在电路中,如果 $C_1 = 3C_2$,则 C_1 两端的电压是 C_2 两端电压的（　　）。

　　A.3倍　　　　　　B.9倍　　　　　　C.1/9　　　　　　D.1/3

(4)两只相同的电容器并联之后的等效电容与串联之后的等效电容之比为（　　）。

　　A.1:4　　　　　　B.4:1　　　　　　C.1:2　　　　　　D.2:1

(5)一只容量为20 μF、耐压为30 V的电容器与另一只容量为30 μF、耐压为40 V的电容器串联后接在电路中,则等效电容及耐压为（　　）。

　　A.50 μF,30 V　　B.50 μF,40 V　　C.12 μF,50 V　　D.12 μF,70 V

(6)如果一通电直导体在匀强磁场中受到的磁场力为最大,则这个通电直导体与磁感应线的夹角为（　　）。

　　A.90°　　　　　　B.60°　　　　　　C.30°　　　　　　D.0°

(7)两根相距不远且互相平行的直导线通过方向相反的电流时,它们将相互（　　）。

　　A.吸引　　　　　　B.排斥　　　　　　C.没有作用　　　　D.以上都不是

(8)判断磁场对运动电荷的作用力方向时,对于负电荷,左手四指指向电荷的运动方向,大拇指指向（　　）。

　　A.速度方向　　　　　　　　　　　　B.速度反方向

　　C.洛伦兹力方向　　　　　　　　　　D.洛伦兹力反方向

(9)永久磁铁是用（　　）材料制成的。

　　A.硬磁性物质　　B.软磁性物质　　C.矩磁性物质　　D.顺磁性物质

(10)电感的单位是（　　）。

　　A.特［斯拉］　　B.韦［伯］　　　　C.法［拉］　　　　D.亨［利］

（11）铁芯是变压器的磁路部分，为了（　　），铁芯采用表面涂有绝缘漆或氧化膜的硅钢片叠装而成。

    A.增加磁阻，减小磁通   B.减小磁阻，增加磁通

    C.减小涡流和磁滞损耗   D.减轻质量，减小体积

（12）以下关于变压器的说法，正确的是（　　）。

    A.变压器能改变交流电压的大小   B.变压器能改变直流电压的大小

    C.变压器能改变交流电流的大小   D.变压器能改变直流电流的大小

4.简答题

（1）什么是电容？其容量大小由哪些因素决定？

（2）在电路中，当电容的容量和耐压都不满足要求时，应如何处理？

（3）电容的参数有哪些？其参数的标注有哪几种？

（4）电容器储存电场能与哪些因素有关？

（5）电容的充、放电规律有哪些？

（6）什么是 RC 电路的时间常数？说明它的物理意义。

（7）磁场中某一点的磁场方向是怎样规定的？如何判断通电螺线管产生的磁场方向？

（8）什么是主磁通和漏磁通？说明涡流在电气设备中的利弊。

（9）铁磁性物质有哪几种？各自的特点及用途分别有哪些？

（10）影响电感器电感的因素有哪些？常用的电感器有哪些？

（11）如何判断电感器的好坏？

（12）什么叫互感线圈的同名端？在实际中如何判定？

（13）变压器由哪几部分构成？其用途有哪些？

5.计算题

（1）有三只电容，其容量分别为 $2,4,12\ \mu F$，将它们串联之后接到 100 V 的电源上。试求：

    ①串联之后的总电容；

    ②每只电容两端的电压。

（2）一只电容为 $10\ \mu F$ 的电容器，当极板上带有 $20\times10^{-6}C$ 电量时，电容器两极板间的电压是多少？电容器能储存多少电场能？

（3）一只容量为 $10\ \mu F$、耐压为 600 V 的电容器与另一只容量为 $50\ \mu F$、耐压为 300 V 的电容器串联后接在电压为 900 V 的电源上，这样使用是否安全？若不安全，则外加电压的最大值应为多少？

（4）两只电容器，一只容量为 $20\ \mu F$、耐压为 100 V，另一只容量为 $40\ \mu F$、耐压为 250 V。试求：

    ①它们串联之后总的容量和耐压值；

    ②它们并联之后总的容量和耐压值。

（5）一只容量为 100 μF 的电容器已充电到 100 V,现欲继续充电到 200 V,问电容器可增加多少电场能?

（6）某 RC 串联电路中,R = 10 kΩ,C = 1 000 μF,当接上 100 V 电源时,试求:

①电路的时间常数;

②最大充电电流。

（7）在磁感应强度为 2 T 的匀强磁场中,在垂直磁场方向上放置一载流导体,导线长度为 10 cm,导线在磁场中受到 5 N 的作用力,求导线中的电流。

（8）在磁感应强度为 0.8 T 的匀强磁场中,有一条与磁场方向垂直且长度为100 cm 的通电直导线,导线中通过的电流为 1 A,求导线所受的磁场力的大小。

（9）一个带电粒子,带有 $2×10^{-12}$ C 的正电荷量,以 $4×10^8$ m/s 的速度进入磁感应强度为 2 T 的匀强磁场中,当速度方向与磁场方向的夹角分别为0°、30°、90°时,求带电粒子分别所受洛伦兹力的大小。

（10）已知一变压器原边绕组匝数为 1 000 匝,副边绕组的匝数为 200 匝,将原边接在 220 V 的交流电路中,如果副边所接负载阻抗为 440 Ω,试求:

①副边绕组输出电压;

②原、副边绕组中的电流。

第四章

单相正弦交流电路

学习目标

1.知识目标

（1）知道正弦交流电的三要素，知道正弦量的旋转矢量表示法，会进行正弦量解析式、波形图、矢量图的相互转换；

（2）知道电阻元件、电感元件、电容元件上的电压与电流的相位关系，明白感抗、容抗、有功功率和无功功率的概念；

（3）知道 RL、RC、RLC 串联电路的阻抗概念，会运用电压三角形、阻抗三角形求解正弦交流电路中的未知量；

（4）知道电路中瞬时功率、有功功率、无功功率和视在功率的物理概念，明白功率因数的意义；

（5）知道串联谐振、并联谐振电路的特点，会进行谐振条件、谐振频率的计算。

2.能力目标

（1）会使用信号发生器、毫伏表和示波器；

（2）能正确使用交流电压表、电流表；

（3）能绘制荧光灯电路图，会按图纸要求安装荧光灯电路，能排除荧光灯电路的简单故障；

（4）能正确使用单相感应式电能表。

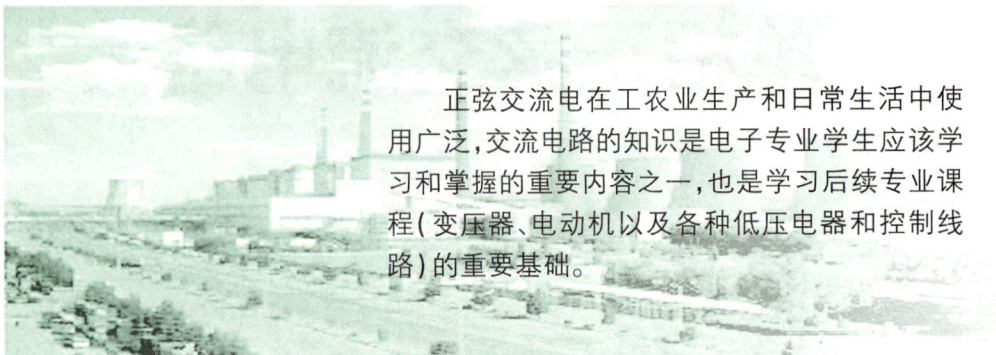

正弦交流电在工农业生产和日常生活中使用广泛,交流电路的知识是电子专业学生应该学习和掌握的重要内容之一,也是学习后续专业课程(变压器、电动机以及各种低压电器和控制线路)的重要基础。

第一节　正弦交流电的基本物理量及其测量

正弦交流电在工农业生产、生活中的应用处处可见,工厂中机械转动是由正弦交流电来带动,城市美丽的夜景是由交流电来装扮,正弦交流电对我们来说犹如鱼儿离不开水。本节我们将一起来学习正弦交流电的基本知识。

一、正弦交流电的概念

直流电流总是由电源正极流出,流回到负极,电路中电流的大小和方向是不变的,其波形如图 4-1(a)所示。而交流电没有固定的正负极,电流是由电源两端交替流出的,波形如图 4-1(b)、(c)、(d)所示。正弦交流电是指大小和方向都随时间按正弦函数规律做周期性变化的电压(电动势)或电流,如图 4-1(d)所示。

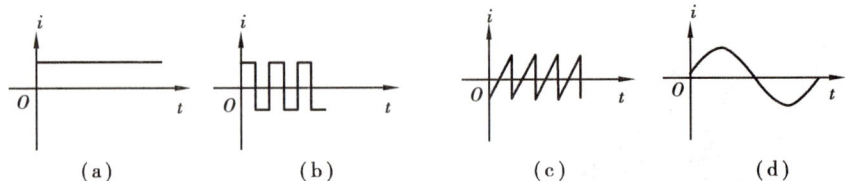

图 4-1　几种信号波形

正弦交流电是由交流发电机产生的,图 4-2(a)所示为一种交流发电机,它主要由定子和转子构成。定子通电产生固定的磁场,当外力带动转子转动时,转子线圈不断切割磁感线,根据电磁感应原理,线圈中就会有感应电动势产生。

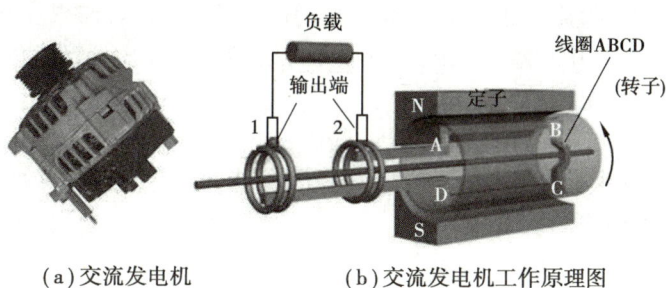

(a)交流发电机　　　　　　(b)交流发电机工作原理图

图 4-2　交流发电机

交流发电机的工作原理示意图如图 4-2(b)所示,当位于定子匀强磁场 B 中的单匝线圈 ABCD 在外力作用下绕轴以角速度 ω 做匀速转动时,线圈切割磁感线而产生感应电动势(注意:ω 就是线圈在 1 s 内转过的电角度,单位为 rad/s)。这个感应电动势就是一个正弦交流电动势,从 1、2 两端输出,提供给负载的就是一个正弦交流电压。

二、正弦量的表达式和正弦交流电的三要素

1.正弦量的表达式

在图 4-2(b)中,线圈的长度是 L,线圈的 BC 和 AD 边不切割磁感线就不产生感应电动势。设线圈起始时刻所在位置与中性面 OO'(中性面指线圈位于与磁场垂直的平面)的夹角为初相位 ϕ_0,当线圈转到与中性面的夹角为 $\alpha(\omega t+\phi_0)$ 位置时,线圈 AB 边所产生的感应电动势为 $e_{AB}=BLV\sin(\omega t+\phi_0)$。同理,在 CD 边产生的感应电动势为 $e_{CD}=BLV\sin(\omega t+\phi_0)$,则线圈产生的总电动势瞬时值表达式为 $e=2BLV\sin(\omega t+\phi_0)$,令 $E_m=2BLV$,E_m 称为电动势的最大值(又称幅值,是瞬时值中最大的值),则交流电的瞬时值表达式(也称解析式)见表 4-1。

表 4-1　交流电的瞬时值表达式

名　称	瞬时值表达式	
感应电动势	$e=E_m\sin(\omega t+\phi_0)$	(4-1)
电流	$i=I_m\sin(\omega t+\phi_0)$	
电压	$u=U_m\sin(\omega t+\phi_0)$	

交流电的大小和方向都在随时间而变,研究功率时,最大值和瞬时值不方便,为此我们引入有效值这个概念。交流电的有效值是以电流的热效应的实际效果为基础来考虑的。在相同的时间内,一个直流电流和一个交流电流通过大小相等的电阻 R,若电阻上的发热量相等,这个直流电的数值即称为该交流电的有效值。正弦量的有效值分别用 E、U、I 表示。

图 4-3 所示为验证交流电的有效值实验图。用交流信号发生器充当交流电源,给

电阻丝通电加热;同时,用一组直流电源给相同的电阻丝加热,如果在相同时间内,电阻丝的发热量(通过杯中水温来反映)相同,则该交流信号发生器产生的交流电压的有效值等于该直流电源电压值。

在现实生活中,通常使用 220 V 的照明电压,380 V 的动力电压,电气设备铭牌所标识的电压、电流等都是有效值,电流表和电压表测量的数值也是有效值。

最大值和有效值之间的关系为:

$$E_m = \sqrt{2}E, \quad U_m = \sqrt{2}U, \quad I_m = \sqrt{2}I \tag{4-2}$$

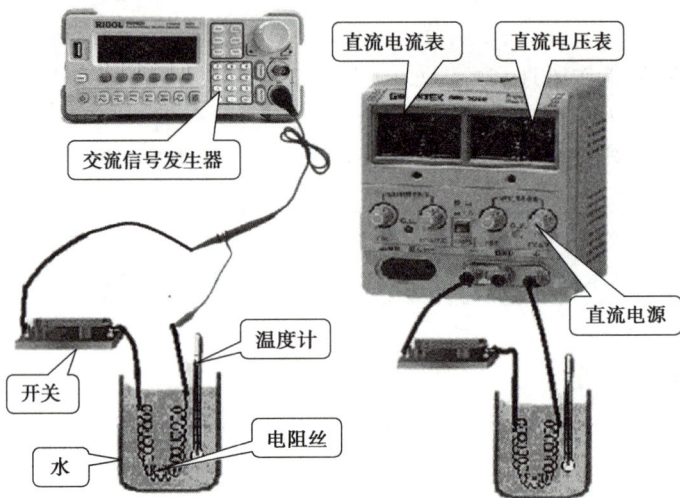

图 4-3　验证交流电有效值实验

讲一讲

【例题 4-1】

有一电容器耐压值为 220 V,问能否直接接在 $e = 220\sqrt{2}\ \sin(314t + \phi_0)$ V 的正弦交流电源上?

解　$e = 220\sqrt{2}\ \sin(314t + \phi_0)$ V 的正弦交流电源电压的最大值为:

$$E_m = 220\sqrt{2}\ V \approx 311\ V$$

可见该正弦交流电源的最大值超过了电容的耐压值,电容器将会被击穿,所以不能直接接在这个交流电源上。

2.相位、初相位和相位差

在多个同频率正弦交流电中,其相位可能不同,现在以 $i_1 = I_{m1}\sin(\omega t + \phi_{01})$ 与 $i_2 = I_{m2}\sin(\omega t + \phi_{02})$ 为实例来说明。相位就是正弦交流电在时间 t 内变化的电角度,用字母 α 表示,单位为弧度(或度)。这两个正弦交流电的相位分别为 $\alpha_1 = \omega t + \phi_{01}$,$\alpha_2 = \omega t + \phi_{02}$。初

相位(前面已经讲过)就是 $t=0$ 时刻的相位,用 ϕ_0 表示,单位与相位相同。这两个正弦交流电的初相位分别为 ϕ_{01} 和 ϕ_{02}。相位差就是同频率的正弦交流电的相位之差(也等于初相位之差),即 $\Delta\phi=\alpha_1-\alpha_2=\phi_{01}-\phi_{02}$。相位差存在着四种情况,见表 4-2。

记一记

表 4-2 两个同频率正弦交流电的相位

关　系	相　位	波 形 图
同相	$\Delta\phi=\phi_{01}-\phi_{02}=0$,称 i_1 与 i_2 同相	
反相	$\Delta\phi=\phi_{01}-\phi_{02}=\pi$,称 i_1 与 i_2 反相	
正交	$\Delta\phi=\phi_{01}-\phi_{02}=\dfrac{\pi}{2}$,即 i_1 超前于 i_2 $\dfrac{\pi}{2}$,称 i_1 与 i_2 正交 (如果 i_2 超前于 i_1 $\dfrac{\pi}{2}$,也称 i_1 与 i_2 正交)	
超前	$\Delta\phi>0$,称 i_1 超前 i_2	
滞后	$\Delta\phi<0$,称 i_1 滞后 i_2	

3.正弦交流电的三要素

记一记

最大值(或幅值)、角频率(周期、频率)、初相位这三个物理量是表征正弦交流电的三个重要物理量,称为正弦交流电的三要素。从前面所述可知:正弦交流电的最大值就是瞬时值中最大的值,又称幅值(包括电流 I_m、电压 U_m、电动势 E_m);初相位就是 $t=0$ 时正弦交流电的相位;频率(也可用周期或角频率代替,因为它们描述的性质相同)是指正弦交流电在 1 s 内完成循环变化的次数,用字母 f 表示,单位名称是赫[兹],符号为 Hz。我国市电的频率为 50 Hz。

图 4-4(b)所示为一个按正弦规律变化的交流电动势,它从零→最大值→零→反向最大值→零,这样变化了一周,以后按同样规律循环下去。周期 T 就是正弦交流电完成这样一次循环变化所用的时间,单位名称是秒,符号为 s。我国市电的周期为 0.02 s。

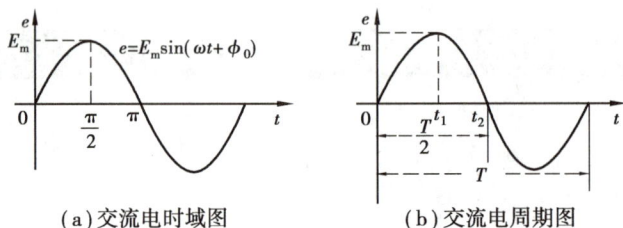

(a)交流电时域图　　　　　(b)交流电周期图

图 4-4　正弦交流电的瞬时值和周期图

角频率在前面已经讲过,它就是线圈在 1 s 内转过的电角度,用字母 ω 表示,单位名称是弧度每秒,符号为 rad/s。周期、频率、角频率三者的关系可用如下公式表示:

$$T = \frac{1}{f}, \omega = 2\pi f = \frac{2\pi}{T} \tag{4-3}$$

正弦交流电的三要素从正弦交流电的表达式可清楚地反映出来,如图 4-5 所示。

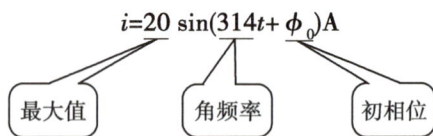

$$i = 20\sin(314t + \phi_0)\text{A}$$

最大值　　　角频率　　　初相位

图 4-5　正弦交流电的三要素

讲一讲

【例题 4-2】

我国使用的交流电工频是 50 Hz,它的周期和角频率各是多少?

解　周期为:$T = \dfrac{1}{f} = \dfrac{1}{50\ \text{Hz}} = 0.02\ \text{s}$

角频率为:$\omega = 2\pi f = 2 \times 3.14\ \text{rad} \times 50\ \text{Hz} = 314\ \text{rad/s}$

三、正弦交流电的波形图

在平面直角坐标系中,时间 t 或电角度 ωt 为横坐标,对应的交流电流 i、电压 u、电动势 e 为纵坐标,作出 i, u, e 随时间变化的曲线,该曲线称为正弦量的图像或波形图。

![记一记]

可以通过五点作图法来作正弦量的波形图,具体步骤如下:

第一步　作出合适的坐标,并分别在纵坐标和横坐标上标出合适的比例线段;

第二步　在纵坐标上标出所作正弦量的最大值和最小值;

第三步　用五点作图法在直角坐标上描出五点的准确位置:第一点$(-\phi_0,0)$,第二点$\left(\dfrac{\pi}{2}-\phi_0,最大值\right)$,第三点$(\pi-\phi_0,0)$,第四点$\left(\dfrac{3\pi}{2}-\phi_0,最小值\right)$,第五点$(2\pi-\phi_0,0)$($\phi_0$为初相位);

第四步　在直角坐标系中用光滑的曲线将五点连接起来;

第五步　五点作图法作出了一个周期的波形图。

若要作多个周期的波形,可依据此波形画就行了(具体方法详见例题4-3)。

从作出的波形图中,还可以直观地看出交流电的三要素。

![讲一讲]

【例题 4-3】

某正弦交流电压的解析式为

$u = 100 \sin\left(\omega t + \dfrac{\pi}{4}\right)$ V,根据五点作图法作出其波形图。

解　第一步　作好坐标系,如图4-6所示;

第二步　在坐标系的纵坐标上标出正弦量的最大值100和最小值-100;

第三步　用五点作图法在坐标系中描出五个点,由于$\phi_0 = \dfrac{\pi}{4}$,所以

第1点为:$\left(-\dfrac{\pi}{4},0\right)$

第2点为:$\left(\dfrac{\pi}{2}-\dfrac{\pi}{4},100\right)$,即$\left(\dfrac{\pi}{4},100\right)$

第3点为:$\left(\pi-\dfrac{\pi}{4},0\right)$,即$\left(\dfrac{3\pi}{4},0\right)$

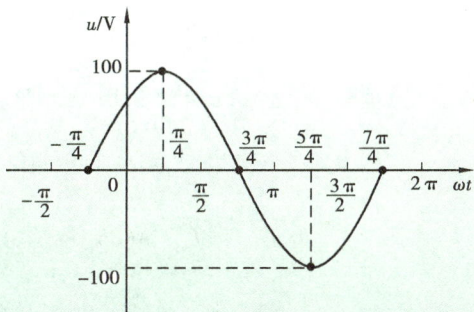

图4-6　波形图

第 4 点为：$\left(270°-\dfrac{\pi}{4}, -100\right)$，即 $\left(\dfrac{5\pi}{4}, -100\right)$

第 5 点为：$\left(360°-\dfrac{\pi}{4}, 0\right)$，即 $\left(\dfrac{7\pi}{4}, 0\right)$

第四步　用光滑的线条将这五点连接起来，就得到一个周期波形，如图 4-6 所示。

讲一讲

【例题 4-4】

有两个同频率的正弦交流电流波形如图 4-7 所示，已知该交流电变化一周所用的时间为 0.02 s。试写出电流 i_2 的表达式，求出两电流的角频率和相位差，并判断哪个超前，哪个滞后。

解　由题意可知，周期 $T =$ 0.02 s，则

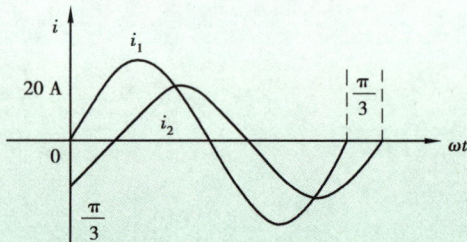

图 4-7　波形图

频率：$f = \dfrac{1}{T} = \dfrac{1}{0.02\ \text{s}} = 50\ \text{Hz}$

角频率：$\omega = 2\pi f = 2 \times 3.14\ \text{rad} \times 50\ \text{Hz} = 314\ \text{rad/s}$

从图中可以看出，电流 i_1 的初相位 $\phi_{01} = 0$，电流 i_2 的初相位 $\phi_{02} = -\dfrac{\pi}{3}$，则

$$i_2 = I_{m1}\sin(\omega t + \phi_{02}) = 20\sin\left(314t - \dfrac{\pi}{3}\right)\ \text{A}$$

因为相位差 $\Delta\phi = \phi_{01} - \phi_{02} = 0 - \left(-\dfrac{\pi}{3}\right) = \dfrac{\pi}{3} > 0$，所以 i_1 超前 i_2 $\dfrac{\pi}{3}$。

记一记

对于一个正弦交流电的波形图，怎样判定它的初相位的正负呢？

其方法为：找出波形图与纵坐标轴的交点，该交点若在横轴以上，则初相位为正；该交点若在横轴以下，则初相位为负。

第二节　旋转矢量

从前面的学习我们知道,正弦交流电可以用解析式或波形图来表示。然而这两种表示法都比较复杂,有没有一种简单的表示方法呢? 有,这就是旋转矢量法。凡是按正弦规律变化的量,均可用这种简便的方法来表示。所谓旋转矢量法,就是用绕直角坐标原点旋转的矢量来表示正弦量的方法。

一、正弦量的旋转矢量表示法

正弦量的旋转矢量是一个时间矢量,不同于空间矢量,它只是用来表示一个随时间做正弦变化的电学量,是一种分析与计算交流电的工具,但空间矢量的各种合成法则同样适用于旋转矢量的合成。利用矢量图可很方便地求出两个同频率正弦量的和或差(它的运算遵循平行四边形法则)。旋转矢量图具有简单、形象、直观等特点。如何用旋转矢量法来表示正弦量呢? 我们可以用振幅相量或有效值相量表示,通常用有效值相量表示,其具体做法步骤如下:

第一步　作基准线 Ox 轴;

第二步　确定有向线段的比例单位;

第三步　从原点出发,作有向线段,它们与基准线的夹角等于初相位;

第四步　在有向线段上截取与解析式中最大值或有效值等长的线段,并在末端加

上箭头,用在大写字母上打黑点表示,例如:$\dot{E}_m$、$\dot{U}_m$、$\dot{I}_m$。

讲一讲

【例题 4-5】

有三个正弦量为 $e = 60 \sin\left(\omega t + \dfrac{\pi}{3}\right)$ V,$u = 30 \sin\left(\omega t + \dfrac{\pi}{6}\right)$ V,$i = 5 \sin\left(\omega t - \dfrac{\pi}{6}\right)$ A,请分别作出它们的相量图。

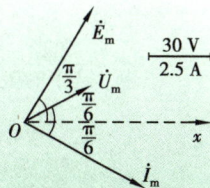

图 4-8　相量图

解　按作图的步骤,它们的振幅相量图如图 4-8 所示。

(1)作出 Ox 轴;(2)作出比例线段,一单位表示 30 V、2.5 A;(3)根据初相位不同作出有向线段,并截取等长的比例线段,标出初相位。

二、正弦量解析式、波形图、矢量图的相互转换

为了进一步了解正弦量,可以将正弦量的解析式、波形图、矢量图三者进行相互转换。一般情况下解析式和波形图可互换,解析式和波形图可换成矢量图,但矢量图不能直接换成解析式和波形图,还需要知道该正弦量的频率(角频率或周期)才行。若干个同频率的正弦量能画在同一矢量图上和波形图上,在矢量图上可直观地表示出各个正弦量的大小和相位关系。下面用例题4-6说明它们的互换性。

🎙 讲一讲

【例题4-6】

已知一正弦量的矢量图如图4-9(a)所示,它的频率为50 Hz,请根据图4-9(a)写出它的解析式,并作出它的波形图。

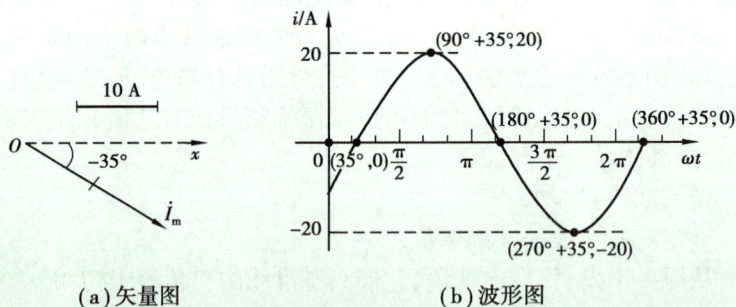

(a)矢量图　　　　　　(b)波形图

图4-9　矢量图和波形图

解　(1)根据矢量图可得:

$$\omega = 2\pi f = 2 \times 3.14 \text{ rad} \times 50 \text{ Hz} = 314 \text{ rad/s}$$

$$I_m = 20 \text{ A}$$

解析式为:

$$i = 20 \sin\left(314\,t - \frac{35\pi}{180}\right) \text{A}$$

(2)用五点作图法作波形图:第一点 $\left(\dfrac{7\pi}{36}, 0\right)$,第二点 $\left(\dfrac{\pi}{2} + \dfrac{7\pi}{36}, 20\right)$,第三点 $\left(\pi + \dfrac{7\pi}{36}, 0\right)$,第四点 $\left(\dfrac{3\pi}{2} + \dfrac{7\pi}{36}, -20\right)$,第五点 $\left(2\pi + \dfrac{7\pi}{36}, 0\right)$,在建好的坐标上描点并连线,作好的波形图如图4-9(b)所示。

第三节　纯电阻电路、纯电感电路和纯电容电路

由纯电阻性元件组成的电路称为纯电阻电路。例如白炽灯、电烙铁、电熨斗等。图4-10所示为几种常见的纯电阻电器。注意：电动机、电风扇等，因为含有电感因素，所以不是纯电阻电路。

在正弦交流电路的学习和检测中，常常需要用到示波器、信号发生器等仪器设备，为了更好地学习和理解知识内容，这里可以先完成本章后的"实训四　示波器、信号发生器的使用"，再接着学习下面的内容。

认一认

电烙铁　　　　　电熨斗

电饭锅　　　　　电烤箱

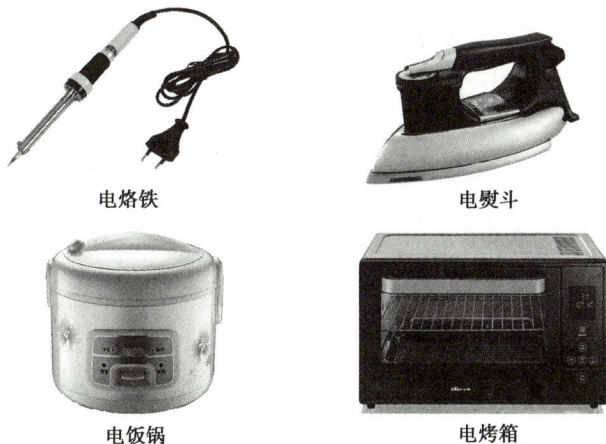

图4-10　纯电阻电器

一、纯电阻电路

电阻是电路中最常用的元器件,当一个纯电阻接到正弦交流电源中,构成的电路会有什么特点呢?

图4-11所示为一个纯电阻电路,下面来研究它的特性。

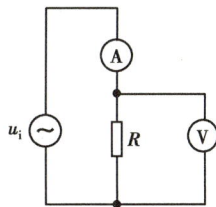

图4-11　纯电阻电路图

1.电阻元件上电压与电流的关系

做一做

用示波器观察电阻上电压与电流的关系。

(1)观察过程

按如图 4-12 所示连接好纯电阻电路,调整好交流信号发生器的频率和电压,电路中会有电流 i 通过电阻。观察示波器的波形图可以看到:电压与电流波形大小变化步调是一致的。改变电压输出的幅度,观察示波器的波形图,发现电压变化幅度与电流变化幅度成正比。这说明任一时刻的电流与电压都成正比关系。

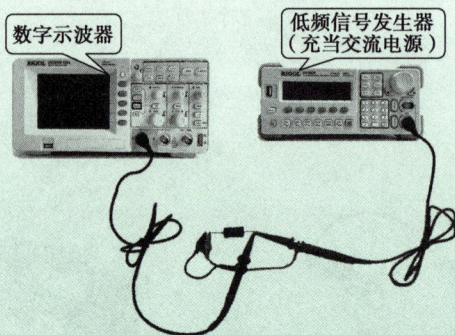

数字示波器

低频信号发生器
（充当交流电源）

图 4-12　纯电阻电路的电流、电压检测接线图

(2)结论

在纯电阻电路中,电流和电压的瞬时值、最大值、有效值都满足欧姆定律,表达式分别为:

$$i = \frac{u}{R}, \quad I_m = \frac{U_m}{R}, \quad I = \frac{U}{R}$$

纯电阻电路的电流与电压频率相同,相位也相同。图 4-13 所示为纯电阻电路的电流、电压的波形图和相量图。

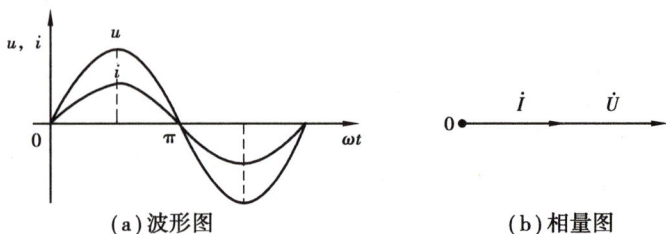

(a)波形图　　　　　　　　　　(b)相量图

图 4-13　纯电阻电路电流与电压波形图和相量图

讲一讲

【例题 4-7】

在纯电阻电路中,已知电阻 $R = 44\ \Omega$,交流电压 $u = 311 \sin\left(314\ t + \dfrac{\pi}{6}\right)$ V,求通过该电阻的电流大小,并写出电流的解析式。

解 电压的有效值为:

$$U = \frac{U_{\mathrm{m}}}{\sqrt{2}} = \frac{311\ \mathrm{V}}{\sqrt{2}} = 220\ \mathrm{V}$$

所以

$$I = \frac{U}{R} = \frac{220\ \mathrm{V}}{44\ \Omega} = 5\ \mathrm{A}$$

$$I_{\mathrm{m}} = \sqrt{2}\,I = \sqrt{2} \times 5\ \mathrm{A} = 7.07\ \mathrm{A}$$

在纯电阻电路中,由于电流与电压的频率和相位都相同,因此电流的解析式为:

$$i = I_{\mathrm{m}} \sin(\omega t + \phi_0) = 7.07 \sin\left(314\ t + \frac{\pi}{6}\right)\ \mathrm{A}$$

2.纯电阻电路的功率

电能通过做功而转化为热能、光能、机械能或化学能等的那一部分功率,称为有功功率(又称平均功率)。因电阻是耗能元件,交流电通过电阻时要产生热量,消耗一定的功率,所以是有功功率。交流电的瞬时功率 p 不是一个恒定值,它等于电流和电压瞬时值的乘积。

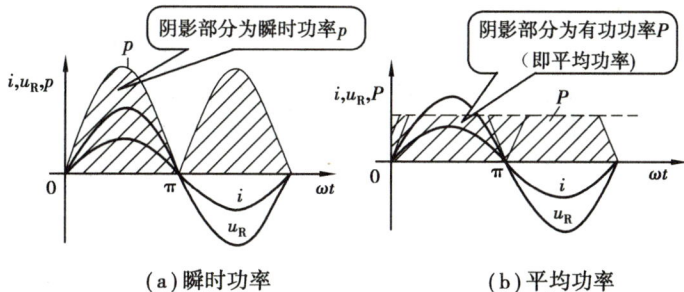

(a)瞬时功率   (b)平均功率

图 4-14 纯电阻电路的功率

瞬时功率如图 4-14(a)所示,其大小为: $p = ui = U_{\mathrm{Rm}} I_{\mathrm{m}} \sin^2 \omega t = U_{\mathrm{R}} I (1 - \cos 2\omega t)$。

纯电阻电路瞬时功率在一个周期内的平均值是其消耗的有功功率,以大写字母"P"表示,单位名称是瓦[特],符号为 W,如图 4-14(b)所示。有功功率的计算满足直流功率运算关系,其大小为:

$$P = \frac{1}{2}p_m = UI = U_R I = I^2 R = \frac{U_R^2}{R} \qquad (4\text{-}4)$$

记一记

从以上的讨论中可归纳出纯电阻电路有如下特点：
◆ 电流和电压的瞬时值、最大值、有效值都遵循欧姆定律；
◆ 电流与电压频率相同，相位也相同；
◆ 电阻是耗能元件，电路所消耗的功率全部为有功功率，满足直流功率运算关系。

二、纯电感电路

认一认

图 4-15 电感元件

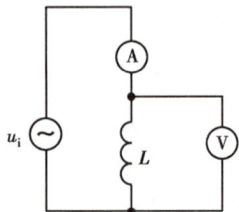

图 4-16 纯电感电路图

与纯电阻正弦交流电路相似，由纯电感性元件构成的电路称为纯电感电路。如图 4-15 所示为一些常见的电感元件。实际的电感线圈都有一定的电阻值，但只要其电阻值小到可以忽略不计，就可以将其近似地视为纯电感。图 4-16 所示为纯电感电路示意图。

纯电感电路又有些什么特点呢？

1.电感元件上电压与电流的关系

做一做

用示波器观察电感上电压与电流的关系。

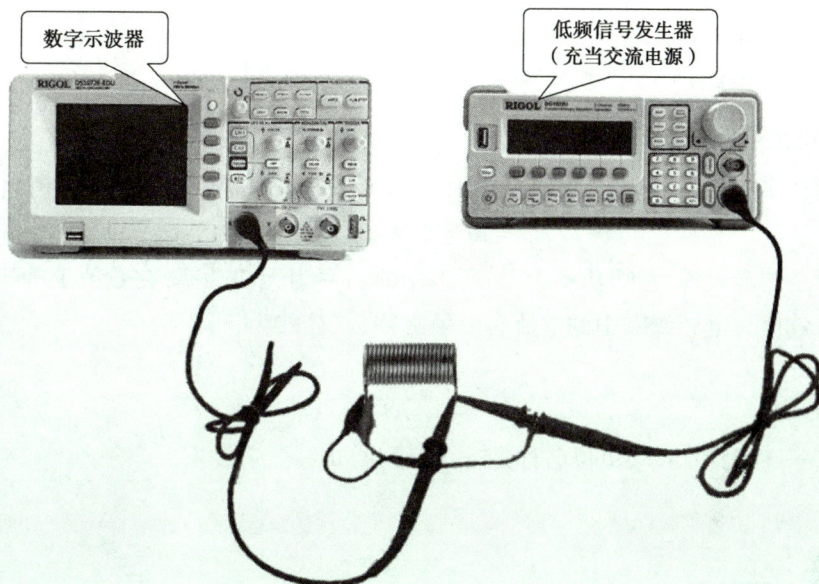

数字示波器

低频信号发生器
（充当交流电源）

图4-17　纯电感电路的电流、电压检测接线图

（1）观察过程

按如图4-17所示连接好纯电感电路，调整好交流信号发生器的频率和电压，电路中将有电流 i 流过电感。观察示波器的波形图可以看到，电压与电流波形大小变化的步调是不一致的，这表明电感两端的电压与其中的电流的相位是不相同的。从波形图可知，电流的相位滞后于电压相位 $\dfrac{\pi}{2}$，如图4-18所示。

（2）结论

通过观察波形的相位，得出电流与电压的表达式为：

$$\begin{cases} i = I_{\mathrm{m}}\sin\left(\omega t - \dfrac{\pi}{2}\right) \\ u_{\mathrm{L}} = U_{\mathrm{m}}\sin\omega t \end{cases}$$

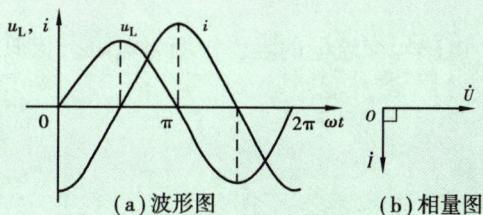

（a）波形图　　　（b）相量图

图4-18　纯电感电路中电流和电压波形图和相量图

再调整信号发生器的电压的大小，观察示波器的电压和电流波形，可以知道电流和电压的大小成正比，即 $U_L = X_L I$，将这个表达式称为纯电感电路的欧姆定律。两边同时乘以 $\sqrt{2}$ 得：$U_{Lm} = X_L I_m$。因此，在纯电感电路中，有效值和最大值都满足欧姆定律。

上式中，X_L 称为电感的感抗，单位仍然为 Ω，它的大小与电源的频率和电感量成正比，即

$$X_L = \omega L = 2\pi f L \tag{4-5}$$

式中　f —— 电源的频率；

　　　L —— 电感量。

2.纯电感电路的功率

根据功率的定义，纯电感电路的瞬时功率等于电流瞬时值和电压瞬时值之积，即

$$p = ui = U_L I \sin 2\omega t \tag{4-6}$$

电感是储能元件，有功功率为零，所占用的功率为无功功率，在数值上等于电感两端电压有效值与电感线圈中的电流有效值之积，其公式为：

$$Q = U_L I = I^2 X_L = \frac{U_L^2}{X_L} \tag{4-7}$$

式中　Q —— 无功功率，单位名称是乏，符号为 var。

记一记

从以上的讨论中可归纳出纯电感电路有如下特点：

◆电流和电压只有最大值、有效值满足欧姆定律；

◆电流与电压的频率相同，在相位关系上电压超前于电流 $\dfrac{\pi}{2}$；

◆电感是储能元件，电路中的有功功率为零，无功功率等于电感两端电压有效值与线圈中的电流有效值之积。

电感对交流电的阻碍作用与电阻有相似之处，但又有很大的区别，见表4-3。

表 4-3　感抗与电阻的对比

名称	区别				相同点
	性质	阻碍形式	功率计算	在交直流电路中的大小	
电阻	耗能	消耗功率，为有功功率	$P = UI = U_R I = I^2 R = \dfrac{U_R^2}{R}$，单位为 W	交直流电路中大小相等	对电流有阻碍作用，单位都为 Ω
感抗	储能	不消耗功率，为无功功率	$Q = U_L I = I^2 X_L = \dfrac{U_L^2}{X_L}$，单位为 var	直流：$X_L = 0$（相当于短路）　交流：$X_L \neq 0$（频率越高，阻抗越大）	

电感元件的特性为：通直流，阻交流；通低频，阻高频。

讲一讲

【例题 4-8】

日光灯镇流器忽略其内阻可以看成纯电感元件，其电感 $L = 1.59$ H，将它接在 $u_L = 120\sqrt{2}\ \sin\left(314t + \dfrac{\pi}{2}\right)$ V 的交流电源上。试求：

（1）镇流器的感抗；

（2）通过它的电流 I；

（3）写出电流瞬时值表达式。

解　（1）根据题意可知

$$U_{Lm} = 120\sqrt{2}\ \text{V}, U_L = 120\ \text{V}, \omega = 314\ \text{rad/s}$$

$$f = \frac{\omega}{2\pi} = \frac{314\ \text{rad/s}}{2\pi} = 50\ \text{Hz}$$

$$X_L = \omega L = 314\ \text{rad/s} \times 1.59\ \text{H} \approx 500\ \Omega$$

（2）根据欧姆定律知

$$I = \frac{U_L}{X_L} = \frac{120\ \text{V}}{500\ \Omega} = 0.24\ \text{A}$$

（3）因为在纯电感电路中电压超前电流 $\dfrac{\pi}{2}$，所以电流的初相位为 $\dfrac{\pi}{2} - \dfrac{\pi}{2} = 0$

故电流的表达式为：

$$i = 0.24\sqrt{2}\ \sin 314t\ \text{A}$$

三、纯电容电路

认一认

图 4-19 电容器实物图

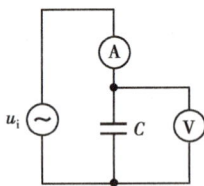

图 4-20 纯电容电路图

实际的电容器如图 4-19 所示,它们都有一定的漏电电阻和分布电感,只要其影响小到可以忽略不计,就可以将其视为纯电容。由于电容器的充放电作用,当给电容器加上交流电压时电容器不断充放电,电容电路中就有持续变化的电流,因而电容器能通过交流电。与纯电感正弦交流电路相似,由纯电容元件构成的电路称为纯电容电路,如图 4-20 所示。

纯电容电路又有哪些特点呢?

1.电容元件上电压与电流的关系

做一做

用示波器观察电容上电压与电流的关系。

(1)观察过程

按如图 4-21 所示连接好纯电容电路,调整好信号发生器的电源频率和电压,电路中将有电流 i 通过电容,观察示波器显示的波形可以看到,电压与电流波形大小变化幅度步调是不一致的。

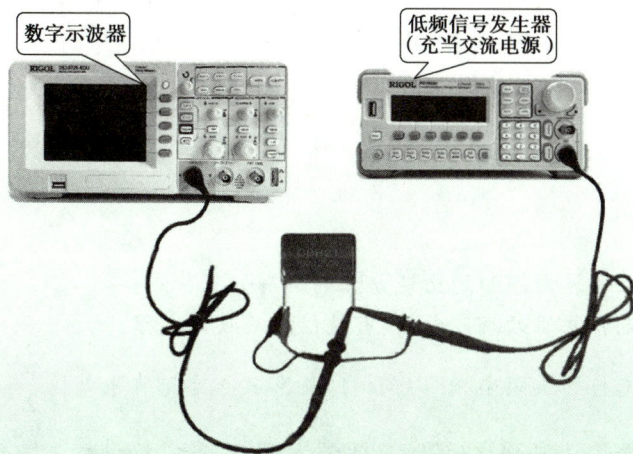

图 4-21　纯电容电路电流、电压检测接线图

（2）结论

电容两端的电压与电流的相位是不相同的，电压滞后电流 $\dfrac{\pi}{2}$。由此可以得出纯电容电路中电流与电压的表达式为：

$$\begin{cases} i = I_m \sin\left(\omega t + \dfrac{\pi}{2}\right) \\ u_C = U_m \sin \omega t \end{cases}$$

其波形如图 4-22 所示。

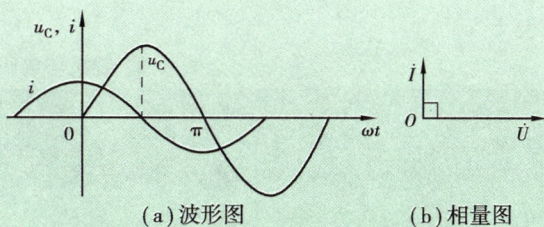

(a) 波形图　　　(b) 相量图

图 4-22　纯电容电路中电流与电压波形图和相量图

再调整信号发生器的电压大小，观察示波器的电压和电流波形，可以知道电流和电压的大小成正比，即 $U_C = X_C I$，这个表达式称为纯电容电路的欧姆定律。两边同时乘以 $\sqrt{2}$ 得：$U_{Cm} = X_C I_m$。因此，电流与电压的最大值也满足欧姆定律。式中，X_C 称为电容的容抗，单位名称是欧［姆］，符号为 Ω，它的大小与电源的频率和电容量成反比，即

$$X_C = \frac{1}{\omega C} = \frac{1}{2\pi f C} \tag{4-8}$$

式中　f——电源的频率；

　　　C——电容量。

2.纯电容电路的功率

根据功率的定义，纯电容电路的瞬时功率等于电流瞬时值和电压瞬时值之积，即

$$p = ui = U_C I \sin 2\omega t \tag{4-9}$$

电容是储能元件,有功功率为零,所占用的功率为无功功率,在数值上等于电容两端电压有效值与电容中的电流有效值之积,其公式为:

$$Q = U_C I = I^2 X_C = \frac{U_C^2}{X_C} \tag{4-10}$$

记一记

从以上的讨论可归纳出纯电容电路有如下特点:

◆电流和电压只有最大值、有效值满足欧姆定律;

◆电流与电压频率相同,在相位关系上电流超前于电压$\frac{\pi}{2}$;

◆电容是储能元件,电路有功功率为零,无功功率等于电容两端电压有效值与电容中的电流有效值之积。

电容对交流电的阻碍作用与电阻也有相似之处,但容抗和电阻又有本质的区别,见表4-4。

表4-4　容抗与电阻的对比

名称	区别				相同点
	性质	阻碍形式	功率计算公式	在交直流电路中的大小	
电阻	耗能	消耗功率,为有功功率	$P = UI = U_R I = I^2 R = \frac{U_R^2}{R}$	在交直流电路中大小相等	都对电流有阻碍作用,单位都为 Ω
容抗	储能	不消耗功率,为无功功率	$Q = U_C I = I^2 X_C = \frac{U_C^2}{X_C}$	直流:$X_C = \infty$(相当于开路); 交流:$X_C = \frac{1}{\omega C} = \frac{1}{2\pi f C}$(频率越高,容抗越小)	

电容元件的特性为:通交流,阻直流;通高频,阻低频。

讲一讲

【例题 4-9】

已知加在电容($C = 5\ \mu F$)上的电压是$u = 311\sin 314t$ V,求通过电容器的电流I及i的解析式。

解 容抗为 $X_C = \dfrac{1}{\omega C} = \dfrac{1}{314 \text{ rad/s} \times 5 \times 10^{-6} \text{F}} = 637 \ \Omega$

所以 $I = \dfrac{U}{X_C} = \dfrac{\dfrac{311}{\sqrt{2}} \text{V}}{637 \ \Omega} = 0.35 \text{ A}$

$I_m = 0.35 \text{ A}\sqrt{2} = 0.5 \text{ A}$

在纯电容电路中,由于电流超前电压 $\dfrac{\pi}{2}$,从解析式可以看出电压 u 的初相位为 0,所以电流 i 的初相位为 $\dfrac{\pi}{2}$,则电流 i 的解析式为:

$$i = 0.5 \sin\left(314t + \dfrac{\pi}{2}\right) \text{ A}$$

第四节　正弦交流电串联电路

前面一节学习了单一元件的交流电路,在实际应用中,这种单一元件的交流电路是很少的。

查一查

在实际的生产和生活中,有哪些交流电路是由单一元件构成的?

实际应用中,正弦交流电路多数是由几种元件进行串、并联组合而成,本节介绍简单的正弦交流电串联电路,包括 *RL* 串联电路、*RC* 串联电路和 *RLC* 串联电路。

一、*RL* 串联电路

RL 串联电路是由电阻和电感串联组成的交流电路,如图 4-23 所示。在生活中,这种电路用得比较普遍。图 4-24 所示为日光灯电路,其中的镇流器既是一个电感,又具有一定电阻,可以把它看作 *RL* 串联电路。

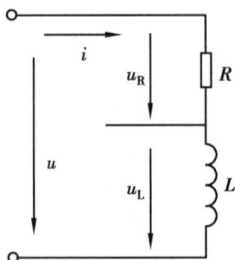

图 4-23　RL 串联电路图

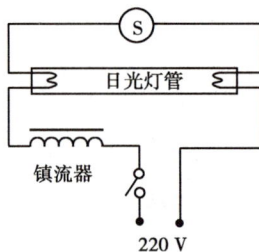

图 4-24　日光灯电路

根据单一元件电路的特点以及串联回路中电流处处相等,电路中的电流和电压的表达式为:

$$\begin{cases} i = I_m \sin \omega t \\ u_L = U_{Lm} \sin \left(\omega t + \dfrac{\pi}{2} \right) \\ u_R = U_{Rm} \sin \omega t \end{cases}$$

1.RL 串联电路的电压关系

图 4-23 中,电路中的总电压为:

$$u = u_R + u_L$$

其对应的有效值相量可表示为:

$$\dot{U} = \dot{U}_R + \dot{U}_L$$

从图 4-25(a)可知,总电压和两个分电压的矢量图构成了一个直角三角形,称为电压三角形,如图 4-25(b)所示。其中,ϕ 称为总电压的初相位(也称阻抗角),其大小为:

$$\phi = \arctan \frac{U_L}{U_R}$$

即总电压超前于总电流一个小于 $\dfrac{\pi}{2}$ 的电角度,这种电路称为感性电路。

求解此三角形,即得求解 RL 串联电路的公式,即

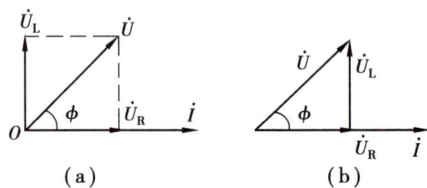

图 4-25　RL 串联电路相量图
和电压三角形

![记一记]

$$\begin{cases} U = \sqrt{U_R^2 + U_L^2} \\ U_R = U \cos \phi \\ U_L = U \sin \phi \end{cases} \tag{4-11}$$

2.RL 串联电路的阻抗

根据纯电阻电路和纯电感电路的欧姆定律:

$$U_R = IR, \quad U_L = IX_L$$

将它们代入式(4-11)中得:

$$U = \sqrt{U_R^2 + U_L^2} = \sqrt{(IR)^2 + (IX_L)^2} = I\sqrt{R^2 + X_L^2}$$

故 $I = \dfrac{U}{\sqrt{R^2 + X_L^2}}$,令阻抗 $Z = \sqrt{R^2 + X_L^2}$,则可写成 $I = \dfrac{U}{Z}$

式中　Z——RL 串联电路的总阻抗,Z 越大,对交流电的阻碍作用越大。

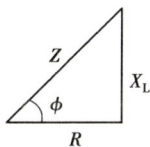

从 $Z = \sqrt{R^2 + X_L^2}$ 可以看出,R,X_L,Z 也构成了一个直角三角形,称为阻抗三角形。它只表示了三者的数量关系,而不是矢量图。也可以理解为将电压三角形三边同时除以电流 I,得到阻抗三角形,如图 4-26 所示。

图 4-26　RL 串联电路的阻抗三角形

根据阻抗三角形可得阻抗角,即

$$\phi = \arctan \frac{U_L}{U_R} = \arctan \frac{X_L}{R}$$

根据阻抗三角形可得 RL 串联电路的阻抗关系为:

$$\begin{cases} R = Z \cos \phi \\ X_L = Z \sin \phi \end{cases} \tag{4-12}$$

讲一讲

【例题 4-10】

有一个线圈,电阻 $R = 60\ \Omega$,与某交流电源接通后,感抗 $X_L = 80\ \Omega$,电路电流 $I = 2$ A。求 U_R、U_L 和端电压 U 以及与电流 i 的相位差 ϕ。

解　$U_R = IR = 2\ \text{A} \times 60\ \Omega = 120\ \text{V}$

$U_L = IX_L = 2\ \text{A} \times 80\ \Omega = 160\ \text{V}$

$U = \sqrt{U_R^2 + U_L^2} = \sqrt{(120\ \text{V})^2 + (160\ \text{V})^2} = 200\ \text{V}$

$\phi = \arctan \dfrac{U_L}{U_R} = \arctan \dfrac{160\ \text{V}}{120\ \text{V}} = 53°$

二、RC 串联电路

如图 4-27 所示是由一个纯电阻 R 和纯电容 C 串联组成的交流电路,简称 RC 串联电路。在电子、电工技术中,RC 移相电路、RC 振荡器等都属于这类电路。在这种电路中的电流和电压的表达式为:

$$\begin{cases} i = I_m \sin \omega t \\ u_C = U_{Cm} \sin \left(\omega t - \dfrac{\pi}{2} \right) \\ u_R = U_{Rm} \sin \omega t \end{cases} \qquad (4\text{-}13)$$

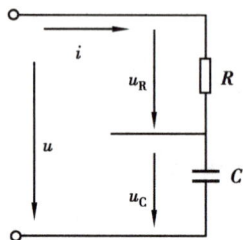

图 4-27　RC 串联电路

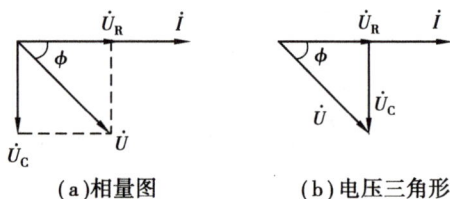

（a）相量图　　　　（b）电压三角形

图 4-28　RC 串联电路相量图和电压三角形

1.RC 串联电路的电压关系

在图 4-28 电路中,电路的总电压为:

$$u = u_R + u_C$$

其对应的有效值矢量可表示为:

$$\dot{U} = \dot{U}_R + \dot{U}_C$$

从图 4-28（a）可知,总电压和两个分电压的矢量图构成了一个直角三角形,称为电压三角形,如图 4-28（b）所示。其中,ϕ 称为总电压的初相位（也称阻抗角）,其大小为:

$$\phi = \arctan \frac{U_C}{U_R}$$

即总电流超前于总电压一个小于 $\dfrac{\pi}{2}$ 的电角度,这种电路称为容性电路。求解此三角形,即得容性电路的公式,即

记一记

$$\begin{cases} U = \sqrt{U_R^2 + U_C^2} \\ U_R = U \cos \phi \\ U_C = U \sin \phi \end{cases} \qquad (4\text{-}14)$$

2.RC 串联电路的阻抗

根据纯电阻电路和纯电容电路的欧姆定律:

$$U_R = IR, U_C = IX_C$$

将它们代入式（4-14）中得:

$$U = \sqrt{U_R^2 + U_C^2} = \sqrt{(IR)^2 + (IX_C)^2} = I\sqrt{R^2 + X_C^2} \qquad (4\text{-}15)$$

故 $I = \dfrac{U}{\sqrt{R^2 + X_C^2}}$，令阻抗 $Z = \sqrt{R^2 + X_C^2}$，则可写成：

$$I = \frac{U}{Z}$$

式中　Z——RC 串联电路的总阻抗，Z 越大，对交流电的阻碍作用越大。

从 $Z = \sqrt{R^2 + X_C^2}$ 可以看出，R、X_C、Z 也构成了一个直角三角形，称为阻抗三角形。它只表示了三者的数量关系，而不是矢量图。也可以理解为将电压三角形三边同时除以电流 I，得到阻抗三角形，如图 4-29 所示。

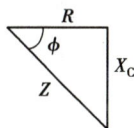

图 4-29　*RC* 串联电路阻抗三角形

根据这个阻抗三角形可得阻抗角，即

$$\phi = \arctan \frac{U_C}{U_R} = \arctan \frac{X_C}{R}$$

根据阻抗三角形可得 RC 串联电路的阻抗关系为：

$$\begin{cases} R = Z \cos \phi \\ X_C = Z \sin \phi \end{cases} \tag{4-16}$$

讲一讲

【例题 4-11】

将阻值为 60 Ω 的电阻和电容量为 125 μF 的电容器串联后，接于 $u = 110\sqrt{2}\,\sin\left(314t + \dfrac{\pi}{2}\right)$ V 的交流电源上。试求：

(1) 电容器的容抗；
(2) 电路的阻抗；
(3) 电路中电流的有效值。

解　(1) 电容器的容抗为：

$$X_C = \frac{1}{\omega C} = \frac{1}{314 \text{ s}^{-1} \times 125 \times 10^{-6} \text{ F}} = 25 \ \Omega$$

(2) 电路的阻抗为：

$$Z = \sqrt{R^2 + X_C^2} = \sqrt{(60 \ \Omega)^2 + (25 \ \Omega)^2} = 65 \ \Omega$$

(3) 根据欧姆定律，可知电路中电流的有效值为：

$$I = \frac{U}{Z} = \frac{110 \text{ V}}{65 \ \Omega} = 1.7 \text{ A}$$

三、*RLC* 串联电路

在实际电路中,不仅有 *RL* 串联、*RC* 串联,还有 *RLC* 串联。如图 4-30 所示的电力输电线(两输电线之间存在分布电容,输电线有电阻,环绕的输电线相当于电感)以及电气设备的电路板等,都是电阻、电感、电容串联的交流电路,简称 *RLC* 串联电路。

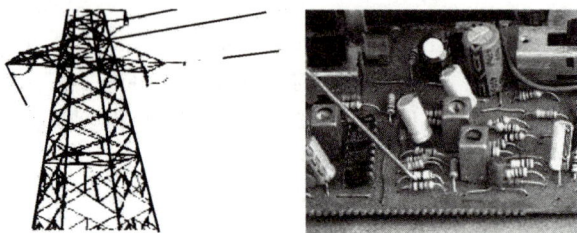

图 4-30　*RLC* 串联电路实例

RLC 串联电路如图4-31所示,各元件上瞬时值表达式为:

$$\begin{cases} i = I_m \sin \omega t \\ u_C = U_{Cm} \sin \left(\omega t - \dfrac{\pi}{2} \right) \\ u_R = U_{Rm} \sin \omega t \\ u_L = U_{Lm} \sin \left(\omega t + \dfrac{\pi}{2} \right) \end{cases} \quad (4\text{-}17)$$

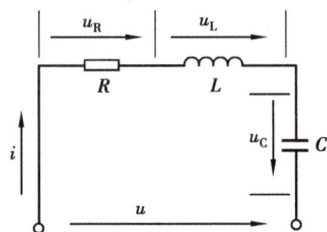

图 4-31　*RLC* 串联电路原理图

电路中的总电压为:

$$u = u_R + u_L + u_C$$

由于它们都是同频率的正弦量,用矢量表示可得:

$$\dot{U} = \dot{U}_R + \dot{U}_C + \dot{U}_L$$

1.*RLC* 串联电路的电压关系

根据上式可作出矢量图,如图 4-32 所示,由于电流相等,电路的性质实际上由 X_C 和 X_L 的大小来决定。

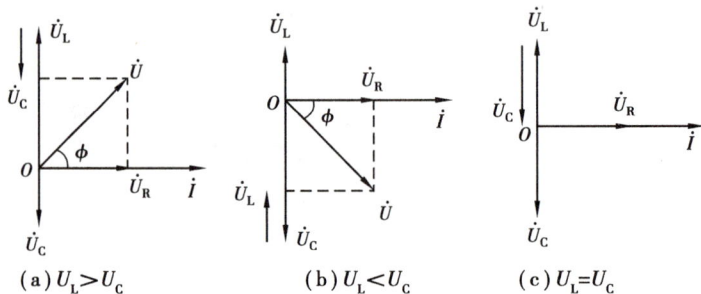

（a）$U_L > U_C$　　　（b）$U_L < U_C$　　　（c）$U_L = U_C$

图 4-32　*RLC* 串联电路矢量图

记一记

◆ 当 $U_L > U_C$（即 $X_L > X_C$）时，总电压超前于电流一个小于 $\frac{\pi}{2}$ 的 ϕ 角，电路呈感性；

◆ 当 $U_L < U_C$（即 $X_L < X_C$）时，总电压滞后于电流一个小于 $\frac{\pi}{2}$ 的 ϕ 角，电路呈容性；

◆ 当 $U_L = U_C$（即 $X_L = X_C$）时，总电压与电流同相，ϕ 等于 0，电路呈阻性。

由矢量图可得到两个电压三角形，如图4-33所示。
求解该三角形可得如下公式：

$$\begin{cases} U = \sqrt{U_R^2 + (U_L - U_C)^2} \\ \phi = \arctan \dfrac{U_L - U_C}{U_R} \end{cases} \quad (4\text{-}18)$$

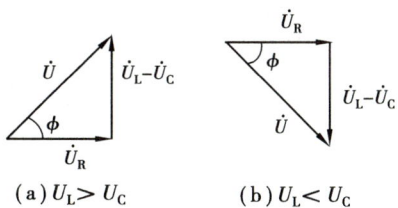

（a）$U_L > U_C$ （b）$U_L < U_C$

图 4-33　RLC 串联电路电压三角形

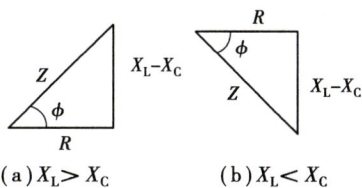

（a）$X_L > X_C$ （b）$X_L < X_C$

图 4-34　RLC 串联电路阻抗三角形

2.RLC 串联电路的阻抗

由于电路中各处电流相等，电压三角形三边同时除以电流 I，可得到如图 4-34 所示的 RLC 串联电路阻抗三角形。

求解该三角形可得如下公式：

记一记

$$\phi = \arctan \frac{X_L - X_C}{R} \quad (4\text{-}19)$$

$$\begin{cases} R = Z \cos \phi \\ X_L - X_C = Z \sin \phi \\ Z = \sqrt{R^2 + (X_L - X_C)^2} \end{cases} \quad (4\text{-}20)$$

讲一讲

【例题 4-12】

一个线圈和电容器构成串联电路，已知线圈电阻为 4 Ω，电感 $L=$ 254 mH，电容 $C=637\ \mu F$，接在 $u=311\sin\left(100\pi t+\dfrac{\pi}{4}\right)$ V 的交流电源上。试求：

(1) 电路的总阻抗；
(2) 电路中的电流有效值；
(3) 电阻、电感、电容上的电压。

解 根据电压解析式可知：$U_m=311$ V，$U=\dfrac{U_m}{\sqrt{2}}=220$ V，$\omega=100\pi\approx314$ rad/s

(1) 电路的阻抗为：

$$X_L=\omega L=314\ \text{rad/s}\times254\times10^{-3}\ \text{H}\approx80\ \Omega$$

$$X_C=\frac{1}{\omega C}=\frac{1}{314\ \text{rad/s}\times637\times10^{-6}\ \text{F}}\approx5\ \Omega$$

$$Z=\sqrt{R^2+(X_L-X_C)^2}=\sqrt{(4\ \Omega)^2+(80\ \Omega-5\ \Omega)^2}\approx75\ \Omega$$

(2) 电路中电流的有效值为：

$$I=\frac{U}{Z}=\frac{220\ \text{V}}{75\ \Omega}\approx2.9\ \text{A}$$

(3) 电阻、电感、电容上的电压为：

$$U_R=IR=2.9\ \text{A}\times4\ \Omega=11.6\ \text{V}$$

$$U_L=IX_L=2.9\ \text{A}\times80\ \Omega=232\ \text{V}$$

$$U_C=IX_C=2.9\ \text{A}\times5\ \Omega=14.5\ \text{V}$$

做一做

测量交流串联电路的电压和电流。

(1) 了解测量仪器仪表

在进行电路实验之前，我们先来认识几种仪器仪表。

● 交流电压表

交流电压表的面板如图 4-35 所示，面板说明见表 4-5。

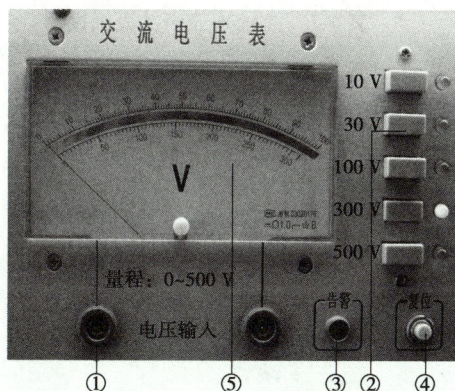

图 4-35 交流电压表面板图

表 4-5 交流电压表的面板说明

图标序号对应的名称	功　能
①电压输入端子	通过此端子进行交流电压测量,测量时无须分正负极
②量程选择按钮及指示灯	五个量程:0～10 V、0～30 V、0～100 V、0～300 V 0～500 V
③告警指示	当被测电压大于量程时,电压表就会出现告警指示
④复位按钮	当出现告警时,如果需要再次测量,应按下复位按钮进行复位
⑤电压指示刻度盘	指示被测电压数值大小

● 交流电流表

交流电流表的面板如图 4-36 所示,面板说明见表 4-6。

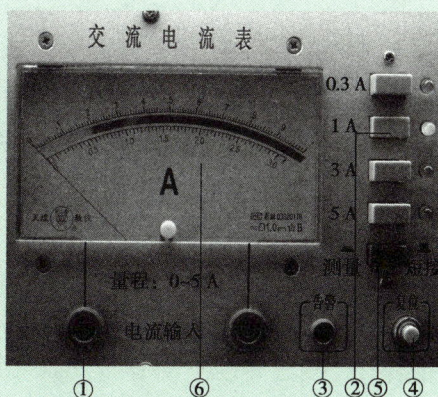

图 4-36 交流电流表的面板

表 4-6　交流电流表的面板说明

图标序号对应的名称	功　能
①电流输入端子	通过此端子进行电流测量
②量程选择按钮及指示灯	四个量程:0~0.3 A、0~1 A、0~3 A、0~5 A
③告警指示	当被测电流大于量程时,电流表就会出现告警指示
④复位按钮	当出现告警时,如果需要再次测量时,应按下复位按钮进行复位
⑤测量与短接按钮	按下为测量,弹出为短接
⑥电流指示刻度盘	指示被测电流数值大小

● YB2172 智能数字交流毫伏表

YB2172 智能数字交流毫伏表如图 4-37 所示,图 4-38 是其面板图,面板说明见表 4-7。

表 4-7　面板说明及功能

图标序号名称	功　能
①电源开关	按下为开,弹出为关
②电压窗口显示	LCD 数字面板显示输入信号电压的有效值
③dB 值显示窗口	LCD 数字面板显示输入信号的分贝值
④输入插座	输入信号由此端口输入
⑤输出端口	输出信号由此端口输出

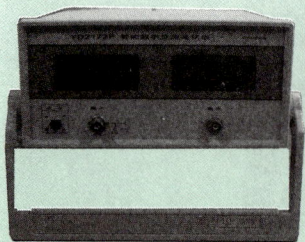

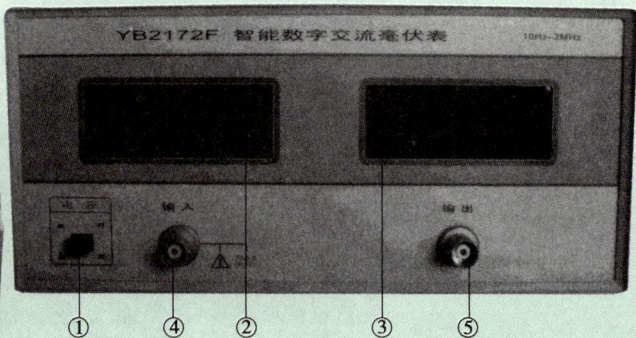

图 4-37　交流毫伏表　　　图 4-38　YB2172F 智能数字交流毫伏表面板

(2)测量 RLC 串联电路中的电流和电压

操作步骤如下:

①按图 4-39、图 4-40 所示连接好实验电路（$R = 100 \ \Omega$，$L = 220 \ \text{mH}$，$C = 1 \ \mu\text{F}$），并将信号发生器、交流电流表、交流电压表、示波器按图连接在电路中。我们用信号发生器代替交流电源，用示波器代替电流表和电压表测试。

②用信号发生器提供正弦交流信号，调节信号发生器，使之输出一定电压幅度、一定频率的交流信号。

③调节校准好示波器。

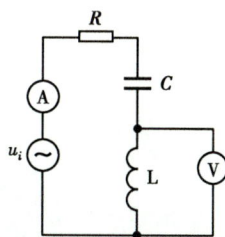

图 4-39 *RLC* 串联电路图

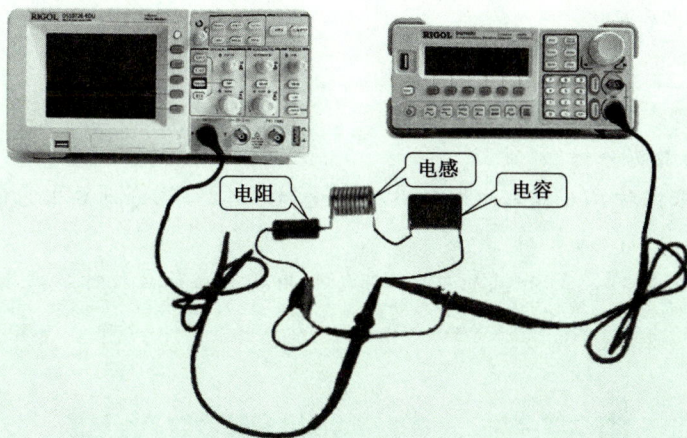

图 4-40 *RLC* 串联电路实验

④保持信号发生器输出的电压幅度不变，调节频率使之输出不同频率的信号，用示波器分别测试电阻 *R*、电感 *L*、电容 *C* 上的电压值及电压波形，并测量出总电流 *I*，将数据及波形记录在表 4-8 中。

表 4-8 测试数据和波形

次 数 参 数		1	2
电压 u_i		$U_I = 20 \ \text{V}$	$U_I = 20 \ \text{V}$
频率 f		200 Hz	1 000 Hz
测量数据	U_R		
	U_L		
	U_C		
	I		

续表

参 数	次 数	1	2
计算数据	X_C		
	X_L		
	Z		
绘制电压波形	U_R		
	U_L		
	U_C		

（3）数据分析

①根据对 RLC 串联电路的参数测量和计算结果，分别画出它们的电压三角形，并求出阻抗角。

②当 $X_L > X_C$，$X_L < X_C$，$X_L = X_C$ 时，RLC 串联电路各呈现什么性质？

第五节　交流电路的功率

正弦交流电是工农业生产中的主要能源之一，电网提供的市电就是正弦交流电。然而在电网电力的驱动下，一个工厂、一组设备或者一台家用电器，究竟会消耗多少电能，如何衡量和计算在正弦交流电路中的功率呢？

一、交流电路的功率

前面已经学习了瞬时功率、有功功率、无功功率。在这里要介绍另一个概念——视在功率。视在功率表示电路的总功率，它包括无功功率和有功功率，用"S"表示，单位名称是伏安，符号为 V · A。它等于交流电路中总电压有效值与总电流有效值之积，即

$$S = UI$$

二、功率三角形和功率因数

1.功率三角形

由于串联电路电流相等,将电压三角形的三个边同时乘以电流的有效值,即得 RLC 串联电路的功率三角形,如图4-41所示。

有功功率 $P = I^2 R$,无功功率 $Q = I^2(X_L - X_C) = Q_L - Q_C$,视在功率 $S = UI$,三者关系可表示为:

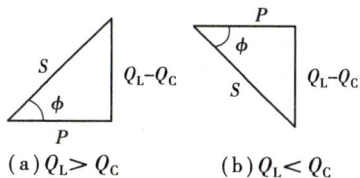

图 4-41 RLC 串联电路功率三角形

(a) $Q_L > Q_C$ (b) $Q_L < Q_C$

记一记

$$\begin{cases} S = \sqrt{P^2 + Q^2} \\ P = S \cos \phi \\ Q = S \sin \phi \end{cases} \tag{4-21}$$

2.功率因数

从无功功率的公式可以看出,电感线圈所占用的无功功率,可被电容器的无功功率所补偿,从而减小无功功率。在交流电路中,有功功率所占比例越大,电源的利用率越高,为了衡量电源利用率的高低,将有功功率与视在功率之比称为功率因数,用 $\cos \phi$ 表示,其表达式为:

$$\cos \phi = \frac{P}{S} \tag{4-22}$$

想一想

功率因数如何测量呢?

电路的功率因数 $\cos \phi$ 可以通过双踪示波器来测量。用双踪示波器测出电路的总电压和总电流的相位进行比较,得到其相位差 ϕ,就可算出功率因数 $\cos \phi$。

另外,也可以借助功率表来测量电路的功率因数。例如图4-42所示的电路中,设电压有效值为 U 的交流电经输电线传至日光灯电路上时,其电路两端总电压为 U_L,电路中的总电流为 I_L,则测量步骤如下:

第一步　用交流电压表测出日光灯电路两端的总电压 U_L 的值,用交流电流表测出电路中的电流 I_L

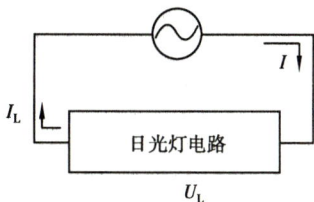

图 4-42　日光灯电路

的值；

第二步　用功率表测出日光灯的有功功率 P_L；

第三步　根据公式 $S_L=U_L I_L$ 计算出日光灯电路的视在功率；

第四步　根据公式 $\cos\phi=\dfrac{P_L}{S_L}=\dfrac{P_L}{U_L I_L}$，计算出电路的功率因数。

查一查

（1）功率表的作用是什么？如何使用功率表？

（2）在实际应用中，常用功率因数表来测量电路的功率因数。到图书馆或者上网查一查：功率因数表的结构是怎样的？如何使用？

第六节　电能的测量与节能

众所周知，电能的应用极其广泛，工农业生产中，电力是最主要的能源。那么电能该如何测量呢？

一、电能的测量

电能表是用来测量和记录电能累积值的专用仪表，是目前电能测量仪表中应用最多、最广泛的仪表。电能表（俗称火表）又称电度表、千瓦时计、积算电力计。实际上电能表就是用来测量某一段时间内负载消耗电能多少的仪表。

测量直流电能的电能表为电动式电能表，由于结构、工艺复杂，成本高，不宜用来测量交流电能。测量交流电能的电能表为感应式电能表，它的结构、工艺较简单，价格低廉，测量的灵敏度和准确性较高。

感应式电能表按用途可分为单相电能表、三相有功电能表和三相无功电能表。其中，单相电能表主要是用于测量一般用户的用电量，而三相电能表则用于测量电站、厂矿和企业的用电量。这里主要介绍单相感应式电能表。

1.单相感应式电能表

单相感应式电能表的外形如图 4-43 所示。

图 4-43 单相感应式电能表

单相感应式电能表的引脚功能为：①相（火）线入，②相（火）线出，③零线进，④零线出，如图 4-44 所示。

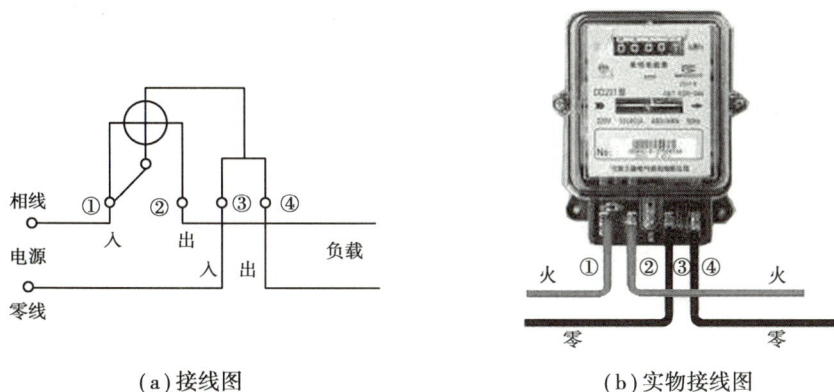

（a）接线图   （b）实物接线图

图 4-44 单相电能表

2. 新型电能表

由于电能已成为最重要的能源，在市场经济下，人们要求电能的计量准确度要高，计量仪表的使用寿命要长，对用电的管理要求实现智能化和自动化，这些都是感应式电能表无能为力的。近一二十年来，随着微电子技术、计算机技术和通信技术的高速发展，出现了高准确度、长寿命且能实现远程自动抄表等功能的全电子式新型电能表，它取代传统的感应式电能表已势在必行。几种新型电子式电能表见表 4-9。

表 4-9 几种新型电子式电能表

种 类	外 形	特点和用途
多费率电能表（或称分时电能表、复费率表，俗称峰谷表）		分别计量用电高峰、低谷、平段的用电量，从而对不同时段的用电量采用不同的计价

续表

种　类	外　形	特点和用途
预付费电能表	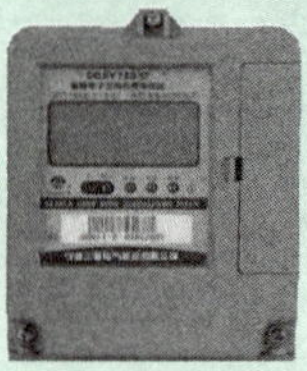	预付费电能表俗称卡表,用 IC 卡预购电,将 IC 卡插入表中按费用电,防止拖欠电费
多用户电能表		一只表可供多个用户使用,对每个用户独立计费,还利于远程自动集中抄表
多功能电能表		集多项功能于一身,集高精度有功无功电能计量、复费率和最大需量功能于一体,具有红外通信编程抄表功能
载波电能表		利用电力载波技术,用于远程自动集中抄表

读一读

　　截至 2022 年底,我国水电装机容量从 2012 年的 2.49 亿千瓦增至约 4 亿千瓦,稳居世界第一,占据了海外 70% 以上的水电建设市场份额。中国的电力工业步入大电站、大机组、高电压、大电网、自动化和信息化时代,以确保我国的工农业生产和人民的生活用电,背后见证了水电从"中国制造"到"中国创造"的标志性跨越。目前,我国装机容量在 50 万千瓦以上的大型水电站有 37 个,见表 4-10。

表 4-10 我国装机容量在 5×10^5 kW 以上的大型水电站情况

序号	名　称	建设地点	所在河流	装机容量 /($\times 10^4$ kW)	年发电量 /($\times 10^8$ kW·h)
1	三峡	湖北宜昌	长江	1 820	847
2	二滩	四川盐边、米易	雅砻江	330	170.4
3	葛洲坝	湖北宜昌	长江	271.5	157.0
4	李家峡	青海尖扎、化隆	黄河	200	59.0
5	小浪底	河南济源	黄河	180	46/59
6	天荒坪蓄能	浙江安吉	大溪	180	31.6
7	明潭	台湾省台北市	水里溪	160	
8	白山	吉林桦甸	第二松花江	150	20.4
9	漫湾	云南云县、景东	澜沧江	150	78.0
10	水口	福建闽清	闽江	140	49.5
11	大朝山	云南云县、景东	澜沧江	135	70.2
12	天生桥二级	贵州、广西	南盘江	132	82
13	龙羊峡	青海共和、贵德	黄河	128	59.4
14	岩滩	广西大化	红水河	121	56.6
15	广州蓄能一期	广东从化	流溪河	120	23.8
16	五强溪	湖南沅陵	沅水	120	53.7
17	隔河岩	湖北长阳	清江	120	30.4
18	天生桥一级	贵州、广西	南盘江	120	53.8
19	刘家峡	甘肃永靖	黄河	116	55.8
20	万家寨	山西、内蒙古	黄河	108	27.5
21	明湖	台湾省台北市	水里溪	100	
22	丹江口	湖北丹江口	汉江	90	38.3
23	安康	陕西安康	汉江	80	8.0
24	十三陵蓄能	北京	永定河	80	12.0
25	丰满	吉林市	第二松花江	72.4	19.4
26	龚嘴	四川乐山	大渡河	70	34.2
27	宝珠寺	四川广元	白龙江	70	23.0
28	新安江	浙江建德	新安江	66.25	18.6
29	乌江渡	贵州遵义	乌江	63	33.4
30	水丰(中朝共有)	辽宁宽甸	鸭绿江	63	39.3
31	鲁布革	云南、贵州	黄泥河	60	28.5
32	铜街子	四川乐山	大渡河	60	32.1
33	棉花滩	福建永定	汀江	60	15.1
34	莲花	黑龙江海林	牡丹江	55	8.0
35	东风	贵州清镇、黔西	乌江	51	24.2
36	东江	湖南资兴	耒水	50	13.2
37	万安	江西万安	赣江	50	15.2

虽然我国的水电资源丰富,但经济的快速发展大量缺乏能源。以上海市为例,最高峰时的负荷就超过 $2×10^7$ kW,由我国最大的水电站——三峡电站($1.82×10^7$ kW)供电都还不够。因此,我们要学会节约能源。

二、提高功率因数

第五节中已经知道了 $\cos \phi = \dfrac{P}{S}$,$\cos \phi$ 称为功率因数,它在电力系统中具有重要意义。

1. 提高功率因数的意义

有功功率是能为人们工作和生活服务的功率,无功功率是被白白占用却不能为人们服务的功率。

在供电系统中,由于大多数电气设备(如电动机、变压器、日光灯)属感性负载,所以电流和电压有一定的相位差,相位差越大,功率因数越低。电路在同一端电压及电流的作用下(即相同的视在功率下),会出现有功功率小而无功功率大的现象。这样一方面会使供电设备的容量不能充分利用,另一方面会使在输出相同有功功率时,线损增大。因此,只有提高功率因数才能提高电源的利用率,并在输出同一功率的情况下,减少线路中的损耗。

2. 提高功率因数的方法

(1)合理使用用电设备

功率因数过低的主要原因是负载自身的感性太重而阻性太轻,这与电动机、变压器等设备使用不合理有关。例如感应电动机空载时功率因数只有 0.2~0.5,而满载运行时,功率因数可达到 0.8~0.85。因此,应避免电动机和变压器的空载运行和大电机带小负载的轻载运行。

(2)并联补偿电容器

用电设备大部分是感性负载,其电流与电压存在一定的相位差,并联电容器后,可以使电路中电流与电压相位差减小(甚至变为同相),即用容性负载补偿了感性负载,从而提高了线路的功率因数。

📖 读一读

节 能

地球原本是一个很美丽的星球,可是由于人们不懂得珍惜仅有的能源,大量浪费水、电等资源,破坏臭氧层,排放废气,让地球变成了一个垃圾星球。节能与环保,成为人类一个永恒的课题,现在地球人在为节约每一度电而努力。生活中,我们可以采用以下几种节能措施:将白炽灯改成节能灯,在同样的亮度下,其耗电量只是白炽灯的1/10,但使用寿命却是白炽灯的 50 倍;夏季空调温度设定在 26~28 ℃;冰箱内贮存食物不宜过满,冰箱内食品之间及食品与箱壁之间应留有 100 mm 以上的空隙,这比紧贴壁面每天可以节能 20%;电视机不要开得很亮,音量也不宜过大,因为每增加 1 W 音频功率,就要增加 3~4 W 电功耗;使用电饭锅最好提前淘米,用温水或热水煮饭,这样可以节电 30%;电饭锅用后立即拔下插头,否则当锅内温度下降到 70 ℃ 以下时,它会断断续续地自动通电,既费电又会缩短使用寿命。

*第七节　谐　振

想一想

天空中的电磁波信号有千万种,收音机、电视机、手机等怎样才能准确地将属于自己的那种电磁波信号选择出来呢?

前面已经学习了 RLC 串联电路的三种性质(想一想,RLC 串联电路有哪三种性质?),其中有一种情况很特殊:当 $X_L - X_C = 0$ 时,电路呈阻性。在这种情况下,电路有些什么特点呢?

一、串联谐振

RLC 串联电路中,当 $X_L - X_C = 0$(即 $X_L = X_C$)时,电路呈阻性,此时总电压与电流同相,这种状态称为 RLC 串联电路的串联谐振。

1.串联谐振的条件和特点
串联谐振的条件和特点见表 4-11。
表 4-11 中,Q 称为串联谐振电路的品质因数,一般可达 100 左右。其公式为:

$$Q = \frac{1}{2\pi f_0 CR} = \frac{1}{\omega_0 CR} = \frac{\omega_0 L}{R} \tag{4-23}$$

记一记

表 4-11　串联谐振的条件和特点

串联谐振的条件	$X = X_L - X_C = 0$ (也可叙述为:外加信号源频率等于电路固有频率时,电路发生谐振)	
串联谐振的特点	频率	$f=f_0=\dfrac{1}{2\pi\sqrt{LC}}$(与 LC 有关,与 R 无关)
	阻抗	阻抗最小且为纯电阻,即 $Z=R$ 阻抗角为:$\arctan\dfrac{X_L-X_C}{R}=0$
	电流	电流最大且与总电压同相($I=\dfrac{U}{R}$)
	电压	电感与电容两端电压相等,且皆为总电压的 Q 倍,即 $U_L = U_C = \dfrac{1}{\omega_0 CR}U = QU$ 电阻两端的电压等于总电压
	能耗	谐振时,电能仅供给电路中的电阻消耗,电感和电容不消耗能量,但电感与电容间进行着磁场能和电场能的转换

从表 4-11 可见:电感和电容上的电压比电源电压高很多,故串联谐振也称为电压谐振。品质因数 Q 的大小决定着谐振电路质量的优劣,谐振电流随频率变化的关系受 Q 值的影响。为了更加形象地说明,我们在直角坐标系中作出 I 随 f 变化的关系曲线,如图 4-45(a)所示。

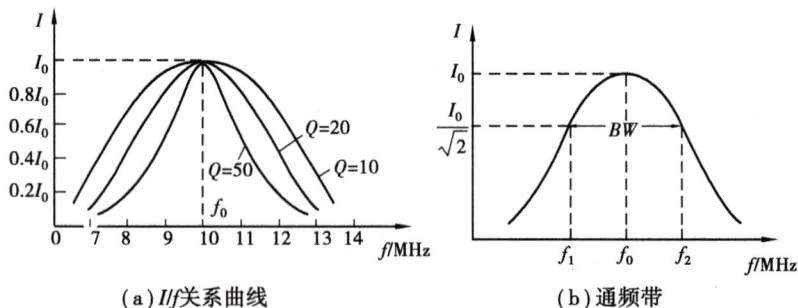

(a) I/f 关系曲线　　　　(b)通频带

图 4-45　串联谐振 I 随 f 变化的关系曲线和通频带

从曲线可以看出,Q 值越高,选择性越好。在电子技术中,常常要利用谐振电路从多个信号频率中选择需要的频率信号而衰减其他的频率信号(比如收音机的选台)。

规定谐振曲线上,$I=\dfrac{I_0}{\sqrt{2}}$(或 $I=0.707I_0$)所对应的频率范围称为电路的通频带。通频带如图 4-45(b)所示,通频带用字母 BW 表示,其表达式为:

$$BW = f_2 - f_1 = \frac{f_0}{Q} \tag{4-24}$$

从式中看出,Q 值越高,通频带越窄,电路的选择性越好;Q 值越低,通频带越宽,但选择性变差。

2.串联谐振的应用和防护

利用串联谐振可以进行选频和调谐等。例如收音机就是利用串联谐振原理实现选台的,其输入电路如图 4-46 示。

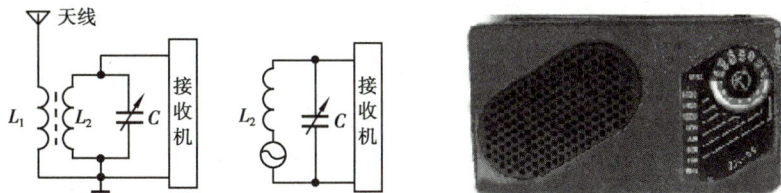

图 4-46 调谐选台回路及收音机

天线接收到各种不同频率(即不同电台)的电磁波信号,在线圈 L_1 上产生的信号电压耦合到线圈 L_2 中,L_2 与 C 构成调谐选频回路,调节可变电容 C 的值,可以使 L_2C 回路对某一信号频率产生谐振。当输入回路(L_2C 回路)的谐振频率 f_0 与某外电台的频率 f_s 相同时,由于串联谐振的作用,则该台的信号电压最强(其他电台信号被抑制掉),收音机就接收到这个电台的信号。

串联谐振有时是有害的,较高的谐振电压会影响电路的正常工作,甚至损坏电路中的元器件。因此,电路中常常采取一定的消振措施,例如接入消振元件、限压保护元件等,消除或减小谐振电压对电路和元器件的影响。

做一做

测量串联谐振电路

(1)测量过程

实验电路由一个频率可调的交流信号源、两个可调电感箱、四个可调电阻箱、四个可调电容箱、一个毫伏表和连接导线组成,并按照图 4-47(a)电路图连接好实验电路,如图 4-47(b)所示。

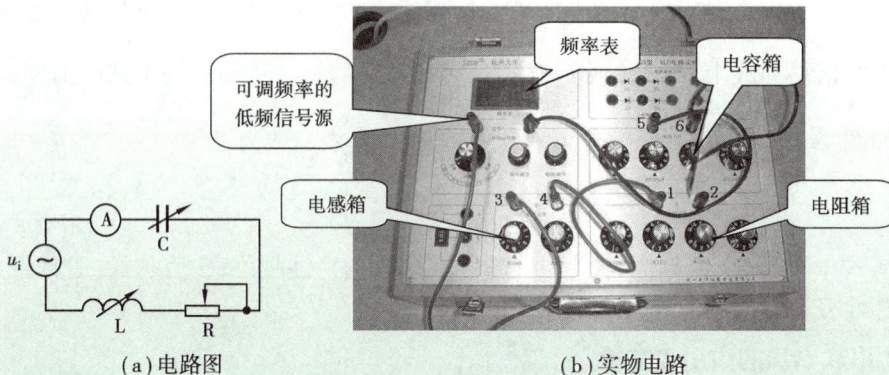

（a）电路图　　　　　（b）实物电路

图 4-47　串联谐振实验图

谐振电路实验电路板参数：$R=330\ \Omega, C=2\ 400\ \text{pF}, L\approx200\ \text{mH}$。

第一步　将毫伏表接在电阻箱 R（330 Ω）的 1,2 两端，测试电阻两端的电压值 U_R，U_R 的值是随信号频率而变化的，令信号源的频率由小逐渐变大（注意要维持信号源的输出幅度不变），当 U_R 的读数为最大时，电路发生串联谐振。这时，频率计上的读数即为电路的谐振频率 f_0。

第二步　用毫伏表测出电源电压 U_0、电感两端的电压 U_L（毫伏表接 3 和 4 插孔）和电容两端的电压 U_C（毫伏表接 5 和 6 插孔）的值；验证 U_L 与 U_C 相等。

第三步　计算品质因数，$Q=\dfrac{1}{2\pi f_0 CR}$，验证 $U_L=U_C=QU_0$。

（2）结论

当电路发生串联谐振时，电源电压 U_0 等于电阻两端电压 U_R；电感两端的电压 U_L 和电容两端的电压 U_C 相等，都等于电源电压 U_0 的 Q 倍。所以，串联谐振又称电压谐振。

二、并联谐振

在 RLC 串联电路中会产生串联谐振，如果 RLC 并联，是否也会出现谐振呢？

在 RLC 并联电路中，当 $X_L-X_C=0$（即 $X_L=X_C$）时，电路呈阻性，此时总电流与电压同相，这种状态称并联谐振。并联谐振电路有两种连接情况，如图 4-48 所示，对这两种并联谐振电路的分析基本相同。在并联谐振中，电感与电容中的电流形成一种完全的补偿，电源无须提供无功功率，只提供电阻所需要的有功功率。谐振时，电路的总电流最小，而电感、电容支路的电流往往大于电路的总电流，因此，并联谐振也称为电流谐振。

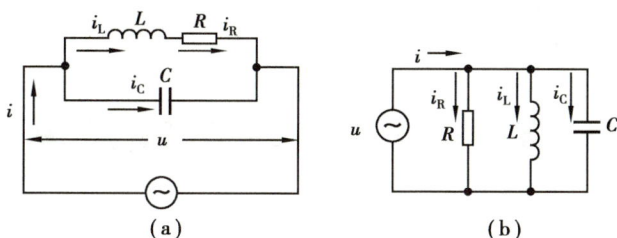

图 4-48 *RLC* 并联电路图

1.并联谐振的条件和特点

（1）并联谐振的条件

在 *RLC* 并联电路中，当 $X_L - X_C = 0$ 时，电路产生并联谐振，此时，$I_L = I_C$，总电流与电压同相，电路呈纯电阻性：

当 $X_L < X_C (I_L > I_C)$ 时，总电压超前于电流一个小于 $\dfrac{\pi}{2}$ 的 ϕ 角，电路呈感性；

当 $X_L > X_C (I_L < I_C)$ 时，总电压滞后于电流一个小于 $\dfrac{\pi}{2}$ 的 ϕ 角，电路呈容性。

（2）并联谐振的特点

①电流、电压同相位，电路呈电阻性；

②电路中总电流最小，$I_L \approx I_C = Q I_S$（I_S 为电路中的总电流），即通过电感或电容的电流是总电流的 Q 倍，故又称为电流谐振。

2.并联谐振电路频率的计算

在实际的 *RLC* 并联谐振的两种电路中，一般由于电阻的损耗较小，电路的谐振频率可用下面的公式计算：

$$\begin{cases} \omega_0 = \dfrac{1}{\sqrt{LC}} \\[3mm] f_0 = \dfrac{1}{2\pi\sqrt{LC}} \end{cases} \tag{4-25}$$

*第八节　非正弦周期波

前面已学习了直流电、正弦交流电,除此以外,还有其他类型的电信号吗? 如果有,它们又有什么特点呢? 本节介绍一种新的电信号——非正弦周期波。

一、非正弦周期波的概念

在电子技术中,经常遇到一些周期性变化的电压或电流,但它们又不按正弦规律变化,这种信号称为非正弦周期波(也称非正弦周期信号)。非正弦周期信号是广泛存在的,如方波、三角波、矩形脉冲等,几种常见的非正弦周期波形见表 4-12。

表 4-12　常见的非正弦周期波形

信号名称	波　形	信号名称	波　形
尖脉冲波形	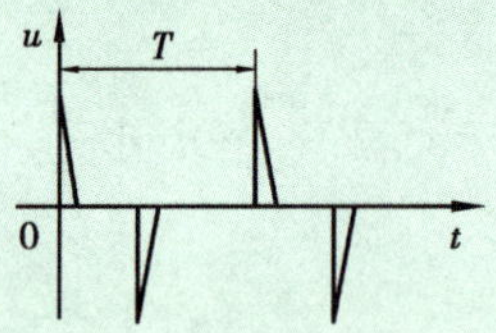	半波整流波形	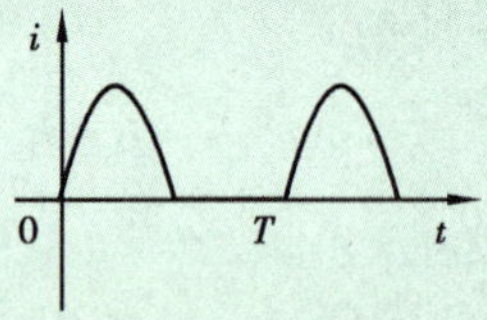
矩形波	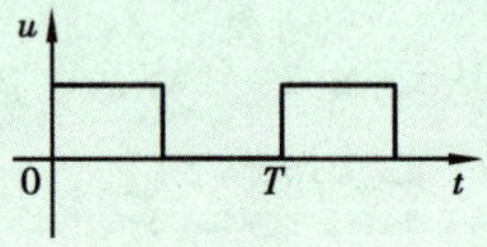	锯齿形波	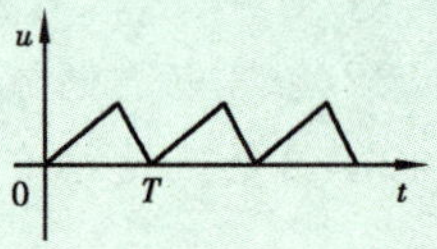

非正弦周期波产生的原因很多,例如,在几个不同频率正弦交流电源作用下,线性电路中会得到非正弦周期波;正弦电源经过非线性元件(整流元件或铁芯线圈)时,产生的电流将是非正弦周期波信号等。

二、非正弦周期波的分解

非正弦周期波有着各种不同的变化规律,如何分析它们的性质呢?

实践证明:几个不同频率(频率成整数倍)的正弦交流信号可以合成一个非正弦周期波;反之,一个非正弦周期波也可以分解成一系列频率成整数倍的正弦交流信号。

如图 4-49(a)所示,将一台音频信号发生器的信号频率调整到 100 Hz,另一台音频信号发生器的频率调整到 300 Hz,然后将这两台音频信号发生器串联,A,B 两端接到示波器 Y 输入端,荧光屏上就直观地显示出 e_1 和 e_2 叠加后的波形,如图 4-49(b)所示。这样便得到非正弦电压 e,其函数式表示为:

$$e = e_1 + e_2 = E_{1m}\sin \omega t + E_{2m}\sin 3\omega t$$

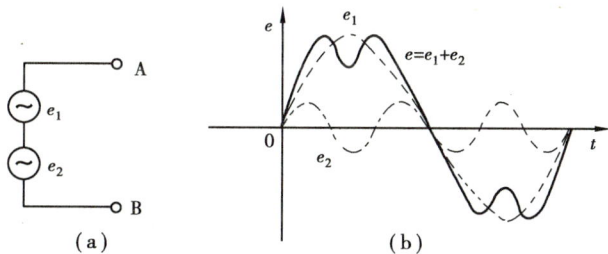

图 4-49 非正弦周期波的合成

由此可以看出,频率成整数倍的两个正弦波叠加后就变成了一个非正弦周期波。因为 e 是 e_1 和 e_2 的合成,所以将正弦信号 e_1 和 e_2 称为非正弦周期信号 e 的谐波分量。在谐波分量中,e_1 的频率与非正弦周期波 e 的频率相同,称为非正弦周期波的基波或一次谐波。e_2 的频率为 e 的频率的三倍,称为三次谐波。凡某一谐波分量的频率为基波的几倍,就称它为几次谐波。此外,非正弦波中还可能包含有直流分量,直流分量可以看成是频率为零的正弦波,所以,也称零次谐波。例如:方波就可分解为基波和 3,5,7,…,n 次谐波,如果再用加法器把它们进行合成,又可还原成方波信号。

实训 三 认识单相正弦交流电路

一、实训目的

(1)知道实训室工频电源的配置;

(2)了解常用电工仪表的结构;

(3)学会钳形电流表、万用表、试电笔以及单相调压器等仪器仪表的使用。

二、实训器材

单相正弦交流电源、钳形电流表、万用表各一块，单相调压器一个，试电笔一支，插头一个，灯座一个，60 W 白炽灯一只，1.0 mm² 铜芯软导线若干米。

三、仪表使用方法

1. 钳形电流表

在前面介绍的直流电流测量中，必须断开线路将电流表串联在线路中进行测量，这样操作不方便，使测量工作烦琐复杂。而使用钳形电流表测量电流可以在不切断被测线路的情况下测量线路中的交流电流。图 4-50 所示为一种常用钳形电流表。

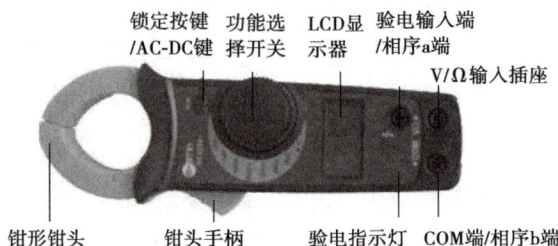

图 4-50　钳形表外表及面板结构

钳形电流表的使用方法：

第一步　选挡。将功能开关置于最高挡位，先试测一下，如果读数太小，则调小挡位，直到合适为止。

第二步　测量。用钳头卡住单根被测导线，并保证钳口头闭合良好。当被测电流较小、读数不明显时，可将导线多绕几匝再放进钳口内测量，此时，实际电流值为电流表读数除以放进钳口的导线根数（即匝数），方法如图 4-51 所示。

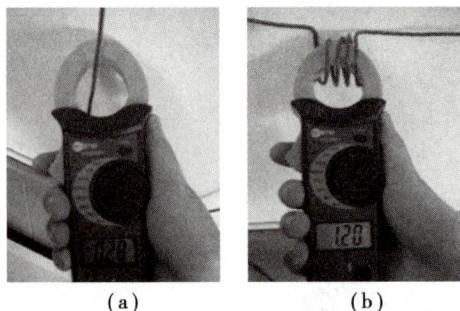

（a）　　　　　　（b）

图 4-51　钳形电流表测交流电流示意图

第三步　读数。读出液晶屏 LCD 上显示的数据。

钳形电流表使用的注意事项见表 4-13。

表 4-13　钳形电流表使用注意事项

注意事项	①进行电流测量时,被测载流导线的位置应放在钳口的中央,以免产生误差
	②测量前应先估计被测电流的大小,选择合适的量程。对于指针式钳形表,应使读数保持在满偏刻度的 1/2～2/3。特别注意:不宜在导线仍夹在钳形表钳口中时切换量程开关
	③测量后一定要将调节挡位开关调到最大量程位置,以免下次使用时由于未选择合适的量程而损坏仪表
	④只能钳入一根线,否则测得电流为零
	⑤测试完毕后,将功能开关置于 OFF

2.万用表

UT802 型是一款台式多量程数字万用表,如图 4-52 所示。

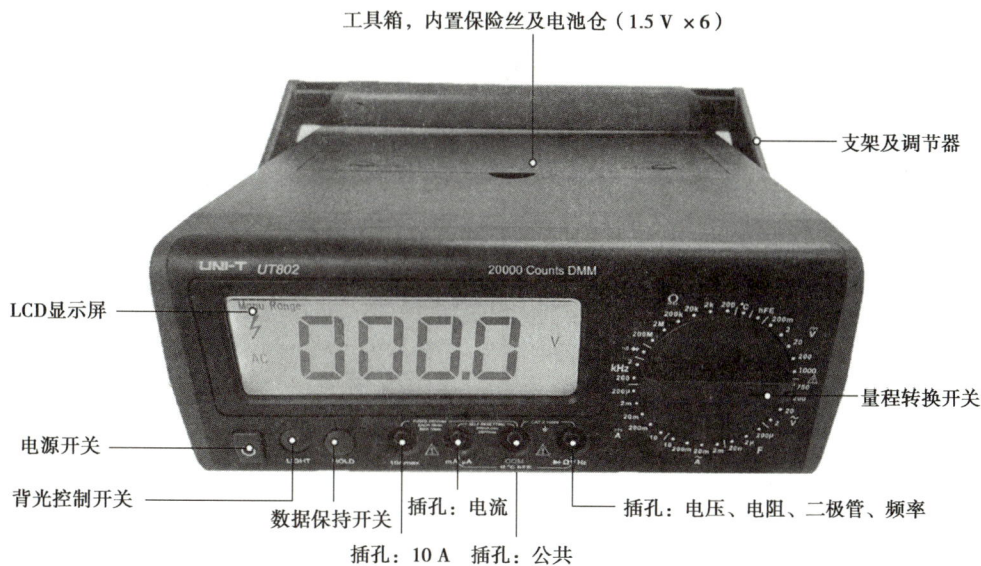

工具箱,内置保险丝及电池仓（1.5 V ×6）

支架及调节器

LCD显示屏

量程转换开关

电源开关

背光控制开关

数据保持开关

插孔:电流

插孔:10 A　插孔:公共

插孔:电压、电阻、二极管、频率

图 4-52　数字万用表

数字万用表使用方法:

• 交流电压测量方法

第一步　准备。将红表笔插入"⏻ΩVHz"插孔,黑表笔插入"COM"插孔。

第二步　选挡测量。将量程转换开关置于交流电压测量挡ṽ(2、20、200、750),并将红、黑表笔并联到待测电源或负载上。

第三步　读取电压。从显示器上直接读取被测电压值,交流测量显示值为正弦波有效值(平均值响应),读数方法为:测量值＝显示值＋单位(LCD屏最右边)。

● 交流电流测量方法

第一步　准备。将红表笔插入"μA、mA"或"10Amax"插孔，黑表笔插入"COM"插孔。

第二步　选挡测量。将量程转换开关置于交流电流测量档$\widetilde{A}$（2 m、20 m、200 m、10），并将仪表表笔串联到待测回路中。

第三步　读取电流。从显示器上直接读取被测电流值，交流测量显示值为正弦波有效值（平均值响应），读数方法为：测量值＝显示值＋单位（LCD 屏最右边）。

3.单相调压器

调压器是输出电压连续可调的一种供电设备，通过调压器可以得到所需的交流电压值。调压器是实训室工频电源配置中必不可少的一部分，如图 4-53 所示。它的工作原理与变压器相似，通过调节手柄可以获得不同的输出电压。

图 4-53　单相交流调压器

四、实训内容和方法

（1）将插头、灯泡、灯座正确地连接起来。

（2）接通 220 V 的交流电压，也可以调节单相调压器输出合适的交流电压。

（3）选择合适的交流电压表量程，将表并联在电源两端测量电源电压，记录其电压值。

（4）用万用表交流电压挡测量电压的大小，记录其数据。

（5）选择合适的交流电流表量程，将表串联在电路中测量电流，记录其电流值。注意：一定要先断开电源后再串入电流表。

（6）用钳形电流表测量电路中的电流，记录其数据。

（7）用试电笔来判断火线及零线，并对其颜色做好区分和记录。

五、实训结果

将实验步骤中的测量数据记录在表 4-14 中。

表 4-14　测量数据

项目 数据	电 压/V		电 流/mA		相线、零线判断	
	交流电压表	万用表	交流电流表	钳形 电流表	相线 颜色	零线 颜色
量程						
大小						

实训 ⑫ 示波器、信号发生器的使用

一、实验目的

（1）学会数字示波器、信号发生器的使用方法；

（2）会使用数字示波器测量正弦交流电压的频率和峰峰值。

二、实验器材

DG1022U 型信号发生器一台（图 4-54）、DS1072E-EDU 型数字示波器一台（图 4-55）。

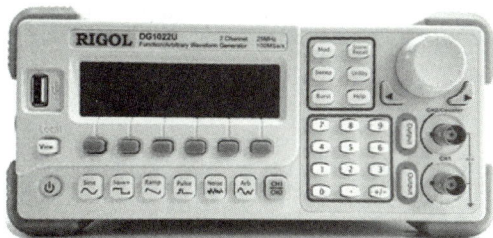

图 4-54　DG1022U 型信号发生器

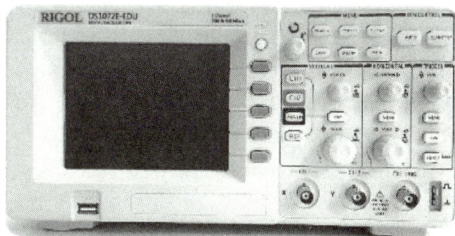

图 4-55　DS1072E-EDU 型数字示波器

三、实验步骤

1.学习 DG1022U 型信号发生器的使用

（1）DG1022U 型信号发生器的作用

DG1022U 型信号发生器采用直接数字频率合成技术设计,能够产生 1 μHz～25 MHz 的正弦波、方波、锯齿波、脉冲波、白噪声等,使用双通道输出,采样率为 100 MSa/s,具有精准、稳定、低失真的特点。

（2）DG1022U 型信号发生器的面板功能

DG1022U 型信号发生器具有简单而功能明晰的前面板,其 LCD 显示屏有三种界面显示模式:单通道常规模式、单通道图形模式及双通道常规模式。这三种显示模式可通过前面板左侧的 View 按键切换。用户可通过 CH1/CH2 切换活动通道,以便于设定每通道的参数及观察、比较波形。前面板上还有各种功能按键、旋钮及菜单软键,可以进入不同的功能菜单或直接获得特定的功能应用,图 4-56 为 DG1022U 型信号发生器的面板实物图,各种开关旋钮的名称及功能见表4-15。

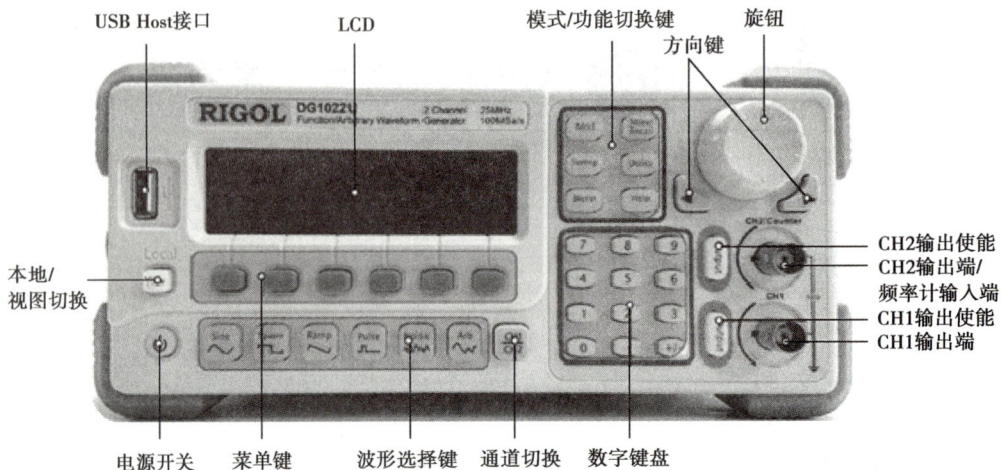

图 4-56 DG1022U 型信号发生器实物面板图

表 4-15 DG1022U 型信号发生器按键旋钮的名称及功能

功能区	按键旋钮的名称	按键旋钮的功能
模式\功能键	Mod	使用 Mod 按键,可输出经过调制的波形,并可以通过改变类型、内调制/外调制、深度、频率、调制波等参数来改变输出波形
	Sweep	使用 Sweep 按键,对正弦波、方波、锯齿波或任意波形产生扫描(不允许扫描脉冲、噪声和 DC)
	Burst	使用 Burst 按键,可以产生正弦波、方波、锯齿波、脉冲波或任意波形的脉冲串波形输出,噪声只能用于门控脉冲串
	Store/Recall	使用 Store/Recall 按键,存储或调出波形数据和配置信息
	Utility	使用 Utility 按键,可以设置同步输出开/关、输出参数、通道耦合、通道复制、频率计测量;查看接口设置、系统设置信息;执行仪器自检和校准等操作
	Help	使用 Help 按键,查看帮助信息列表
波形设置	View	使用 View 键切换视图,使波形显示在单通道常规模式、单通道图形模式、双通道常规模式之间切换。此外,当仪器处于远程模式,按下该键可以切换到本地模式
	CH1/CH2	使用 CH1/CH2 键切换通道,当前选中的通道可以进行参数设置。在常规和图形模式下均可以进行通道切换,以便用户观察和比较两通道中的波形

续表

功能区	按键旋钮的名称	按键旋钮的功能
波形设置	参数设置软键	屏幕下方参数对应相应的软键,每种波形需要设置的参数不一样,有的对应两种参数,可通过按相应软键切换
	Sine	使用 Sine 按键,波形图标变为正弦信号,并在状态区左侧出现"Sine"字样。通过设置频率/周期、幅值/高电平、偏移/低电平、相位,可以得到不同参数值的正弦波
	Square	使用 Square 按键,波形图标变为方波信号,并在状态区左侧出现"Square"字样。通过设置频率/周期、幅值/高电平、偏移/低电平、占空比、相位,可以得到不同参数值的方波
	Ramp	使用 Ramp 按键,波形图标变为锯齿波信号,并在状态区左侧出现"Ramp"字样。通过设置频率/周期、幅值/高电平、偏移/低电平、对称性、相位,可以得到不同参数值的锯齿波
	Pulse	使用 Pulse 按键,波形图标变为脉冲波信号,并在状态区左侧出现"Pulse"字样。通过设置频率/周期、幅值/高电平、偏移/低电平、脉宽/占空比、延时,可以得到不同参数值的脉冲波
	Noise	使用 Noise 按键,波形图标变为噪声信号,并在状态区左侧出现"Noise"字样。通过设置幅值/高电平、偏移/低电平,可以得到不同参数值的噪声信号
	Arb	使用 Arb 按键,波形图标变为任意波信号,并在状态区左侧出现"Arb"字样。通过设置频率/周期、幅值/高电平、偏移/低电平、相位,可以得到不同参数值的任意波信号
数字输入设置	方向键	用于切换数值的数位、任意波文件/设置文件的存储位置
	旋钮	改变数值大小。在 0~9 改变某一数值大小时,顺时针转一格加 1,逆时针转一格减 1,当参数需要连续递增或递减时使用旋钮调节方便更准确。还用于切换内建波形种类、任意波文件/设置文件的存储位置、文件名输入字符
	数字键盘	直接输入需要的数值,改变参数大小
输出设置	CH1 通道 Output 键	按下此键开启 CH1 通道输出信号且键灯被点亮,双通道图形显示模式下相应通道显示"ON";再按此键关闭
	CH2 通道 Output 键	按下此键开启 CH2 通道输出信号且键灯被点亮,双通道图形显示模式下相应通道显示"ON";再按此键关闭

（3）DG1022U 型信号发生器使用方法及注意事项

将仪器接入交流 220 V/50 Hz 的电源中,再将 BNC-鳄鱼夹线连接到选定的输出端口,按下电源开关,指示灯亮,即仪器进入工作状态。使用方法见表 4-16。

表 4-16　DG1022U 型信号发生器使用方法

信号发生器的功能	使用方法
六种波形的信号输出	按下按 CH1/CH2 选择输出通道
	按下波形选择键,选择所需波形
	依次按下 LCD 显示屏下面的参数设置软键设置所需波形参数
	按下相应选择通道 Output 键
频率计测量	先按"Utility"进入相应菜单,选择频率计进入频率计测量工作模式(此时通道 2 对应输出端禁用,直到关闭频率计)。按下"自动"软键,系统自动设置耦合方式为"AC 耦合"、调整触发电平和灵敏度,直到读数显示稳定为止。系统默认情况下,测量结果显示为频率值,可以按下相应软键查看周期、占空比、正脉宽、负脉宽等
通道复制	将两根 BNC-鳄鱼夹线分别连接到 CH1、CH2 输出端口,选择 CH1 通道,设置好波形参数,按"Utility"键,按下耦合对应软键,按下复制对应软键,按下"1→2"对应软键,最后按下 CH1、CH2 通道 OUTPUT 键
注意事项	仪器接入电源前,应检查电源电压值和频率是否符合仪器的要求;接口和线缆避免热插拔;不得将大于 10 V(DC 或 AC)的电压加至输出端;波形输出端口严禁短路

2.学习 DS1072E-EDU 型数字示波器的使用

（1）DS1072E-EDU 型数字示波器的作用

DS1072E-EDU 型数字示波器主要作用是观测电压信号的波形,也可以测量峰峰值、频率、相位、占空比等参数。其带宽为 70 MHz,实时采样率为 1 GSa/s,时基精度为 ±50 ppm,垂直灵敏 2 mV/div 至 10 V/div,触发功能有边沿、脉宽、视频、斜率、交替,具有自动测量、自动光标跟踪测量、触发灵敏度可调、波形录制和回放功能。

（2）DS1072E-EDU 型数字示波器的面板识别

DS1072E-EDU 型数字示波器的面板如图 4-57 所示,面板结构和各部分功能见表 4-17。

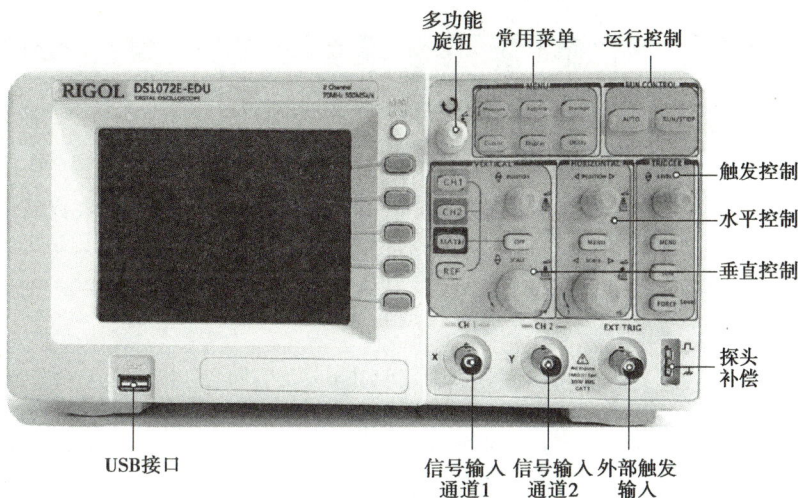

图 4-57　DS1072E-EDU 型数字示波器面板图

表 4-17　DS1072E-EDU 型数字示波器面板结构和各部分功能

功能区	按键旋钮的名称	按键旋钮的功能
运行控制按钮区	自动设置键（AUTO）	按下此键,示波器将自动设置各项控制参数,迅速显示适宜观察的波形
	运行/停止键（RUN/STOP）	当此键亮绿光时,显示屏正常动态显示波形;当按下此键令此键亮红光时,显示屏上波形变成静止不动,利用此键可方便观测波形
功能菜单区	自动测量键（Measure）	利用此键可对通道内电压信号的峰峰值,最大、最小值,频率,周期,占空比,正、负脉宽等参数进行自动测量
	采样设置键（Acquire）	弹出采样设置菜单。通过菜单控制按钮可调整波形采样方式
	存储功能键（Storage）	可利用此键将电压信号波形以位图的形式通过 USB 接口存储到外部存储设备中
	光标测量键（Cursor）	对电压信号参数的测量可利用此键通过光标模式来完成
	显示系统设置键（Display）	按下按键,弹出显示系统设置菜单。通过菜单控制按键可调整波形显示方式
	辅助系统设置键（Utility）	可利用此键按键弹出辅助系统功能设置菜单,进行接口设置、打开/关闭按键声音,打开/关闭频率计、语言设置等

续表

功能区	按键旋钮的名称	按键旋钮的功能
垂直控制区	垂直位置调节旋钮（POSITION）	调整被选定通道波形的垂直位置。按下此旋钮使波形显示位置恢复到零点
	垂直坐标刻度调节旋钮（SCALE）	调节显示屏垂直坐标每格刻度的电压值：①在此旋钮弹出状态时旋转此旋钮进行粗调；②按下此旋钮后再旋转则为细调。显示屏下方位置分别以黄、蓝两种颜色显示通道1、2垂直坐标每格刻度的电压值
	通道1设置菜单键（CH1）	按一下"CH1"键，在显示屏右侧会弹出通道1设置菜单，可对通道1的"耦合"（耦合方式）、"探头"（探头衰减倍率）和"反相"（波形反相功能）等项目进行设置；此外，按一下此键后，即选定通道1波形，可对该波形进行垂直坐标刻度调节和垂直位置调节。连续按两次此键，此键黄灯熄灭，表示通道1关闭，此时显示屏上不显示通道1波形
	通道2设置菜单键（CH2）	功能同"通道1"设置菜单键
	数学运算（MATH）	可显示CH1、CH2通道波形相加、相减、相乘以及FFT运算的结果。数学运算的结果可通过栅格或游标进行测量
	参考（REF）	系统将显示功能的操作菜单
	通道关闭键（OFF）	先选定某通道波形，再按此键，即可关闭此通道
水平控制区	水平位置调节旋钮（POSITION）	调整两个通道波形的水平位置。按下此旋钮使触发位置立即回到显示屏中心
	水平坐标刻度调节旋钮（SCALE）	调节显示屏水平坐标每格刻度的时间值。显示屏下方位置以白色显示两通道水平坐标每格刻度的时间值。按下此旋钮后变为延迟扫描状态
	水平设置菜单键（MENU）	按一下此键，在显示屏右侧会弹出"水平设置菜单"，可对"时基"（显示屏坐标系）、"延迟扫描"等项目进行设置

续表

功能区	按键旋钮的名称	按键旋钮的功能
触发控制区	触发电平调节旋钮（LEVEL）	调节触发电平。旋转此旋钮，可发现显示屏上出现一条橘黄色的触发电平线随此旋钮的转动而上下移动。移动此线，使之与触发信号波形相交，则可使波形稳定。旋一下此旋钮，可迅速令触发电平恢复到零
	触发设置菜单键（MENU）	按一下此键，在显示屏右侧会弹出"触发设置菜单"，可对"触发模式""信源选择"（触发信号选择）等项目进行设置
	中点触发键（50%）	按一下此键，可迅速设定触发电平在触发信号幅值的垂直中点。利用此键可较方便地选好触发电平，使波形稳定下来
	强制触发（FORCE）	按 FORCE 按键：强制产生一个触发信号，主要应用于触发方式中的"普通"和"单次"模式
输入输出界面	电压信号输入通道1（CH1）	电压信号输入通道1
	电压信号输入通道2（CH2）	电压信号输入通道2
	探头补偿器	输出一个频率为1 kHz，峰峰值为3 V的方波
	显示屏菜单开启/关闭键（MENU ON/OFF）	控制显示屏右侧菜单的打开或关闭
	控制显示屏右侧菜单的打开或关闭	纵向排列于显示屏右侧边框上的5个蓝灰色按键。通常将这5个键从上到下依次编号为1、2、3、4、5号。通过此5键可对显示屏右侧菜单的各项进行选择操作。连续按压操作键，可在对应项目下令选择光标在不同选项上移动，在选择光标在某选项上停留几秒钟后即选定此项
	多功能旋钮	配合"菜单操作键"对菜单各项进行选择操作。旋转此旋钮使选择光标在不同选项上滚动，按下此旋钮来选定。在未指定任何功能时，旋转此旋钮可调节显示屏中波形的亮度
	电源开关键	开/关电源，电源开关键在仪表的顶面

（3）测量操作方法

●单一通道的基本操作方法

这里以 CH1 通道为例（CH2 通道的操作方法与 CH1 通道的操作方法相同）说明，其步骤如下。

①在插上电源插头之前，确认市电电压在 220 V 左右，确保所用保险丝为指定型

号保险丝。

②断开电源开关,将电源开关(⏻)弹出(即为关的位置)。

③将示波器的电源线接好。

完成上面的设定后,再继续下面的操作步骤:

第一步　按下电源开关,显示屏亮。

第二步　将探头 BNC 端口连接到示波器输入 CH1 通道。

第三步　将探头上衰减系数设置键拨到×1。

第四步　将探头探针连接到校准信号端子,探头夹子接地。

第五步　按下自动设置键,系统自动设置 X 轴和 Y 轴挡位,以比较合适的方式显示。

第六步　转动垂直控制区的上下位移旋钮和水平控制区的左右位移旋钮进行微调,让波形在显示屏上完整显示。

第七步　观察示波器显示屏上波形的形态,如果补偿不正确,需要使用非金属质地的改锥调整探头上的可变电容,直到屏幕显示的波形如图 4-58 所示中的"补偿正确"。

第八步　调整 POSITION 上下及 POSITION 左右旋钮,使波形与刻度线对齐,方便观察。

第九步　按下自动测量键,打开全部测量,示波器显示屏如图 4-59 所示。

第十步　查看波形参数是否与校准信号一致。

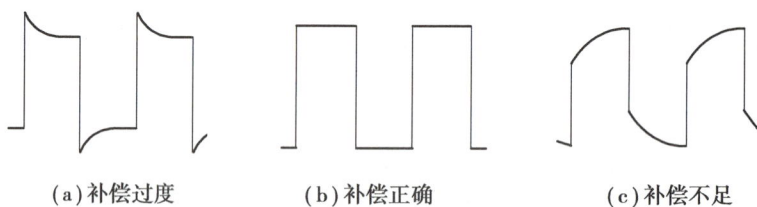

(a)补偿过度　　　　　(b)补偿正确　　　　　(c)补偿不足

图 4-58　波形形态

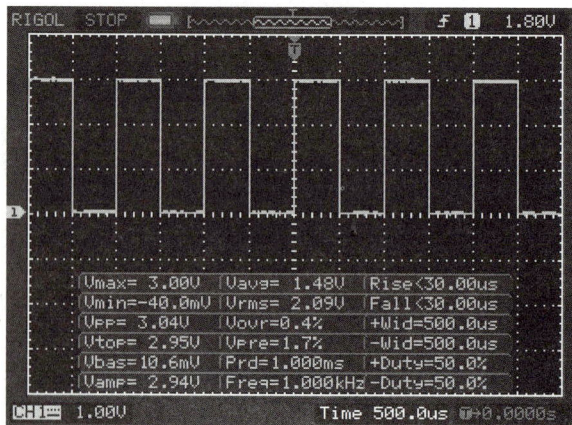

图 4-59　单通道显示界面

　　DS1072E-EDU 型数字示波器的可以自动测量波形的电压参数（如峰峰值、最大值、最小值、平均值等）和时间参数（如周期、频率、上升时间、下降时间、正占空比等），波形电压参数的示意和参数所代表的含义如图 4-60 所示，波形时间参数的示意和参数所代表的含义如图 4-61 所示。

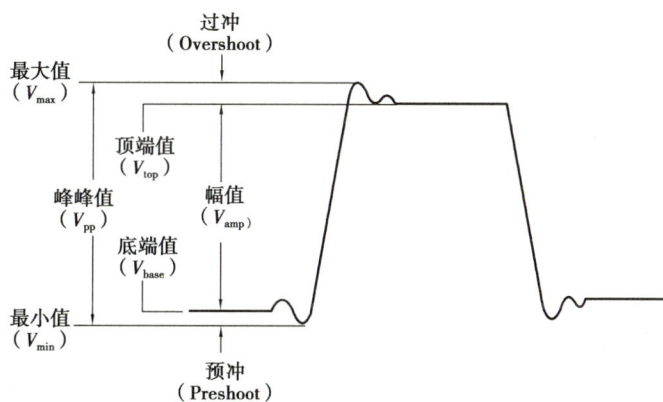

参数	名称	含　义
V_{max}	最大值	波形最高点至 GND（地）的电压值
V_{min}	最小值	波形最低点至 GND（地）的电压值
V_{avg}	平均值	单位时间内信号的平均幅值
V_{rms}	均方根值	即有效值。依据交流信号在单位时间内所换算产生的能量，对应于产生等值能量的直流电压，即均方根值
V_{pp}	峰峰值	波形最高点至最低点的电压值
V_{top}	顶端值	波形平顶至 GND（地）的电压值
V_{bas}	底端值	波形平底至 GND（地）的电压值
V_{amp}	幅值	波形顶端至底端的电压值
V_{ovr}	过冲	波形最大值与顶端值之差与幅值的比值
V_{pre}	预冲	波形最小值与底端值之差与幅值的比值

图 4-60　波形电压参数示意和参数所代表的含义

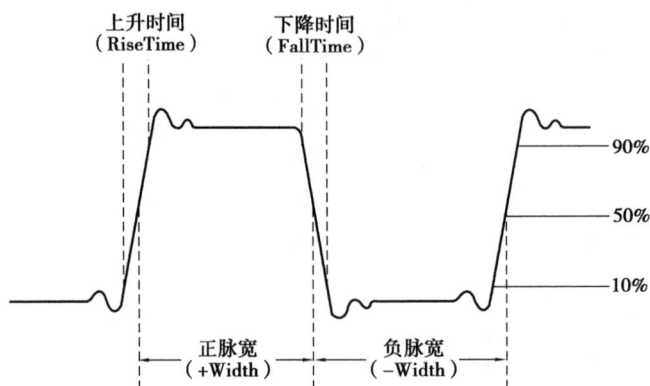

参数	名称	含　义
Prd	周期	完成一次循环变化所用的时间
Freq	频率	在 1 s 内完成循环变化的次数
Rise	上升时间	波形幅度从 10% 上升至 90% 所经历的时间
Fall	下降时间	波形幅度从 90% 降至 10% 所经历的时间
+Wid	正脉宽	正脉冲在 50% 幅度时的脉冲宽度
−Wid	负脉宽	负脉冲在 50% 幅度时的脉冲宽度
+Duty	正占空比	正脉宽与周期的比值
−Duty	负占空比	负脉宽与周期的比值

图 4-61　波形时间参数示意和参数所代表的含义

●双通道基本操作方法

示波器的双通道调节方法与单通道的调节方法相似,按照下列步骤略加修改。

第一步　按下垂直控制区的 CH2 通道设置键,显示屏上应有两条扫描线,CH1 的轨迹为校准信号的方波,CH2 则因为连接标准的校准信号,呈一条直线。

第二步　将探头连接到 CH2 的输入端,并将探头连接到示波器校准信号端子。

第三步　按下自动设置键,调节 POSITION 上下调节旋钮,使两个标准信号波形如图 4-62 所示。

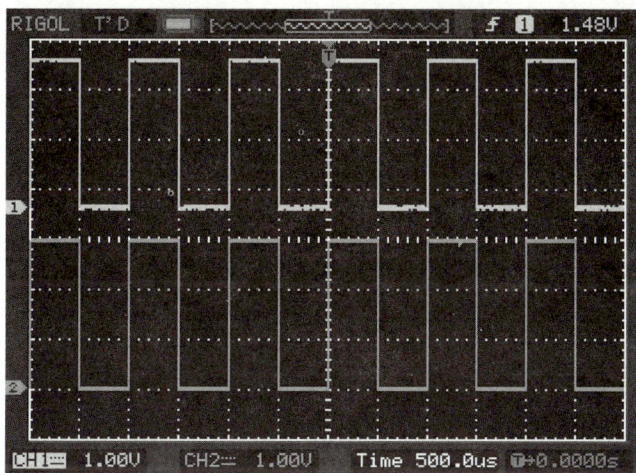

图 4-62　双通道显示界面

（4）示波器的使用

● 直流信号的测量

第一步　按下垂直控制区的 CH1 通道设置键,将示波器屏幕右边出现的菜单中耦合方式设置为直流。

第二步　用探头接入被测直流电压,选择合适的垂直衰减挡位(也可以按下自动设置 AUTO 按钮,系统自动设置合适的挡位),观察轨迹运动方向,向屏幕上方移动为正极性电压,反之为负极性电压。

第三步　打开自动测量,选择电压测量,被测直流电压的波形及参数如图 4-63 所示。

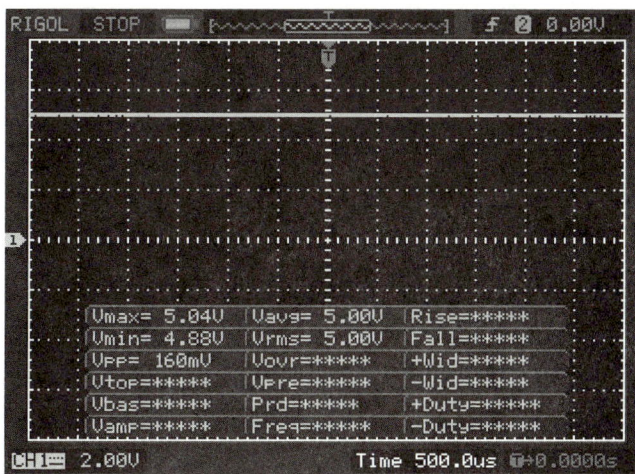

图 4-63　被测直流电压的波形

在图 4-63 中,此直流信号有效值(V_{rms})为 5 V。

● 交流信号的测量

第一步 按下垂直控制区的 CH1 通道设置键,将示波器屏幕右边出现的菜单中耦合方式设置为接地。

第二步 用探头接入被测交流电压。

第三步 选择合适的垂直衰减挡位(也可以按下自动设置 AUTO 按钮,系统自动设置合适的挡位),再进行微调,使波形在屏幕中间尽量展开,便于观察及读数。

第四步 打开自动测量,选择电压测量,被测交流电压的波形及参数如图 4-64 所示。

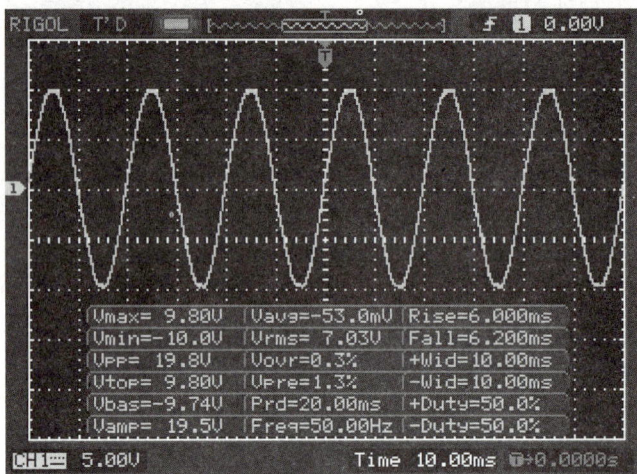

图 4-64　被测交流电压的波形

在此图中,被测信号峰峰值(V_{pp})为 19.8 V,周期(P_{rd})为 20 ms,频率(F_{req})为 50 Hz。

● 相位的测量

两个信号之间相位差的测量可以利用示波器的双踪显示功能来实现。

第一步 使用信号发生器 CH1 通道输出一周期为 1 kHz,峰峰值为 5 V 的正弦波,连接到示波器 CH1 输入通道。

第二步 使用信号发生器 CH2 通道输出一周期为 1 kHz,峰峰值为 5 V,相位为 −72° 的同相位正弦波,连接到示波器 CH2 输入通道。

第三步 调节垂直位移旋钮和水平扫描时间旋钮,使被测波形的一个周期在水平标尺上准确地占满 10 div,这样,一个周期的相角 360° 被 10 等分,每 1 div 相当于 36°。读出超前波与滞后波在水平轴的差距 D,按下式计算相位差为:

$$\phi = 36°/\text{div} \times D(\text{div})$$

两个被测信号的波形如图 4-65 所示,则 CH1 波形与 CH2 波形在水平轴的差距 D 为 2 div,则:

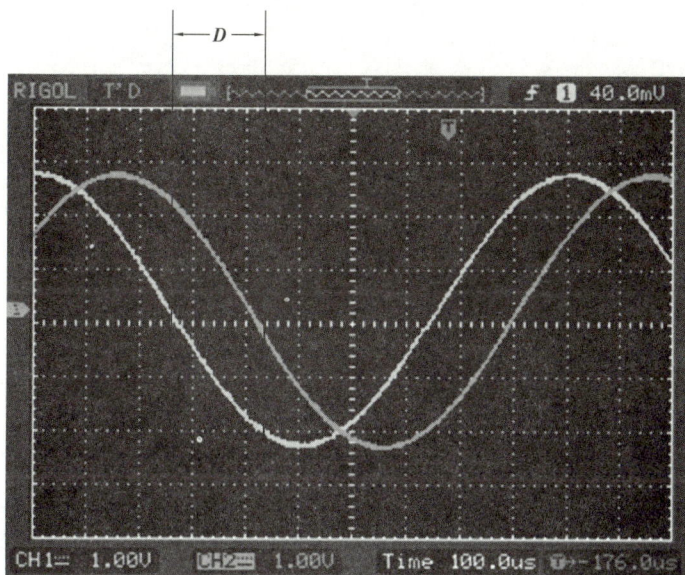

图 4-65 测两个信号的相位差

$$\phi = 36°/\text{div} \times 2(\text{div}) = 72°$$

实训 五 认识常用电光源并安装荧光灯

一、实训目的

(1)认识并会使用常用的电光源;

(2)知道荧光灯的工作原理;

(3)学会荧光灯电路图的绘制及安装方法;

(4)会排除荧光灯电路的常见故障。

二、实训器材

荧光灯灯具一套(灯架、启辉器、镇流器、灯管),插头线一根,电工工具一套,红色、黑色多股铜芯软导线各若干米,电源开关一只,MF47 型万用表一块,绝缘胶带一卷。

三、实训步骤

将其他形式的能转换成光能,从而提供光通量的设备和器具称为光源;将电能转换为光能,从而提供光通量的设备和器具则称为电光源。目前,市场上的电光源有约5 000种。

1.认识常用电光源

常用的电光源有:热致发光电光源(如白炽灯、卤钨灯),气体放电发光电光源(如荧光灯、汞灯、钠灯、金属卤化物灯),固体发光电光源(如 LED 灯),利用这些电光源,制作成了多种灯具。常用灯具见表4-18。

表 4-18　常用电光源灯具

名　称	实物图	特　点	适用场所
白炽灯		光效 8~18 lm/W,寿命 1 000 h,显色性好、开灯即亮	适用于住宅的基本照明及装饰性照明
卤钨灯		光效 12~14 lm/W,寿命 2 000~3 000 h,体积小、高亮度、光色较白、安装容易、寿命较普通灯泡长	适用于商业空间的重点照明
荧光灯		光效 60~104 lm/W,寿命 5 000~12 000 h,有各种不同光色可供选择,可达到高照度并兼顾经济性	适用于办公室、商场、住宅及一般公共建筑的照明
电子节能灯		①发光效率高,节能效果好(比普通白炽灯或荧光灯节能80%);②体积小,质量小;③无频闪、无噪声,低压启动性好;④寿命长(3 000~5 000 h)	适用于住宅照明
高压汞灯		寿命长、成本相对较低	适用于道路照明、室内外工业照明及商业照明等
高压钠灯		光效 68~150 lm/W,寿命 8 000~16 000 h,效率极高、寿命较长、透雾性强、光输出稳定	适用于道路、隧道投光、工业照明及植栽照射等

续表

名　称	实物图	特　点	适用场所
金卤灯		光效 66~108 lm/W,寿命 4 000~10 000 h,效率高、寿命长、显色性佳	适用于彩色电视转播的运动场投光照明、工业照明、道路照明、植栽照射等
管型氙灯		功率大、发光效率高、开灯即亮	适用于广场、机场及海港等照明
LED 节能灯		采用超高亮大功率 LED(发光二极管)作光源,具有很多优点:高效节能(相同亮度下能耗仅为白炽灯的 1/10)、长寿命(10 万小时以上)、不怕振动、环保(不含汞、铅等有害物质)、保护视力(无频闪,因是直流供电)等	是现在电光源的发展方向,适用于各种室内照明、车灯、装饰照明等

2.安装荧光灯

（1）荧光灯电路原理

荧光灯主要由灯管、镇流器、启辉器、开关、弹簧灯座、灯架等组成,电路如图 4-66 所示。

从图 4-66 中可以看出,开关、镇流器、灯管灯丝和启辉器组成串联电路。当接通电源时,启辉器处于断开状态,电源电压全部加在启辉器两触片之间,使触片之间产生辉光放电而发热,触片受热膨胀,使两触片闭合,接通电路,电流通过镇流器和灯丝,灯丝升温发射电子。启辉器氖泡中两金属片由于接触使辉光放电消失变冷收缩,分断电路,镇流器在大电感作用下产生脉冲高压,与电源电压叠加后加在灯管两端,加速灯丝发射电子,这些电子在强电场作用下轰击水银蒸气,使水银分子电离发出紫外线,紫外线射到管壁的荧光粉上发出白色可见光(正常发光后,两灯丝之间的放电构成电流通路,启辉器不再起作用)。

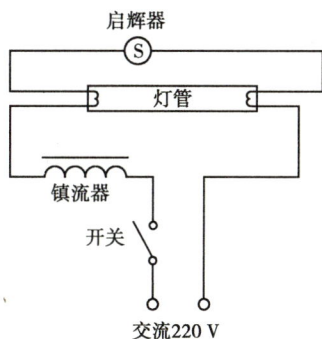

启辉器

S

灯管

镇流器

开关

交流220 V

图 4-66　荧光灯电路

（2）器件外形、结构及作用

器材外形、结构及作用见表 4-19。

表 4-19　电路器件外形、结构及作用

器 件	外 形	结 构	作 用
灯管		内壁涂有荧光材料,并充有一定数量的氩气和少量水银的真空玻璃管,两个电极由钨丝绕成,加热后能发射电子	发光照明(管内氩气既可帮助灯管点燃,又可延长灯管寿命)
启辉器(启动器)		外面是一个铝壳(或塑料壳),里面有一个充有氖气的小玻璃泡和一个纸介电容器,氖泡里有一个U形双金属片和一个静触片	当双金属片受热后膨胀,与静触片相碰接通电路,冷却后分开。并联的小电容可减小日光灯启动时产生的电磁干扰
镇流器		又称为限流器、扼流圈,由一个铁芯线圈加一个绝缘外壳组成	在日光灯启动时,它产生一个很高的感应电压,使灯管点燃;正常工作时,限制通过灯管的电流,保护灯丝

（3）安装步骤及注意事项

安装步骤及注意事项见表 4-20。

表 4-20　荧光灯的安装步骤及注意事项

安装操作步骤	注意事项
第一步　绘制荧光灯电路原理图; 第二步　检查荧光灯的器件是否齐全和完好; 第三步　按照电路原理图将电源开关、灯管、镇流器、启辉器及灯座用导线连接起来,并将灯座固定在灯架上,将灯管安装在灯座上,盖好盖板(注意:相线用红色线,零线用黑色线,并要保证绝缘性); 第四步　检查电路,正确无误后,合上电源开关,灯管正常发光	①连线要正确,不能出现短路或开路现象; ②开关一定要串联在电路中; ③导线与器件一定要接触良好,无松动、裸露现象,绝缘胶布包缠要规范; ④灯管和灯座要在灯架上固定良好,无松动现象

（4）安装记录

安装好的荧光灯如图 4-67 所示。

图 4-67　安装好的荧光灯

安装实训完成后,填写好荧光灯安装记录,见表4-21。

表4-21 安装记录

器　材	灯　管	镇流器	启辉器	导　线	开　关
规格型号					

(5)荧光灯常见故障现象及处理

①荧光灯常见故障分析

荧光灯在安装完毕后,若不能正常发光,表明电路或者灯管有故障,可以用万用表或者试电笔检查电路是否连接正确,是否接触良好,启辉器、镇流器、灯管等器件有无损坏情况。荧光灯常见故障及处理见表4-22。

表4-22 常见故障现象及处理方法

故障现象	故障原因	处理方法
灯管不发光	电源无电	检查电源电压
	灯丝已断	用万用表测量,若已断应更换灯管
	灯脚与灯座接触不良	转动灯管,压紧管脚使之与灯座接触
	启辉器接触不良	转动启辉器,使电极与底座接触
	镇流器线圈短路或断线	检查或更换镇流器
	启辉器损坏	取下启辉器,短接启辉器座内两个接触簧片,若灯管两端发亮,说明启辉器已坏,需更换
	线路断线	查找断线处并接通
灯管两端发光,中间不发光	电源电压过低	检查电源电压,并调整电压
	灯管陈旧,寿命将终	更换灯管
	启辉器损坏(动静触片粘连、电容击穿)	在灯管两端亮了以后,将启辉器取下,如灯管能正常发光,表明启辉器损坏,应更换
	灯管坏	更换
灯管"跳"但不亮	电源电压低	提高电源电压
	灯管老化	更换灯管
灯管发光后立即熄灭(灯丝烧断)	接线错误	检查线路,改正接线
	镇流器短路	用万用表测量镇流器电阻,短路则更换
	灯管质量太差	更换灯管

续表

故障现象	故障原因	处理方法
杂音较大	镇流器质量较差或铁芯松动,震动较大	更换镇流器
	安装紧固不够,产生电磁震动	紧固

②荧光灯故障检修训练

对安装完后不能正常发光的荧光灯,由学生进行检修。若能正常发光,由实训指导教师对电路进行故障设置,由学生进行检修。将故障检修情况记录在表4-23中。

表4-23　荧光灯电路的故障检修记录

故障现象	故障原因	检修过程

实训 六 安装照明电路配电板

一、实训目的

(1)知道电能表、开关、保护装置等器件的外部结构、性能和用途;
(2)知道照明电路配电板的组成;
(3)学会单相电度表的安装和接线方法;
(4)学会照明电路配电板的配线与安装。

二、实训器材

单相电度表一块,自动空气开关一个,二孔插座一个,40 W白炽灯泡一个,灯座及开关各一个,电工板一块,万用表一块,电工工具一套,绝缘胶带一卷,红色、绿色

2.5 mm^2 铜芯单股硬导线各若干米。

三、实训电路

1.照明电路配电板的组成及原理图

照明电路配电板由金属网孔配电板、单相电度表、自动空气开关、两孔插座、开关及灯泡等组成。基本的照明配电板电路原理图如图 4-68 所示。

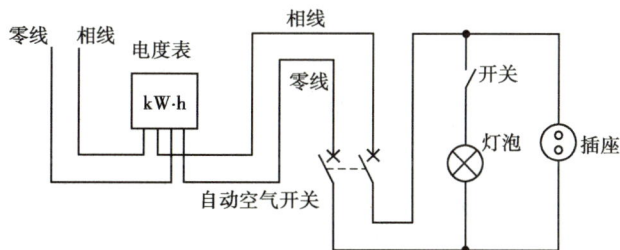

图 4-68　基本的照明配电板电路

2.主要器件的性能和安装要求

主要器件的性能和安装要求见表 4-24。

表 4-24　配电板上主要器件的性能和安装要求

组成器件	结构及性能	安装方法	安装外形图
单相电度表	单相电度表分为机械式和电子式两种。机械式单相电度表是应用电磁感应原理来测量电能。电子式电度表是利用电子电路/芯片测量电能	单相电子式电度表一般安装在配电板的左上方，要求必须与地面垂直	
自动空气开关	有单极、两极、三极等几种类型，适用于额定电压 400 V 以下、额定电流在 100 A 以下的场所，是一种能自动切断故障电路并兼有控制和保护功能（短路、过载、欠压等）的低压电器。在家用照明电路中，自动空气开关已经取代了以前的闸刀开关和熔断器	采取导轨垂直安装，电源进线在上端，出线在下端	

四、实训内容和步骤

1.实训内容

根据图 4-68 所示电路,对照图 4-69 照明配电板样板实物接线图自行设计安装电路。

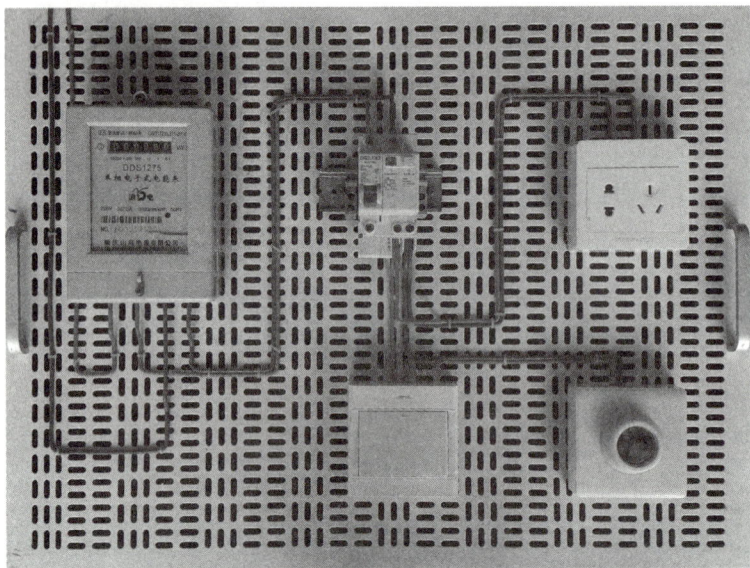

图 4-69　照明配电板电路实物图

2.实训步骤

第一步　根据家用照明电路原理图 4-68,按照图 4-69 所示在金属网孔配电板上设计出各个器件的安装布局位置(注意:器件布局要合理、美观,符合操作规范)。

第二步　将单相电度表、自动空气开关、开关、灯座、插座等器件固定在配电板上。

第三步　按照工艺要求安装布线。布线要求(图 4-69):铜芯硬导线采用明线安装,红色线作为相线,绿色线作为零线;布线为左零右火,布线做到横平竖直、转角呈90°圆弧形、长线沉底、同一平面内布线无交叉;所有接点要紧固,不压反圈,不压绝缘皮,芯线裸露不超过 1 mm;开关必须安装在相线上。

第四步　安装完毕后,检查连线有无接错,用万用表电阻挡检查电路有无短路,确认无误后,再进行整理,以保证配电板的整洁干净。

第五步　将单相电度表的进线接入 220 V 电源上,先合上空气开关,再合上灯泡开关,灯泡应该正常发光,再观察电度表的工作情况(电度表转动快慢由灯泡功率大小而定,功率越大,转动越快;功率越小,转动越慢)。

安装完成后,填写好照明配电板安装记录,见表 4-25。

表 4-25　照明配电板的安装记录

名　称	安装与记录			名　称	工作情况记录
配电板	长：	宽：	厚：	灯泡是否正常发光	
单相电度表	型号：		容量/A：		
空气开关	型号：		容量/A：	电度表工作 5 min 转动的圈数	
插座	孔数：				
灯泡	功率/W：			灯泡工作 30 min 消耗的电能/W	
导线	型号：	线径：	长度：		

3.故障检修训练

当电路存在灯泡不能正常发光时,可以通过测量电路的电压、电流、电阻等方法检查电路中存在的故障,并加以排除。将故障维修情况记录在表 4-26 中。

表 4-26　照明配电板的故障检修及记录

故障现象	故障原因	检修方法

学习小结

（1）正弦交流电的基本参数最大值、有效值、瞬时值、周期、角频率、频率,以及正弦交流电的三种表示方法,见表 4-27。

表 4-27　正弦交流电的参数

最大值、有效值关系	瞬时值	周期、频率、相位、初相位	三种表示方法
$E_m = \sqrt{2}E$	$e = E_m \sin(\omega t + \phi_0)$	$T = \dfrac{1}{f}$	解析法
$I_m = \sqrt{2}I$	$i = I_m \sin(\omega t + \phi_0)$	$\omega = 2\pi f = \dfrac{2\pi}{T}$	图像法
$U_m = \sqrt{2}U$	$u = U_m \sin(\omega t + \phi_0)$	$\alpha = \omega t + \phi_0$	旋转矢量法

（2）单一参数交流电路是指纯电阻电路、纯电感电路及纯电容电路，这几种电路中各参数的关系见表4-28。

表4-28　单一参数的交流电路

电路类型	纯电阻 R 电路	纯电感 L 电路	纯电容 C 电路
电流电压的数量关系	$u=iR, U=IR, U_m=I_m R$	$U=IX_L, U_m=I_m X_L$	$U=IX_C, U_m=I_m X_C$
电流电压的相位关系	u, i 同相	u 超前于 i $\dfrac{\pi}{2}$	u 滞后于 i $\dfrac{\pi}{2}$
阻抗与频率的关系	R 与 f 无关	$X_L=\omega L=2\pi fL$	$X_C=\dfrac{1}{\omega C}=\dfrac{1}{2\pi fC}$
有功功率	$P=UI=U_R I=I^2 R=\dfrac{U_R^2}{R}$	$P=0$	$P=0$
无功功率	$Q=0$	$Q=U_L I=I^2 X_L=\dfrac{U_L^2}{X_L}$	$Q=U_C I=I^2 X_C=\dfrac{U_C^2}{X_C}$

（3）正弦交流电串联电路包括 RL 电路、RC 电路、RLC 电路，这些电路中各参数的关系见表4-29。

表4-29　正弦交流电串联电路的比较

项　目 / 电路形式		RL 串联电路	RC 串联电路	RLC 串联电路
阻抗		$Z=\sqrt{R^2+X_L^2}$	$Z=\sqrt{R^2+X_C^2}$	$Z=\sqrt{R^2+(X_L-X_C)^2}$
电流和电压间的关系	大小	$I=\dfrac{U}{Z}$	$I=\dfrac{U}{Z}$	$I=\dfrac{U}{Z}$
	相位	电压超前电流一个小于 $\dfrac{\pi}{2}$ 的 ϕ 角	电压滞后电流一个小于 $\dfrac{\pi}{2}$ 的 ϕ 角	① $X_L>X_C$，总电压超前电流一个小于 $\dfrac{\pi}{2}$ 的 ϕ 角，电路呈感性；②$X_L<X_C$，总电压滞后于电流一个小于 $\dfrac{\pi}{2}$ 的 ϕ 角，电路呈容性；③$X_L=X_C$，总电压与电流同相，ϕ 等于 0，电路呈阻性
有功功率		$P=I^2 R=UI\cos\phi$	$P=I^2 R=UI\cos\phi$	$P=I^2 R=UI\cos\phi$
无功功率		$Q=I^2 X_L=UI\sin\phi$	$Q=I^2 X_C=UI\sin\phi$	$Q=I^2 X=UI\sin\phi$
视在功率				$S=UI=\sqrt{P^2+Q^2}$

（4）串、并联谐振的条件和特点见表 4-30。

（5）提高功率因数的方法是合理使用用电设备和并联补偿电容器。

（6）不按正弦规律作周期性变化的电流或电压波形称为非正弦周期波。频率成整数倍的两个正弦波可以合成非正弦周期波。

（7）电能表是测量和记录电能累积值的专用仪表。

表 4-30 串联并联谐振电路的比较

串联谐振	条件	$X=X_L-X_C=0$ 也可叙述为：外加信号源频率等于电路固有频率，电路发生谐振	并联谐振	条件	当 $I_L=I_C$ 时，总电流与电压同相，$\phi=0$，电路呈阻性，电路发生并联谐振
	谐振频率	$f=f_0=\dfrac{1}{2\pi\sqrt{LC}}$ 与 LC 有关，与 R 无关		频率	$\omega_0=\dfrac{1}{\sqrt{LC}}$，$f_0=\dfrac{1}{2\pi\sqrt{LC}}$
	特点	①阻抗最小，且为纯电阻 $Z=R$；②电流最大，且与电压同相；③谐振时，电能仅供给电路中电阻消耗，电源与电路之间不发生能量转换，而电感与电容间进行着磁场能和电场能的转换；④电感与电容两端电压相等且皆为总电压的 Q 倍，电阻两端的电压等于总电压，所以，串联谐振又称为电压谐振		特点	①总电流、电压同相位，电路呈电阻性；②电路中总电流最小；③$I_C\approx I_L=QI_S$，即通过电感或电容等效的电路的电流是总电流的 Q 倍，故又称为电流谐振

学习评价

1.填空题

（1）正弦交流电的三要素是＿＿＿＿＿、＿＿＿＿＿、＿＿＿＿＿。

（2）我国电网的频率是＿＿＿＿＿，角频率是＿＿＿＿＿。市电电压为 220 V，其最大值为＿＿＿＿＿。

（3）正弦交流电有三种表示方法，分别为＿＿＿＿＿、＿＿＿＿＿、＿＿＿＿＿。

（4）两个同频率的正弦量同相时，其相位差为＿＿＿＿＿；反相时，其相位差为＿＿＿＿＿；正交时，其相位差为＿＿＿＿＿。

（5）已知正弦交流电 $u=20\sin\left(314t+\dfrac{\pi}{3}\right)$ V，则其电压的最大值为＿＿＿＿，有效值为＿＿＿＿＿，角频率为＿＿＿＿＿，频率为＿＿＿＿＿，周期为＿＿＿＿＿，相位为＿＿＿＿＿，初相位为＿＿＿＿＿。

（6）在纯电阻电路中，电压与电流的相位关系为_____；在纯电感电路中，电压与电流的相位关系为_____；在纯电容电路中，电压与电流的相位关系为_____。

（7）在纯电感、纯电容电路中，其_____、_____均满足欧姆定律，而_____不满足欧姆定律。

（8）电流 i_1、i_2 的波形图如图 4-70 所示，两个正弦交流电流的频率为 50 Hz，则 $I_1 = $_____，$I_2 = $_____；$i_1$ 的初相位为_____，i_2 的初相位为_____；i_1 的瞬时值表达式为_____，i_2 的瞬时值表达式为_____；i_1、i_2 的相位关系为_____。

（9）在 RL 串联电路中，总电压 $U = $_____；总电压与电流的相位关系为：电压_____电流一个_____，电路呈_____；其阻抗 $Z = $_____；有功功率 $P = $_____；无功功率 $Q = $_____；视在功率 $S = $_____。

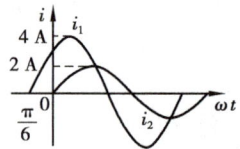

图 4-70　波形图

（10）纯电感元件对交流电的阻碍作用称为_____，用_____表示，其表达式为_____，单位为_____。交流电频率越大，感抗越_____；反之，感抗越_____。当交流电频率为 0 时，感抗为_____，因此电感元件具有_____作用。

（11）纯电容元件对交流电的阻碍作用称为_____，用_____表示，其表达式为_____，单位为_____。交流电频率越大，容抗越_____；反之，容抗越_____。当交流电频率为 0 时，容抗为_____，因此电容元件具有_____作用。

（12）在 RLC 串联电路中，总电压 $U = $_____；电路的总电压与电流的相位关系为：电压_____电流一个_____，阻抗为 $Z = $_____，有功功率 $P = $_____，无功功率 $Q = $_____，视在功率 $S = $_____。

（13）在 RLC 串联电路中，当 $X_L = X_C$ 时，电路呈_____，总电压与电流的相位关系为_____；$X_L > X_C$，电路呈_____，总电压与电流的相位关系为总电压_____电流一个_____。

（14）在电工技术中，通常将_____与_____之比称为功率因数，用_____表示，表达式为_____。

（15）在供电系统中，提高功率因数的方法有_____和_____两种。

（16）串联谐振的阻抗_____，电流_____，且与信号源电压_____，电阻两端的电压等于_____，电感电压和电容电压_____，且为信号源电压的_____，因此串联谐振又称为_____。

（17）在 RLC 串联电路中，当 L、C 固定时，电路的谐振频率为_____。当电容量增大时，电路呈_____；当电感量增大时，电路呈_____。

（18）_____所对应的频率范围称为电路的通频带，表达式为_____。

（19）并联谐振的条件为_____，并联谐振又称为_____。

2.判断题

（1）旋转矢量反映了正弦量的三要素，它在纵轴上的投影反映了正弦量的瞬时值。（　　）

（2）正弦交流电的三要素是指它的最大值、角频率和相位。（　　）

（3）在瞬时值表达式 $u_1 = 220\sqrt{2}\sin 314t$ V 和 $u_2 = 311\sin(628t-45°)$ V 中，u_1 与 u_2 的相位关系为：u_1 超前 u_2 45°。（　　）

（4）在纯电阻电路中，电阻是耗能元件，它所消耗的功率全部为有功功率。（　　）

（5）在纯电感电路中，最大值、有效值、瞬时值都遵循欧姆定律。（　　）

（6）正弦交流电的表示方法有：矢量图、解析表达式、波形图三种，但这三种表示方法不能相互转换。（　　）

（7）在纯电容电路中，电容消耗的有功功率为零，它具有通高频、阻低频的作用。（　　）

（8）只要是正弦量就可以用矢量图进行加减运算。（　　）

（9）在直流电路中，电容可以视为开路，电感可以视为短路。（　　）

（10）两个正弦交流电的相位差即为它们的初相位之差。（　　）

（11）在 RL 串联电路中，总电压与电流之间的相位关系为：总电压超前于电流一个小于 $\dfrac{\pi}{2}$ 的 ϕ 角。（　　）

（12）在 RC 串联电路中，总电压和电流之间的相位关系为：总电压滞后于电流一个小于 $\dfrac{\pi}{2}$ 的 ϕ 角。（　　）

（13）在 RLC 串联电路中，当 $X_L < X_C$ 时，总电压超前于电流一个小于 $\dfrac{\pi}{2}$ 的 ϕ 角，电路呈感性。（　　）

（14）通常用功率因数 $\cos\phi$ 来衡量电源的利用率，功率因数越高，电源的利用率越低。（　　）

（15）当 RLC 电路发生串联谐振时，电压与电流同相，电路性质为阻性，电路中电流最大。（　　）

（16）串联谐振又称为电压谐振。（　　）

3.选择题

（1）通常所说的照明电 220 V 是指（　　）。

  A.最大值   B.瞬时值   C.有效值   D.峰值

（2）在正弦交流电中，电压（电流）变化一周所用的时间称为（　　）。

  A.周期   B.周波   C.频率   D.角频率

（3）将 100 W/220 V 的白炽灯分别接到电压为 220 V 的交、直流电源上，其发光效果：（　　）。

  A.接在直流电源上比接在交流电源上亮

B.接在交、直流电源上一样亮

C.接在交流电源上比接在直流电源上亮

D.接在交流电源上灯光闪烁,接在直流电源上灯光稳定

(4)两正弦交流电表达式为 $u_1 = 380\sqrt{2}\,\sin\left(314t - \dfrac{\pi}{6}\right)$ V, $u_2 = 380\sqrt{2}\,\sin\left(314t - \dfrac{\pi}{4}\right)$ V,则 u_1 与 u_2 的相位关系为(   )。

    A.u_1 超前　　　　B.u_1 滞后　　　　C.同相　　　　D.正交

(5)某正弦交流电的最大值 $I_m = 1$ A,则电流的有效值为(   )。

    A.1 A　　　　B.0.5 A　　　　C.$\sqrt{2}$ A　　　　D.$\dfrac{\sqrt{2}}{2}$ A

(6)在纯电感电路中,满足欧姆定律的关系式为(   )。

    A.$I = \dfrac{U_m}{X_L}$　　　B.$I = UX_L$　　　C.$I_m = \dfrac{U}{X_L}$　　　D.$I = \dfrac{U}{X_L}$

(7)如图 4-71 所示电路的属性为(   )。

    A.阻性　　　　B.容性　　　　C.感性　　　　D.都不是

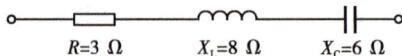

图 4-71　电路图

(8)已知电感线圈通过 50 Hz 的电流时感抗 $X_L = 100$ Ω, u_L 与 i 相位差为 90°。通过 500 Hz 的电流时,感抗 X_L 和电压与电流的相位差为(   )。

    A.100 Ω　45°　　B.10 Ω　90°　　C.10 Ω　45°　　D.1 000 Ω　90°

(9)如图 4-72 所示,当开关 S 闭合时,电路发生谐振;当开关 S 断开时,电路呈(   )。

    A.阻性　　　　B.容性

    C.感性　　　　D.都不是

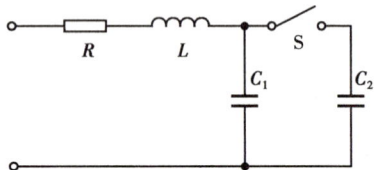

图 4-72　电路图

(10)在 RLC 串联电路中,总电压与总电流的相位差为 60°,此时电路呈(   )。

    A.阻性　　　　B.感性　　　　C.容性　　　　D.无法确定

(11)在正弦交流电中,电路的性质取决于(   )。

    A.端电压的大小

    B.电路中电流的大小

    C.电路中各元件的参数和电源的频率

    D.电路连接形式

(12)电路如图 4-73 所示,当电路发生串联谐振时,电压表读数为(   )。

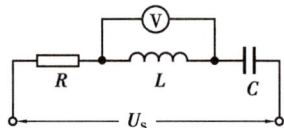

图 4-73　电路图

    A.U_S　　　　B.QU_S　　　　C.0　　　　D.$\sqrt{3}\,U_S$

（13）如图 4-74 所示，三只完全相同的白炽灯分别与 R、L、C 串联后接于 220 V 电源上，已知 $R = X_L = X_C$，则三只灯泡的亮度为（　　）。

A.HL_1 接交流电源比接直流电源亮

B.HL_2 接交、直流电源一样亮

C.三只灯泡一样亮

D.接直流电时，HL_3 不亮，HL_2 最亮，HL_1 较亮

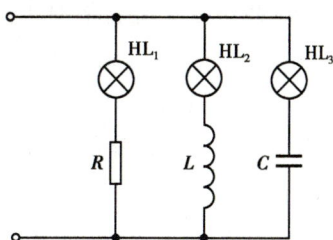
图 4-74　电路图

（14）对于 RLC 串联电路，下列表达式正确的是（　　）。

A.$U = U_R + U_L + U_C$

B.$Z = \sqrt{R^2 + X_L^2 + X_C^2}$

C.$U = \sqrt{U_R{}^2 + (U_L - U_C)^2}$

D.$Z = R + X_L + X_C$

（15）在纯电容电路中，电流和电压的（　　）遵循欧姆定律。

A.有效值　　　　　B.瞬时值　　　　　C.平均值

（16）在 RLC 串联电路中，当 $X_L > X_C$ 时，电路呈感性，总电压与电流的相位关系为（　　）。

A.总电压超前于电流一个小于 $\dfrac{\pi}{2}$ 的 ϕ 角

B.总电压滞后于电流一个小于 $\dfrac{\pi}{2}$ 的 ϕ 角

C.总电压于电流同相

D.总电压超前于电流 $\dfrac{\pi}{2}$

（17）314 μF 电容元件用在 100 Hz 的正弦交流电路中，所呈现的容抗值为（　　）。

A.0.197 Ω　　　　B.31.8 Ω　　　　C.5.1 Ω　　　　D.45 Ω

（18）25 mH 的电感元件用在 50 Hz 的交流电流中，所呈现的感抗值为（　　）。

A.7.85 kΩ　　　　B.78.5 kΩ　　　　C.2.5 kΩ　　　　D.7.85 Ω

4.简答题

（1）正弦交流电有哪三要素？它们的含义分别是什么？

（2）在正弦交流电中，频率、角频率、周期的含义是什么？它们之间有什么关系？

（3）在直流电路中，频率、感抗、容抗分别为多少？为什么电容具有通高频、阻低频的作用，电感具有通低频、阻高频的作用？

（4）在正弦交流电路中，电源电压不变，当电路的频率变化时，通过电感元件的电流发生变化吗？为什么？

（5）什么是功率因数？提高功率因数有何意义？

（6）简述串联谐振的条件及特点。

5. 作图题

（1）已知 $I=8$ A，$f=50$ Hz，$\phi_0=\dfrac{\pi}{3}$，画出该正弦交流电的波形图和矢量图。

（2）已知正弦交流电 u、i、e 的频率为 50 Hz，且：①$U=6$ V，$\phi_{U0}=\dfrac{\pi}{3}$；②$I=10$ A，i 和 u 的相位关系为 i 超前 $u\ \dfrac{\pi}{6}$；③$E_m=4$ V，e 和 i 的相位关系为 e 滞后 $i\ \dfrac{\pi}{3}$。写出三个正弦交流电的表达式，并在同一坐标轴上画出三个正弦交流电的波形图和矢量图。

（3）已知 $i_1=3\sin\left(314t-\dfrac{\pi}{3}\right)$ A，$i_2=4\sin\left(314t+\dfrac{\pi}{3}\right)$ A，画出 i_1、i_2 的矢量图，并求：$i=i_1+i_2$。

6. 计算题

（1）已知电容的容抗 $X_C=100\ \Omega$，将它接到 $u=220\sqrt{2}\ \sin\left(100t+\dfrac{\pi}{3}\right)$ V 的工频（50 Hz）交流电源上。试求：

①电流瞬时值表达式；

②有功功率 P 和无功功率 Q；

③画出电路中电压和电流的矢量图。

（2）已知有两个同频率的正弦交流电的波形图，如图 4-75 所示，试回答以下问题：

①当频率 $f=100$ Hz 时，它们的周期、角频率各为多少？

②在波形图中，哪个超前，哪个滞后？它们之间相位差为多少？

③写出两个正弦交流电的瞬时值表达式。

（3）假设角频率为 ω，根据如下已知条件写出电压、电流和电动势的瞬时值表达式，并在同一坐标轴中画出它们的波形图和矢量图。

①$U=220$ V，$\phi_0=\dfrac{\pi}{3}$；

②$I_m=20$ A，i_1 滞后于 $u\ \dfrac{\pi}{6}$；

③$E_m=310$ V，$\phi_0=-\dfrac{\pi}{3}$。

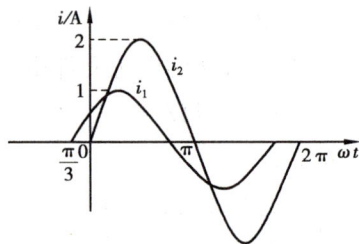

图 4-75　波形图

（4）将电阻为 20 Ω、电感为 48 mH 的线圈接到 $u = 110\sqrt{2}\,\sin\left(314t + \dfrac{\pi}{3}\right)$ V 的交流电源上。试求：

①线圈的感抗 X_L；

②阻抗 Z；

③电流有效值；

④电路中的有功功率 P、无功功率 Q 和视在功率 S；

⑤功率因数。

（5）有一个额定值为"220 V/1 000 W"的电炉，接到电压为 $u = 220\sqrt{2}\,\sin\left(314t + \dfrac{\pi}{4}\right)$ V 的交流电源上。试求：

①通过电炉的电流瞬时值表达式；

②画出电压与电流的矢量图；

③如果该电炉每天使用 5 h，一个月按照 30 天计算，一个月用电量为多少千瓦时？

（6）将容量 $C = 25$ μF 电容接到 $u = 220\sqrt{2}\,\sin\left(314t - \dfrac{\pi}{6}\right)$ V 的电源上。试求：

①流过电容的电流有效值，并写出电流的瞬时值表达式；

②画出电流、电压的波形图和矢量图；

③求电容的无功功率；

④当电源频率变为 100 Hz 时，容抗为多少？电流有效值为多少？

（7）一个电感线圈的电阻 $R = 30$ Ω，电感量 $L = 127$ mH，与一个容量 $C = 40$ μF 的电容器组成 RLC 串联电路，接于 $u = 220\sqrt{2}\,\sin\left(314t - \dfrac{\pi}{6}\right)$ V 的交流电源上。试求：

①感抗 X_L、容抗 X_C、阻抗 Z；

②电流的有效值及电流瞬时值表达式；

③有功功率 P、无功功率 Q 及视在功率 S。

（8）RLC 串联电路接到交流电源电压 $u = 100\sqrt{2}\,\sin\left(314t + \dfrac{\pi}{3}\right)$ V 上，已知 $R = 16$ Ω，$X_L = 4$ Ω，$X_C = 16$ Ω。试求：

①电路的阻抗 Z；

②i、u_R、u_L、u_C 的瞬时值表达式；

③画出矢量图；

④有功功率 P、无功功率 Q、视在功率 S 及功率因数。

（9）有一个 RLC 串联电路，当外加电压 $u_i = 220\sqrt{2} \sin 314t$ V 时，已知 $R = 40$ Ω，$X_L = 80$ Ω，$X_C = 50$ Ω，在电容两端并联开关 S，电路如图 4-76 所示。试计算当 S 闭合和 S 断开两种情况下的电流 I 及 U_R、U_L、U_C，并画出 S 断开时的电压三角形。

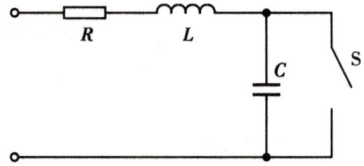

图 4-76　电路图

（10）在 RLC 串联电路中，已知 $R = 50$ Ω，$L = 4$ mH，$C = 160$ pF，信号源输出电压有效值 $U = 25$ V，电路处于谐振状态。试求：

①电路的谐振频率 f；

②电路的谐振电流 I_0；

③电容两端的电压 U_C；

④品质因素 Q；

⑤通频带 BW。

三相正弦交流电路

1.知识目标

（1）知道三相正弦对称电源的概念和相序的概念；

（2）懂得三相电源星形连接的特点，能绘制其电压矢量图；

（3）知道我国电力系统的供电体制；

（4）知道星形连接方式下三相对称负载线电流、相电流和中性线电流的关系，知道对称负载与不对称负载的概念，知道中性线的作用；

（5）能进行对称三相电路的功率计算。

2.能力目标

（1）能对三相负载进行星形连接，并会测量线电压、线电流和相电压、相电流；

（2）能对三相负载进行三角形连接，并会测量线电压、线电流和相电压、相电流。

前面所介绍的单相交流电路中的电源只有两根输出线,输出一个正弦电压或电流,然而在供电系统和电力网中,大多数是采用三相正弦交流电供电,用于照明的单相正弦交流电只是其中的一相。三相交流电源是怎样产生的? 它的供电方式又是怎样呢? 让我们带着这些问题一起来学习本章内容吧。

第一节　三相正弦交流电源及其连接

想一想

观察你所在的学校(或者你居住的小区、所在的工厂),看总电源的供电线有几根? 你知道为什么有这么多根供电线吗?

三相交流电较单相交流电有很多优点,它在发电、输配电以及电能转换为机械能方面都有明显的优越性,因而得到广泛应用。那么,什么是三相交流电源呢?

一、三相交流电源的概念和相序

1.三相交流电源的概念

三相交流电是由三相交流发电机产生的。交流发电机分为定子绕组和转子绕组两部分,三相定子绕组按照彼此相差120°电角度分布在壳体上,转子绕组由两块极爪组成,如图5-1所示。

转子绕组接通直流电后被励磁,两块极爪形成 N 极和 S 极。磁感线由 N 极出发,透过空气间隙进入定子铁芯再回到相邻的 S 极。转子一旦旋转,定子绕组就会切割磁感线,在定子绕组中产生相互差120°电角度的三个正弦电动势,即三相对称的正弦交流电源。在三相对称的交流电源中,把振幅相等、频率相同且在相位上彼此相差120°的三个电动势称为对称三相电动势。对称三相电动势瞬时值的数学表达式为:

第一相(U 相)电动势　$e_1 = E_m \sin \omega t$

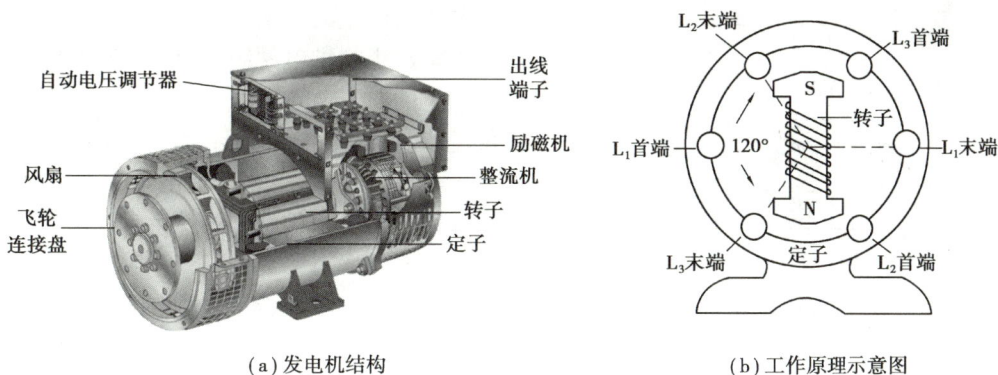

(a) 发电机结构   (b) 工作原理示意图

图 5-1　三相交流发电机结构和工作原理图

第二相(V 相)电动势　$e_2 = E_m \sin(\omega t - \dfrac{2}{3}\pi)$

第三相(W 相)电动势　$e_3 = E_m \sin(\omega t + \dfrac{2}{3}\pi)$

对称三相电动势波形图如图 5-2 所示。

2.三相交流电源的相序

三相电动势达到最大值(振幅)的先后次序称为相序。如果有 e_1 比 e_2 超前 120°，e_2 比 e_3 超前 120°，而 e_3 又比 e_1 超前 120°，则 $e_1 \rightarrow e_2 \rightarrow e_3 \rightarrow e_1$ 的顺序称为正相序或顺相序；反之，$e_3 \rightarrow e_2 \rightarrow e_1 \rightarrow e_3$ 的顺序称为反相序或逆相序。

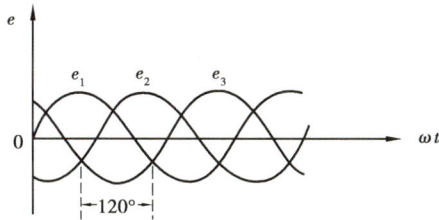

图 5-2　对称三相电动势波形图

相序是一个十分重要的概念，为使电力系统能够安全可靠地运行，通常统一规定技术标准：在配电盘上用黄色标出 U 相，用绿色标出 V 相，用红色标出 W 相。

二、三相正弦交流电源的连接

三相交流电源是由三个交流电源(e_1、e_2、e_3)组成的，它们该进行怎样的连接组合才能构成三相交流电源呢？

1.三相正弦交流电源的连接特点

三相电源有星形(Y 形)接法和三角形(△ 形)接法两种。

(1)三相电源的星形(Y 形)接法

将三相发电机三绕组的末端 U_2、V_2、W_2(相尾)连接在一点，始端 U_1、V_1、W_1(相头)各用一根导线引出，这种连接方法称为三相电源的星形(Y 形)连接，如图 5-3 所示。

从三相电源三个相头 U_1、V_1、W_1 引出的三根线称为相线(俗称火线)。Y 形连接的公共连接点 N 称为中点。从中点引出的导线称为中性线(或零线)。由三根相线与

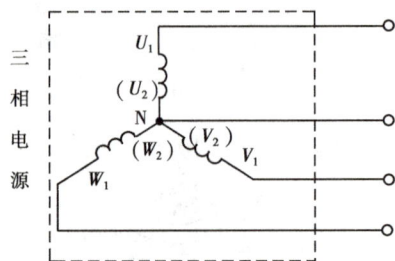

图 5-3 三相电源绕组的星形接法

一根中性线组成的供电方式称为三相四线制。

三相四线制供电系统中,每相绕组始端与末端之间的电压(即相线与中性线之间的电压)称为相电压,用 U_P 表示,它们的瞬时值用 u_1、u_2、u_3 表示。显然,这三个相电压也是对称的。对称三相电源的相电压大小(有效值)相等,即

$$U_1 = U_2 = U_3 = U_P \qquad (5\text{-}1)$$

任意两相始端之间的电压(即火线与火线之间的电压)称为线电压 U_L,它们的瞬时值用 u_{12}、u_{23}、u_{31} 表示。Y 形接法的相量图如图 5-4 所示。

显然,三个线电压也是对称的,大小(有效值)相等且等于相电压的 $\sqrt{3}$ 倍,即

$$U_{12} = U_{23} = U_{31} = U_L = \sqrt{3}\,U_P \qquad (5\text{-}2)$$

从相量图可知,它们的相位关系为:线电压比相应的相电压超前 30°。例如:线电压 u_{12} 比相电压 u_1 超前 30°,线电压 u_{23} 比相电压 u_2 超前 30°,线电压 u_{31} 比相电压 u_3 超前 30°。

(2)三相电源的三角形(△形)接法

将三相发电机的第二绕组始端 V_1 与第一绕组的末端 U_2 相连,第三绕组始端 W_1 与第二绕组的末端 V_2 相连,第一绕组始端 U_1 与第三绕组的末端 W_2 相连,并从三个始端 U_1、V_1、W_1 引出三根线输出电压,这种连接方法称为三相电源的三角形(△形)连接,如图 5-5 所示。

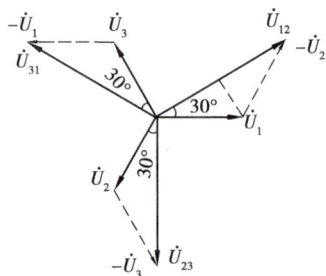

图 5-4 相电压与线电压的相量图

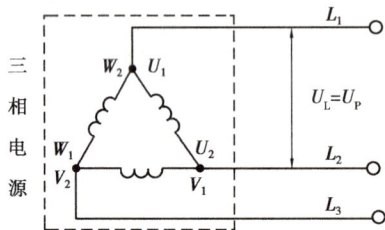

图 5-5 三相电源绕组的三角形接法

显然,这时线电压等于相电压,即

$$U_L = U_P \qquad (5\text{-}3)$$

这种没有中性线,只有三根相线的输电方式称为三相三线制。

⚠️ 注意

在工业用电系统中,如果只引出三根线(三相三线制),则都是火线(没有中性线),这时所说的三相电压大小均指线电压 U_L;而民用电源则需要引出中性线,即要求采用三相四线制(或三相五线制)供电,其供电电压是指相电压 U_P。

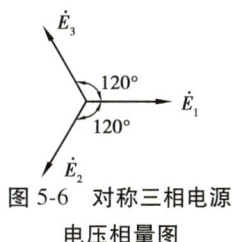

图 5-6 对称三相电源
电压相量图

2.三相正弦交流电源的电压相量图

由于三相正弦交流电中电压对称,因此它们的相位差是120°,相量图如图5-6所示。

讲一讲

【例题 5-1】

已知发电机三相绕组产生的电动势大小均为 $E = 220$ V,试求:

(1)三相电源为 Y 形接法时的相电压 U_P 与线电压 U_L;

(2)三相电源为 △ 形接法时的相电压 U_P 与线电压 U_L。

解 (1)三相电源 Y 形接法

相电压:$U_P = E = 220$ V

线电压:$U_L = \sqrt{3}\,U_P = \sqrt{3} \times 220$ V $= 380$ V

(2)三相电源△形接法

相电压:$U_P = E = 220$ V

线电压:$U_L = U_P = 220$ V

三、我国电力系统的供电体制

我国电力系统的电力来源有水力发电、核电、风力发电、太阳能发电、生物发电等,而对于火力发电(煤电),则根据优化结构、改进技术、节约资源、重视环保的原则,合理地应用。我国的供电体制可分为三种:三相三线制、三相四线制、三相五线制(它是在三相四线的基础上再加一根专用保护接地线 PE,低压配电系统中通常都采用这种供电方式)。目前,我国是以三相四线制这种供电体制为主,如图5-7所示。

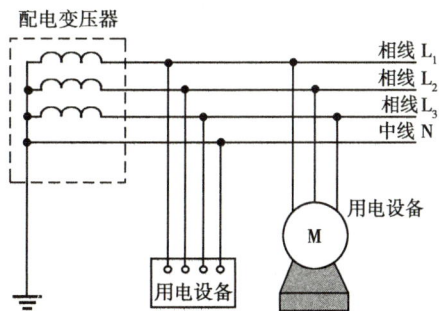

图 5-7 三相四线制供电图

* 第二节　三相负载的连接

　　去图书馆(或上网)查一查,有哪些常见的三相负载(至少找出三种)?它们是怎样连接的?

一、负载的星形连接

1.负载的星形连接方式及其特点

　　三相负载的一端分别接三根相线,另一端接在一起再接电源的中性线,这种连接方式称为三相负载的星形(Y形)连接,如图 5-8 所示。

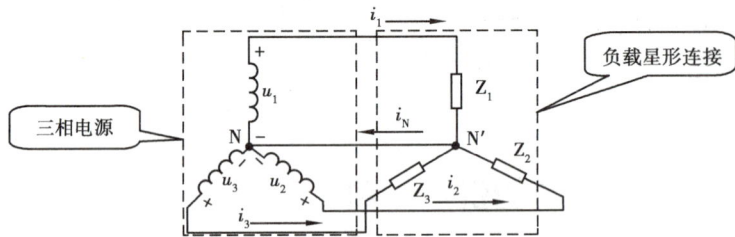

图 5-8　三相负载的星形连接

　　三相负载的 Y 形连接中,要求三相电源也必须是 Y 形接法,所以又称为 Y—Y 接法的三相电路。显然,不管负载是否对称(相等),电路中的线电压 U_L 都等于负载相电压 U_{YP} 的 $\sqrt{3}$ 倍,负载的相电流 I_{YP} 等于线电流 I_{YL},即

$$U_L = \sqrt{3}\,U_{YP}, \quad I_{YL} = I_{YP} \tag{5-4}$$

2.对称负载和不对称负载

　　当三相负载对称(即各相负载完全相同)时,相电流和线电流也一定对称(称为 Y—Y 形对称三相电路),即各相电流(或各线电流)振幅相等、频率相同、相位彼此相差 120°,并且中性线电流为零(即 $I_N = 0$),这时中性线可以去掉,即形成三相三线制电路。也就是说,对于对称负载来说,不必关心电源的接法,只需关心负载的接法。当三相负载不对称时,相电流和线电流就不对称,中性线中就有电流通过(即 $I_N \neq 0$),这时,中性线就不能省去,只能接成三相四线制。

3.中性线的作用

记一记

当三相负载不对称时,如果没有中性线,就会导致中性线接点处的电位偏移,使每一相负载上的电压不相等,从而可能造成安全事故。中性线的作用是:在三相负载不对称时,保证三相负载上的电压对称,防止事故发生。在三相四线制供电系统中规定,中性线上不允许安装保险丝和开关,以保证安全。

讲一讲

【例题 5-2】

在图 5-9(a)所示的三相照明电路中,各相电阻分别为 $R_U = 20\ \Omega$,$R_V = 20\ \Omega$,$R_W = 10\ \Omega$,将它们连接成星形接到线电压为 380 V 的三相四线制的电源上,各灯泡的额定电压为 220 V。试问:若中性线因故断开,U 相灯全部关闭,V 和 W 两相灯全部工作,V 相和 W 相电流多大? 会出现什么情况?

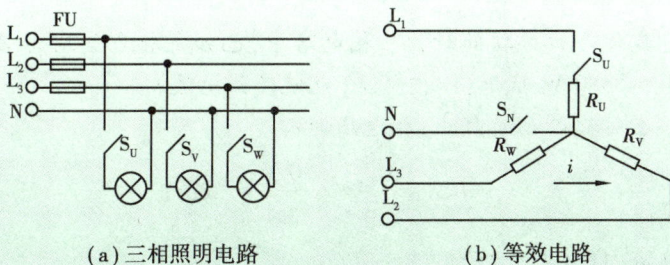

(a)三相照明电路　　　(b)等效电路

图 5-9　三相照明电路

解　中性线断开并关闭 U 相负载后,电路等效为如图 5-9(b)所示。R_V 和 R_W 串联后接到线电压 U_{VW} 上,V 相和 W 相负载流过同一个电流。

(1)根据欧姆定律得相电流为:

$$I_V = I_W = \frac{U_L}{R_V + R_W} = \frac{380\ V}{20\ \Omega + 10\ \Omega} = 12.7\ A$$

(2)加在 V 相的电压为:

$$U_V = I_V R_V = 12.7\ A \times 20\ \Omega = 254\ V$$

(3)加在 W 相的电压为:

$$U_W = I_W R_W = 12.7 \text{ A} \times 10 \text{ } \Omega = 127 \text{ V}$$

可见,V 相灯泡两端的电压超过了额定电压,灯泡会烧毁。W 相灯泡两端的电压低于额定电压,灯泡不能正常发光。当 V 相灯泡烧毁后,W 相也处于开路状态。这就再一次证明了不对称星形负载必须采用三相四线制供电,中性线绝对不能省去。

想一想

不对称负载的星形连接中,中性线电流如何计算?

讲一讲

【例题 5-3】

在负载作 Y 形连接的对称三相电路中,已知每相负载均为 $Z = 20 \text{ } \Omega$,设线电压 $U_L = 380 \text{ V}$,试求:各相电流(也就是线电流)。

解 在对称 Y 形负载中,相电压为:

$$U_{YP} = \frac{U_L}{\sqrt{3}} = \frac{380 \text{ V}}{\sqrt{3}} = 220 \text{ V}$$

相电流(即线电流)为:

$$I_{YP} = \frac{U_{YP}}{Z} = \frac{220 \text{ V}}{20} = 11 \text{ A}$$

测量三相对称负载星形连接时的电压、电流。

（1）测量过程

实验电路如图 5-10（a）所示。

将三组相同规格的电灯按图 5-10（b）连接，合上三个开关，测量对称星形负载在三相四线制电路（有中线）中的线电压、负载相电压、各线（相）电流和中性线电流，将测量数据记入表 5-1 中。

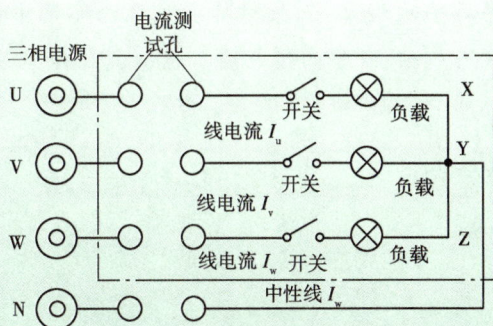

（a）电路图

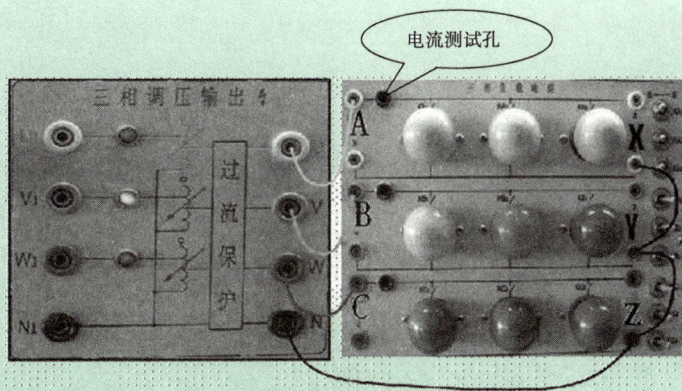

（b）实物电路图

图 5-10　三相对称负载星形连接

表 5-1 测试数据

测量项目\n分类		线电压/V			负载相电压/V			线(相)电流/A			中性线\n电流
		U_{AB}	U_{BC}	U_{CA}	U_A	U_B	U_C	I_A	I_B	I_C	I_N
对称\n负载	有中性线										
	无中性线										

（2）结论

从实验数据再一次验证：三相对称负载无论有无中性线连接，负载线电压都等于相电压的 $\sqrt{3}$ 倍；负载的线电流与相电流都相等，中性线电流等于0。

讲一讲

【例题 5-4】

三相发电机是星形接法，负载也是星形接法，发电机的相电压 $U_P = 1\ 000$ V，每相负载电阻均为 $R = 50$ kΩ，$X_L = 25$ kΩ。试求：

（1）相电流；

（2）线电流；

（3）线电压。

解 电路中每相负载的总阻抗为：

$$Z = \sqrt{R^2 + X_L^2} = \sqrt{(50\ \text{kΩ})^2 + (25\ \text{kΩ})^2} = 55.9\ \text{kΩ}$$

（1）根据欧姆定律得相电流：

$$I_P = \frac{U_P}{Z} = \frac{1\ 000\ \text{V}}{55.9\ \text{kΩ}} = 17.9\ \text{mA}$$

（2）由于线电流与相电流相等，所以

$$I_L = I_P = 17.9\ \text{mA}$$

（3）因为线电压等于相电压的 $\sqrt{3}$ 倍，所以

$$U_L = \sqrt{3}\,U_P = 1\ 732\ \text{V}$$

二、对称三相电路功率的计算

三相负载上消耗的功率该怎样计算？它与每相负载上消耗的功率有什么关系呢？

三相负载的有功功率等于各相有功功率之和，即

$$P = P_1 + P_2 + P_3 \tag{5-5}$$

在对称三相电路中，无论负载是星形连接还是三角形连接，由于各相负载相同、各相电压大小相等、各相电流也相等，所以三相电路总有功功率为：

$$P = 3U_P I_P \cos\phi = \sqrt{3}\, U_L I_L \cos\phi \tag{5-6}$$

式中 ϕ——对称负载的阻抗角，也是负载相电压与相电流之间的相位差。

三相电路的视在功率为：

$$S = 3U_P I_P = \sqrt{3}\, U_L I_L \tag{5-7}$$

三相电路的无功功率为：

$$Q = 3U_P I_P \sin\phi = \sqrt{3}\, U_L I_L \sin\phi \tag{5-8}$$

三相电路的功率因数为：

$$\cos\phi = \frac{P}{S} = \frac{R}{Z} \tag{5-9}$$

讲一讲

【例题 5-5】

有一对称三相负载，每相电阻为 $R = 6\ \Omega$，感抗 $X_L = 8\ \Omega$，三相电源的线电压为 $U_L = 380\ \text{V}$。试求：

(1) 电路中每相阻抗；

(2) 功率因数；

(3) 负载作星形连接时的相电压；

(4) 负载作星形连接时的线电流；

(5) 负载作星形连接时的功率 P_Y。

解 (1) 电路中每相阻抗均为：

$$Z = \sqrt{R^2 + X^2} = \sqrt{(6\ \Omega)^2 + (8\ \Omega)^2} = 10\ \Omega$$

(2) 功率因数为：

$$\cos\phi = \frac{P}{S} = \frac{R}{Z} = \frac{6\ \Omega}{10\ \Omega} = 0.6$$

(3) 负载作星形连接时，相电压为：

$$U_{YP} = \frac{U_L}{\sqrt{3}} = \frac{380\ \text{V}}{\sqrt{3}} = 220\ \text{V}$$

(4)线电流等于相电流,根据欧姆定律可得线电流为:

$$I_{YL} = I_{YP} = \frac{U_{YP}}{Z} = \frac{220 \text{ V}}{10 \text{ Ω}} = 22 \text{ A}$$

(5)负载的功率为:

$$P_Y = \sqrt{3} U_{YL} I_{YL} \cos \phi = \sqrt{3} \times 380 \text{ V} \times 22 \text{ A} \times 0.6 = 8.7 \text{ kW}$$

学习小结

(1)三相电源可产生振幅相等、频率相同且在相位上彼此相差120°的三个电动势称为对称三相电动势。对称三相电动势瞬时值的数学表达式为:

第一相(U 相)电动势　　$e_1 = E_m \sin \omega t$

第二相(V 相)电动势　　$e_2 = E_m \sin(\omega t - \frac{2}{3}\pi)$

第三相(W 相)电动势　　$e_3 = E_m \sin(\omega t + \frac{2}{3}\pi)$

三相电源中的绕组有星形(Y)接法和三角形(△)接法两种。在这两种接法中,我国的供电体制分为三相三线制、三相四线制、三相五线制等,常用的是前两种,它们各自的特点见表5-2。

表5-2　电源供电方式及特点

供电方式 特　点	三相四线制(星形)	三相三线制(三角形)
线电压与相电压大小关系	$U_{YL} = \sqrt{3} U_{YP}$	$U_{\triangle L} = U_{\triangle P}$
线电流与相电流大小关系	$I_{YL} = I_{YP}$	$I_{\triangle L} = \sqrt{3} I_{\triangle P}$
注意事项	中性线上不能安装开关和熔断器	

(2)三相负载有两种接法:星形和三角形。它们的特点见表5-3。

表5-3　三相负载的接法及特点

负载连接方式 特　点	星形连接	三角形连接
线电压与相电压大小关系	$U_{YL} = \sqrt{3} U_{YP}$	$U_{\triangle L} = U_{\triangle P}$
线电流与相电流大小关系	$I_{YL} = I_{YP}$	$I_{\triangle L} = \sqrt{3} I_{\triangle P}$
注意事项:中性线上绝对不能安装开关和熔断器。若负载对称,星形连接的中性线可省去,即可接成三相三线制;若负载不对称,中性线绝对不能省去,只能接成三相四线制		

（3）三相功率

三相负载的有功功率等于各相有功功率之和，即

$$P = P_1 + P_2 + P_3$$

在对称三相电路中，无论负载是星形连接还是三角形连接，由于各相负载相同、各相电压大小相等、各相电流也相等，所以三相电路总有功功率为：

$$P = 3U_P I_P \cos \phi = \sqrt{3} U_L I_L \cos \phi$$

学习评价

1.填空题

（1）三相交流电动势达到最大值的先后顺序称为＿＿＿＿＿＿＿。通常三相交流电源相序为＿＿＿＿＿。

（2）在电工技术和电力工程中，将振幅＿＿＿＿＿、＿＿＿＿＿相同且在相位上彼此相差＿＿＿＿的三相电动势称为＿＿＿＿＿＿＿。其数学表达式依次为＿＿＿＿＿＿＿、＿＿＿＿＿＿＿、＿＿＿＿＿＿＿。

（3）三相正弦交流电源的连接方法有＿＿＿＿＿ 和 ＿＿＿＿＿两种。

（4）＿＿＿＿＿称为相电压，＿＿＿＿＿称为线电压。

（5）在三相负载的星形接法中，线电压 U_L 与负载相电压 U_{YP} 的大小关系为＿＿＿＿＿，负载的相电流 I_{YP} 与线电流 I_{YL} 的大小关系为＿＿＿＿＿。

（6）在三相负载的三角形接法中，线电压 U_L 与负载相电压 $U_{\triangle P}$ 的大小关系为＿＿＿＿＿，负载的相电流 $I_{\triangle P}$ 与线电流 $I_{\triangle L}$ 的大小关系为＿＿＿＿＿。

（7）对称三相四线制电源中，如果线电压 $U_L = 380$ V，则相电压 $U_P = $＿＿＿＿V，相电压的相位＿＿＿＿＿相应线电压相位＿＿＿＿＿。当相电流为 15 A 时，线电流为＿＿＿＿＿A。

（8）在不对称负载中，中性线可以保证三相负载＿＿＿＿＿对称，防止事故发生。在三相四线制中，中性线不允许安装＿＿＿＿和＿＿＿＿。

（9）同一对称负载在同一对称三相电源作用下，作三角形连接时的总有功功率是作星形连接时的＿＿＿＿＿倍。

（10）在对称负载的三相电路中，负载作三角形连接或者星形连接时，其三相电路的有功功率 $P = $＿＿＿＿或＿＿＿＿，无功功率 $Q = $＿＿＿＿，视在功率 $S = $＿＿＿＿。

（11）已知在对称的三相四线制电路中，相电压的瞬时值表达式为 $u_V = U_m \sin\left(314t - \dfrac{\pi}{6}\right)$ V，则 $u_U = $＿＿＿＿＿，$u_W = $＿＿＿＿＿。

（12）在三相四线制低压配电线路中，接到动力开关上的是＿＿＿＿线，它们之间的电压为＿＿＿＿电压，大小为＿＿＿＿V；接到照明电路上的是＿＿＿＿线

和_____线,它们之间的电压为_____电压,大小为_____V。

2.判断题

(1)负载作星形连接时,中性线电流一定为零。 ( )

(2)负载的额定电压等于电源线电压时,负载应该采用三角形连接。 ( )

(3)负载作星形连接时,$U_L = \sqrt{3}U_{YP}$,$I_{YL} = I_{YP}$。 ( )

(4)在同一电源作用下,负载作三角形连接时,负载线电压U_L等于相电压$U_{\triangle P}$的$\sqrt{3}$倍,线电流$I_{\triangle L}$等于相电流$I_{\triangle P}$。 ( )

(5)在同一电源作用下,同一负载作三角形连接和星形连接的总有功功率相等。 ( )

(6)对于对称的三相负载作星形连接时,中性线电流为零,因而可以省去中性线。 ( )

(7)如果负载的$R_U = R_V = R_W$,那么这个负载就是对称的负载。 ( )

(8)照明电路和三相电动机都必须采用三相四线制电源供电。 ( )

(9)在三相负载的星形连接中,无论负载是否对称,线电压U_L都等于负载相电压U_{YP}的$\sqrt{3}$倍,负载的相电流I_{YP}等于线电流I_{YL}。 ( )

(10)中性线可以保证三相负载电压对称,防止事故发生,中性线可以安装保险丝和开关。 ( )

3.选择题

(1)下列对称三相负载的描述,正确的是(   )。

    A.各相负载的电阻、电容分别相等　　B.各相负载的电阻、电感分别相等

    C.各相负载的阻抗相等　　　　　　　D.各相负载的阻抗相等、性质相同

(2)对称三相电动势是指(   )的三相电动势。

    A.最大值相等、频率相同、相位相同

    B.最大值相等、频率相同、相位彼此相差$\dfrac{\pi}{3}$

    C.最大值相等、频率相同、相位彼此相差$\dfrac{2\pi}{3}$

    D.最大值相等、频率不相同、相位彼此相差$\dfrac{2\pi}{3}$

(3)在三相四线制电路中,线电压U_L与相电压U_P的关系应满足(   )。

    A.$U_L = \sqrt{3}U_P$,相位相差$\dfrac{2\pi}{3}$　　　　　B.$U_L = \sqrt{3}U_P$,U_L超前U_P $\dfrac{\pi}{3}$

    C.$U_L = \sqrt{3}U_P$,U_L超前U_P $\dfrac{\pi}{6}$　　　　　D.$U_L = \sqrt{3}U_P$,U_L与U_P同相

(4)如果其中一相负载发生改变,对另两相均无影响的三相电路是(   )。

A.星形连接三相四线制　　　　B.星形连接三相三线制

C.三角形连接三相三线制　　　D.都不对

（5）能省去中性线的星形连接三相电路是(　　)。

A.对称负载　　　　　　　　　B.不对称负载

C.使用中可以变的负载　　　　D.都不是

（6）在同一电源作用下,三相对称负载无论是星形连接还是三角形连接,其有功功率等于(　　)。

A.$P = 3U_\text{P}I_\text{P}\sin\phi$ 　　　　　　　　B.$P = \sqrt{3}U_\text{L}I_\text{L}\cos\phi$

C.$P = 3U_\text{L}I_\text{L}\sin\phi$ 　　　　　　　　D.$P = \sqrt{3}U_\text{L}I_\text{L}\sin\phi$

（7）对称负载作星形连接时,线电压 $U_\text{L} = 220\sqrt{3}$ V,相电压 U_YP 为(　　)V。

A.370　　　　　B.380　　　　　C.220　　　　　D.311

（8）在对称的三相电动势中,相序为 U—V—W,如果 V 相的初相位为 $0°$,那么 U 和 W 相的初相位分别为(　　)。

A.$120°,240°$ 　　　B.$-120°,120°$ 　　　C.$240°,120°$ 　　　D.$120°,-120°$

（9）在一次暴风雨天气中,小区某楼层的电灯突然变得比平时亮了很多,有的楼层的电灯比原来暗淡了很多,发生这种事情的原因是(　　)。

A.中性线断开　　　　　　　　B.供电变压器损坏

C.发电厂有故障　　　　　　　D.有一根相线断开

（10）在三相电路中,已知负载对称,相电压为 220 V,相电流为 10 A,功率因素 $\cos\phi = 0.5$,三相负载的有功功率为(　　)。

A.3 300 W　　　　B.6 600 W　　　　C.1 100 W　　　　D.$1\,100\sqrt{3}$ W

（11）当三相负载越接近对称时,中性线电流(　　)。

A.越大　　　　　B.不确定　　　　　C.越小　　　　　D.为零

4.问答题

（1）什么是对称的三相电动势? 写出它的数学表达式。

（2）在三相四线制供电系统中,中性线具有什么作用?

（3）在三相电源的星形连接中,什么是线电压和相电压? 它们之间在数量和相位上有什么关系?

（4）三相负载有哪几种接法? 各自有什么特点?

（5）对线电压为 380 V 的对称三相电源,现有一额定电压为 220 V 的三相电动机,若要把这个电动机接为三角形,结果会怎样? 若电动机的额定电压为 380 V,将它接成星形,结果又会怎样?

5.作图题

（1）如图 5-11 所示,有一个三相四线制的电源,将灯泡 H_L1、H_L2、H_L3 按照星形连接到电源线上,将灯泡 H_L4、H_L5、H_L6 按照三角形连接到电源线上。

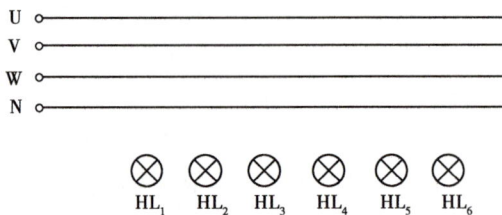

图 5-11　题 5(1)图

（2）已知对称三相电动势相序为 U—V—W，其中 $e_1 = 380 \sin\left(314t + \dfrac{\pi}{3}\right)$ V，试写出 e_2、e_3 的瞬时值表达式，并画出三相电动势的最大值矢量图。

6.计算与简答

（1）有一个电阻性三相负载作星形连接，各相的电阻分别为 $R_U = 10\ \Omega$，$R_V = 10\ \Omega$，$R_W = 20\ \Omega$，将它接到线电压为 380 V 的对称三相电源上。试求：相电压、相电流、线电流各为多少？

（2）在对称三相电路中，电源的线电压为 380 V，三相负载为 $R = 30\ \Omega$，$X_L = 40\ \Omega$，将它们作三角形连接。试求：相电压、线电流、相电流各为多少？

（3）有一个三相电炉，每相电阻为 22 Ω，接到线电压为 380 V 的对称三相电源上。试求：

①当电炉接成星形时，求相电压、线电流、相电流、总有功功率各为多少？

②当电炉接成三角形时，相电压、线电流、相电流、总有功功率各为多少？

③分析星形连接时的总有功功率及线电流与三角形连接时的总有功功率及线电流有什么关系？

（4）三相电动机的绕组连接成三角形，电压为 380 V，$\cos\phi = 0.8$，输入功率 $P = 10$ kW，求线电流和相电流各为多少？

（5）我国低压供电系统的电压为 380 V/220 V，现在有两组负载，一组额定电压为 380 V，另一组额定电压为 220 V，如果要把它们接到三相交流电源中，它们各自应采用什么连接方式？

（6）三相对称负载连接成星形，接到线电压为 380 V 的三相对称电源上，负载消耗的有功功率为 5.28 kW，功率因素 $\cos\phi = 0.5$。试求：

①求负载的相电流和视在功率各为多少？

②如果将负载换成三角形连接，电源线电压不变，这时线电流、相电流、有功功率和视在功率各为多少？

第六章

安全用电

技术基础与技能

学习目标

1.知识目标

(1)能读懂保护接地的原理,知道保护接地的方法;

(2)能读懂保护接零的原理,知道保护接零的方法;

(3)知道电气安全操作规程及其要求;

(4)记住触电的现场急救措施,记住口对口人工呼吸法和胸外心脏按压法要领。

2.能力目标

(1)会正确运用保护接地的方法和保护接零的方法;

(2)能够按照电气安全操作规程要求进行操作和施工;

(3)学习运用口对口人工呼吸法和胸外心脏按压法对触电者进行现场急救。

不能随意将三孔插头改成二孔插头！

电能是国民经济及居民生活必不可少的重要能源。正确、合理地利用它，不仅能为生产、生活造福，而且能减少排放、保护环境。但是，如果不注意科学用电、安全用电，也会给生产及生活带来不便，甚至会酿成事故和灾难。因此，必须掌握安全用电常识和技能，以达到"安全用电，保障平安"的目的。

为了保证用电安全，一定要有恰当的保护措施。究竟有哪些保护措施呢？

第一节 接地保护

实践证明，采用接地保护是电力网中行之有效的安全保护手段，是防止人身触电事故、保证电气设备正常运行所采取的一项重要技术措施，如图 6-1 所示。接地保护分为保护接地和保护接零两种方式，这两种保护方式的保护原理不同，适用范围不同，线路结构也不同，因此，在实际使用和施工操作中，对两种不同的保护方式要进行合理的选择运用。

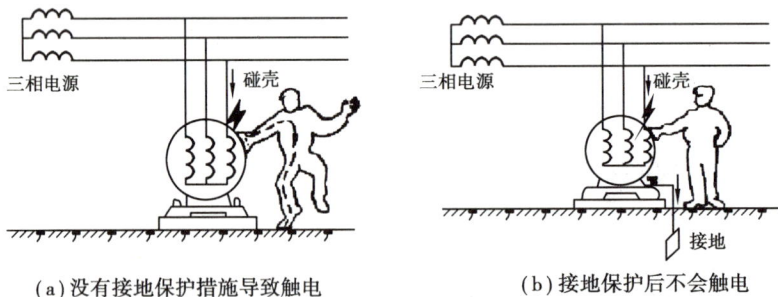

三相电源　碰壳

(a) 没有接地保护措施导致触电

三相电源　碰壳

接地

(b) 接地保护后不会触电

图 6-1　接地保护

国际电工委员会（IEC）标准规定，低压配电系统的接地有 IT 供电系统、TT 供电系统和 TN 供电系统三种。其中第一个字母表示电力系统供电端（配电变压器处）的中性线对地关系（T 表示直接接地，I 表示不接地或高阻接地），第二个字母表示负载设备外壳的接地保护方式（T 表示直接接地，N 表示接零线）。

下面分别对保护接地和保护接零进行介绍。

一、保护接地

保护接地就是将电气设备的金属外壳与大地相连接,以防止电气设备因绝缘损坏而使其外壳带电时,导致工作人员接触设备外壳而触电。IT 供电系统和 TT 供电系统都采用了保护接地的方式。

1.IT 供电系统

IT 供电系统是指电力系统在供电端(配电变压器处)的中性线不接地(或高阻接地),而所有用户设备的外壳都直接保护接地的系统,如图 6-2 所示。

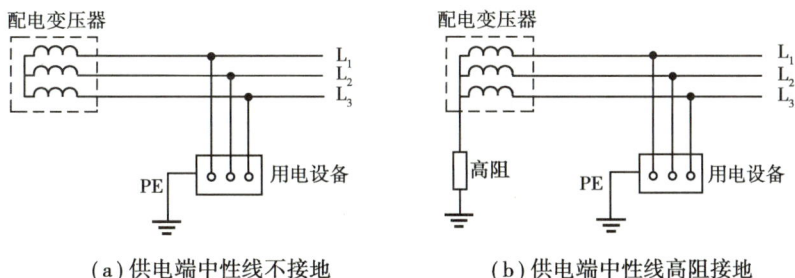

(a) 供电端中性线不接地　　　　　(b) 供电端中性线高阻接地

图 6-2　IT 供电系统

IT 供电系统可采用三相三线制或三相四线制供电。设备外壳与大地直接相接,当某种原因造成设备外壳带电时,因为设备外壳与大地电位相同,所以人站在大地上不会导致触电事故。

为了保证接地性能良好,要求接地电阻小于 4 Ω。对于一般用户而言,直接接地的具体方法为:采用 40 mm×40 mm×4 mm×2 500 mm 的角钢,用机械打入的方式垂直打入地下0.6 m,就能满足接地电阻的阻值要求;然后用直径不小于 $\phi 8$ 的圆钢焊接后引出地面,再用与电源相线同等材质和型号的导线连接到设备的保护线端口。

在供电线路距离不是很长时,IT 供电系统供电的可靠性高、安全性好。一般用于不允许停电的场所,或者是要求严格的连续供电的地方。例如,电力炼钢、大医院的手术室、地下矿井等。如果供电距离很长时,供电线路对大地的分布电容就不能忽视了。在负载发生短路故障或漏电使设备外壳带电时,漏电电流经大地和分布电容形成回路,保护设备不一定动作,这是危险的。所以,这种供电方式很少采用。

查一查

上网查一查,IT 供电系统应用在哪些地方或环境中?在使用中有什么特点和要求?

2.TT 供电系统

TT 供电系统是指电力系统在供电端的中性线直接接地,所有用户设备的外壳也直接保护接地的系统,采用三相四线制供电,如图 6-3 所示。

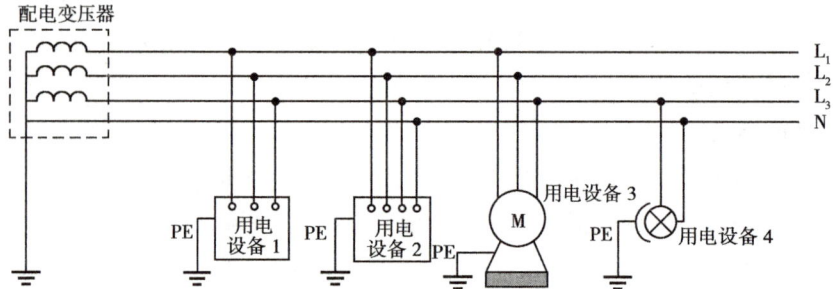

图 6-3　TT 供电系统

由于用电设备外壳直接接地,当绝缘破损等原因使设备外壳带电时,会产生很大的漏电电流,通过相线、设备外壳、大地、供电端接地、供电端中性线,形成电流回路,导致熔断器(或自动开关)跳闸断电,从而形成保护。

如果熔断器容量太大或漏电电流较小,则电路不一定能跳闸。此时,设备外壳与大地间会形成 110 V 左右的电压(原因:设备端的接地和供电端的接地均有小于 4 Ω 的接地电阻,220 V 相电压经两电阻分压后,使设备外壳与大地间得到约 110 V 的电压),就会产生触电危险。因此,在采用 TT 方式的供电系统中,必须增加漏电保护器。

出于上述原因,并且 TT 系统的接地装置耗用钢材多,而且难以回收、费工费料,所以 TT 供电系统实际采用较少。

查一查

上网查一查,TT 供电系统应用在哪些地方或环境中? 在使用中有什么特点和要求?

二、保护接零

保护接零就是将用电设备的金属外壳连接到供电系统的零线 N 上,当绝缘损坏或碰壳等原因造成相线与设备的金属外壳短路时,产生强大的短路电流使电路上的保护装置迅速动作,从而切断电源产生保护作用。

TN 供电系统就是采用保护接零的系统,其含义是:电源供电端中性线直接接地,所有用户端设备采用保护接零方式。常用的 TN 供电系统又分为 TN-C 供电系统和 TN-S 供电系统。

1.TN-C 供电系统

TN-C 供电系统是指电源的保护零线 PE 与工作零线 N 合二为一的供电系统,即工作零线也充当保护零线,采用三相四线制供电,如图 6-4 所示。

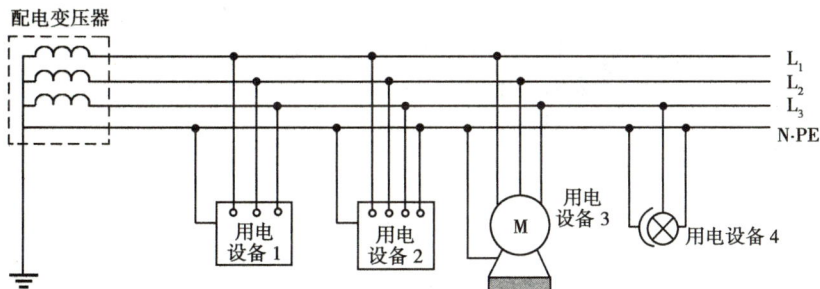

图 6-4　TN-C 供电系统

记一记

TN-C 供电系统具有如下特点:

◆适用于三相负载基本平衡的情况。如果三相负载不平衡,由于导线电阻的存在,在工作零线上会产生一定的对地电压,接零设备的金属外壳不绝对安全。

◆要求工作零线不能断线。如果工作零线断线,则保护接零的漏电设备外壳带电,产生触电危险。

◆TN-C 供电系统在干线上使用漏电保护器时,漏电保护器后面的工作零线不能重复接地,否则漏电开关合不上闸。

想一想

在 TN-C 供电系统的干线上安装漏电保护器后,如果漏电保护器后面的工作零线接地,为什么漏电开关合不上闸?

2.TN-S 供电系统

TN-S 供电系统是指将工作零线 N 与专用保护线 PE 严格分开的供电系统,采用三相五线制供电,如图 6-5 所示。

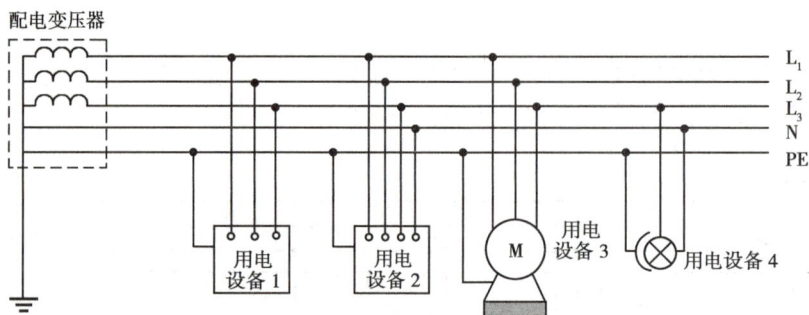

图 6-5　TN-S 供电系统

记一记

TN-S 供电系统具有如下特点：

◆工作零线用于向照明等电气设备供电,不起保护作用;

◆系统正常运行时,专用保护线 PE 上没有电流,不会产生对地电压,电气设备的金属外壳接在专用线 PE 上,安全可靠;

◆专用保护线 PE 不许断线,也不能进入漏电开关;

◆干线上使用漏电保护器时,后边的工作零线同样不能重复接地,但是,PE 线可以重复接地;

◆TN-S 供电系统安全可靠,广泛适用于工业与民用建筑等低压供电系统。

想一想

为什么专用保护线 PE 不许断线,也不能进入漏电开关?

查一查

你所在的学校采用的是什么供电系统？你所居住的小区采用的又是什么供电系统？

三、使用保护接地和保护接零的注意事项

◆中性点不接地的系统中不允许采用保护接零,只能保护接地。如果采用保护接零,当系统发生一根相线碰地时,系统可照常运行,这时,大地与碰地的相线等电位,会使所有接在零线上的电气设备外壳对大地呈现相电压,相当于此时大地为一相线,零线对地的电压不再是 0 V,而是 220 V,十分危险。

◆同一用电设备不能同时采用保护接零和保护接地。因为当采用保护接地的设备绝缘损坏碰壳,而故障电流又不足以将熔体熔断时,会使零线上出现对地电压,使所有保护接零的设备外壳上都带有危险电压。

读一读

我国用电安全的现状

据劳动部门统计:1980 年以前,我国工矿企业单位触电死亡人数占因公死亡人数的 6%~8%,排在第五位。进入 20 世纪 80 年代,触电事故比例呈增加趋势。1980 年,触电死亡人数占因公死亡人数的 10% 以上,排在第四位;而1993 年,触电事故又上升到职工伤亡事故的第三位。在建筑行业和农村,触电事故还要严重一些。将触电死亡人数与用电量对照分析,我国用电量与触电死亡人数之比不到 $2×10^8$(kW·h)/人,大约是发达国家的 1/25。

近 20 年来,我国的经济建设蓬勃发展,同时,用电安全水平也大幅度提高。尽管我国的用电量迅速增加,供电区域迅速扩大,而每年触电死亡人数的绝对值却呈下降趋势,我国的用电安全水平的提高是显著的。20 年来,我国年发电量与触电死亡人数的比值从 $0.38×10^8$ (kW·h)/人增至 $1.51×10^8$(kW·h)/人。从这方面来看,用电安全水平大约提高了 4 倍。

触电事故往往不是单一的原因,既有组织管理方面的因素,也有工程技术方面的因素;既有不安全行为方面的因素,也有不安全状态方面的因素。所以,提高用电安全水平必须综合考虑各方面的因素。

第二节　触电急救

通过对第一章的学习我们知道:如果出现触电事故,首先要让触电者脱离电源。在触电者脱离电源后,还应根据触电者的情况采取恰当的措施进行急救。这里对两种最常用、最重要的急救方法进行介绍:口对口人工呼吸法和胸外心脏按压法。

一、口对口人工呼吸法

当有人因触电引起呼吸停止但心脏还在跳动时,口对口人工呼吸法是最有效的急救方法。口对口人工呼吸法的步骤和要领见表 6-1。

记一记

表 6-1　口对口人工呼吸法

步　骤	要　领	示意图
准备工作	让被救者仰卧,头后仰,解开其衣领,松开其腰带	
	清除被救者口、鼻中的异物和脏物,保持其呼吸道畅通	
人工呼吸	施救者位于被救者头部一侧,一手托起被救者的下颌,另一只手捏住其鼻子,然后对被救者进行口对口呼气,吹气 2 s 后,再放开 3 s(停止吹气时捏住鼻子的手也放开),如此反复进行	

注意

◆ 吹气量要合适,使被救者的胸部有正常起伏即可,不能太猛,以免损坏被救者的肺泡;
◆ 如果被救者是小孩,用力要相对小些,并且吹气和放开的速度可稍稍加快一点;
◆ 在施救过程中,要注意观察,看被救者是否恢复呼吸;
◆ 进行人工呼吸有时需要很长的时间,可达2~3 h。为了挽救一个生命,施救者一定要有耐心,要坚持,不轻言放弃。

做一做

利用实训室中的触电急救智能人体模型,进行口对口人工呼吸法练习,根据记录数据分析得出实训效果(如果没有触电急救智能人体模型,可用一般人体模型代替,由老师或实训组长做好数据记录,然后根据记录的数据分析实训效果)。

二、胸外心脏按压法

如果有人因为触电造成心脏停止跳动时,采用胸外心脏按压法进行急救,是帮助触电者恢复心脏跳动的最有效方法。胸外心脏按压法的步骤和要领见表6-2。

记一记

表 6-2　胸外心脏按压法

步　骤	要　领	示意图
姿势和手法	让被救者仰卧,施救者位于被救者的一侧,两手重叠,将手掌放在被救者心窝上	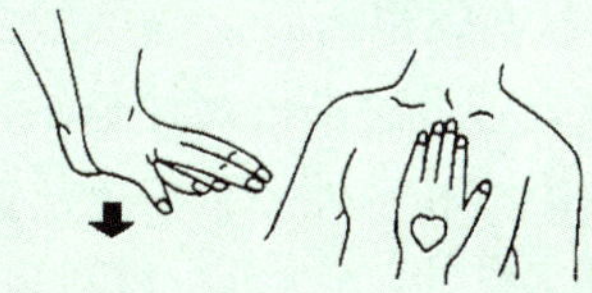

续表

步　骤	要　领	示意图
心脏按压	手掌根用力垂直向下按压心脏,下陷 3~4 cm后,手掌根迅速放松(只是放松,但不离开胸部),当被救者的胸部复原后,再次向下按压,如此反复(按压速度为 60 次/min 左右)	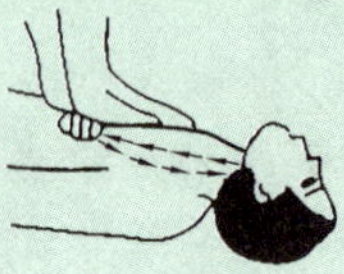

注意

◆ 按压心脏时只是掌根用力,不是全手掌用力;

◆ 按压心脏要有节奏,并要有一定冲击力,迫使心脏血液流动;

◆ 按压心脏不能用力过大,以免造成被救者胸骨损坏;

◆ 在一个按压周期内,按压时间与放松时间大体相等。

做一做

利用实训室中的触电急救智能人体模型,进行胸外心脏按压法练习,根据记录数据分析得出实训效果(如果没有触电急救智能人体模型,可用一般人体模型代替,由老师或实训组长做好数据记录,然后根据记录的数据分析实训效果)。

三、双重施救

如果触电者是呼吸停止且心脏也停止跳动的情况,急救时需要采用上述两种方法进行双重施救。双重施救又分为双人施救法和单人施救法两种。如果现场有两人以上,可以采取双人施救法;如果现场只有一人(或者只有一人懂触电急救),则采用单人施救法。

1.双人施救法

双人施救法是指对呼吸停止且心脏也停止跳动的触电者,由两人分别施行口对口人工呼吸法和胸外心脏按压法进行施救。双人施救法的一般姿势为:一人跪于与被救者头部水平的位置,进行口对口人工呼吸;另一人跪于另一侧与被救者胸部水平的位置,进行胸外心脏按压,其姿势如图6-6所示,这种方法称为两侧双人施救法。

也可以两人位于被救者的同一侧进行施救,其姿势如图6-7所示,这种方法称为同侧双人施救法。

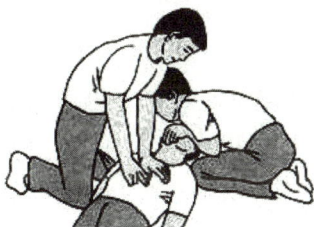

图6-6 两侧双人施救法

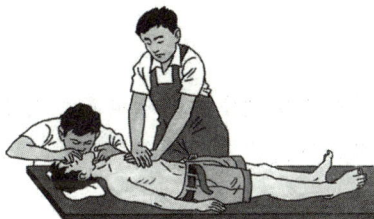

图6-7 同侧双人施救法

进行双人施救时,两人的施救节奏要掌握好,一般为人工呼吸吹、放气一次,心脏按压四五次。

做一做

利用实训室中的触电急救智能人体模型,进行双人施救法练习(可选两侧双人施救法,也可选同侧双人施救法),根据记录数据分析得出实训效果(如果没有触电急救智能人体模型,可用一般人体模型代替,由老师或实训组长做好数据记录,然后根据记录的数据分析实训效果)。

2.单人施救法

单人施救法是指对呼吸停止且心脏也停止跳动的触电者,由一人交替采用口对口人工呼吸法和胸外心脏按压法进行施救。单人施救的姿势一般为:施救者位于被救者一侧肩部,跪于该侧肩胸部水平位,两腿自然分开与肩同宽,以避免在实施人工呼吸与胸外心脏按压时来回移动,利于操作,如图6-8所示。

在单人施救时,进行口对口呼气一次,然后进行胸外心脏按压8~10次,如此反复。

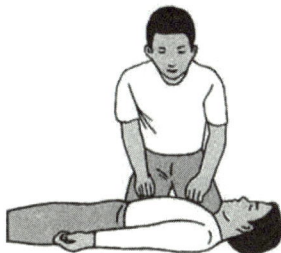

图6-8 单人施救法

做一做

利用实训室中的触电急救智能人体模型,进行单人施救法练习,根据记录数据分析得出实训效果(如果没有触电急救智能人体模型,可用一般人体模型代替,由老师或实训组长做好数据记录,然后根据记录的数据分析实训效果)。

读一读

实验研究和统计都表明,如果从触电后 1 min 即开始救治,则 90% 的触电者可以救活;如果从触电后 6 min 开始救治,则仅有 10% 的救活机会;而从触电后 12 min 才开始救治,则救活的可能性极小。因此,当发现有人触电时,应争分夺秒,采用一切可能的办法迅速进行救治,以免错过时机。

*实训 七 双控灯照明电路的安装

一、实训目的

(1)熟记双控灯照明电路及元器件名称;
(2)能测量双控灯照明电路元器件的好坏;
(3)能根据工艺要求正确安装双控灯电路;
(4)能排除双控灯电路的常见故障。

二、实训器材

数字万用表一块,电工板一块,空气开关一个,双控开关二个,灯座一个,白炽灯一个,螺丝刀、尖嘴钳、斜口钳、剥线钳、试电笔等电工工具一套。

三、实训电路

双控灯照明电路如图6-9所示。该电路主要由两个双开开关、1个白炽灯构成,实现用两个开关在不同地方控制照明灯的亮与灭,在居家中广泛应用。从图6-9可看出,双控开关一共有三个触点(接线端),分别是L、L_1、L_2。其中L为公共端,L_1和L_2为两个触点。用万用表欧姆挡或通断挡检测,公共端L要么和L_1接通,要么和L_2接通,L_1和L_2不通。

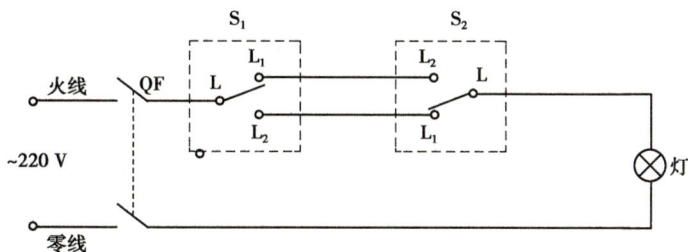

图 6-9 双控灯电路原理图

四、实训步骤

1.清点元件

根据元件清单清点元件是否齐全,检测元件是否有异常,如果有损坏或者异常,要做好记录,并向老师报告申请补充齐全。

2.元件布局

元件布局遵循"分布合理、高度一致、间距合理、美观大方"的原则。布局完成后固定元器件,如图6-10所示。

3.电工布线

(1)选用符合要求的导线

对导线的要求包括电气性能和机械性能两方面。导线的载流量应符合线路负载的要求,并留有一定的余量。导线应有足够的耐压性能和绝缘性能,同时具有足够的机械强度。按照"左零右火"原则布线,火线、零线颜色要区分,火线常用黄、绿、红,零线使用蓝色,接地一律使用黄绿双色线。

图 6-10　元器件布局

（2）避免布线中的接头

布线时，应使用绝缘层完好的整根导线一次布放到头，尽量避免布线中有导线接头。因为导线的接头往往造成接触电阻增大和绝缘性能下降，给线路埋下了故障隐患。如果是暗线敷设（室内布线大多数采用暗线敷设），一旦接头处发生接触不良或漏电等故障，很难查找与修复。必需的接头应设计在接线盒、开关盒、灯头盒或插座盒内。

（3）布线应牢固美观

明线敷设的导线走向应保持横平竖直、拐弯成直角、固定牢固。暗线敷设的导线一般也应水平或垂直走线。导线穿过墙壁或楼板时应加装保护用套管。敷设中注意不得损伤导线的绝缘层。

（4）电路接线

严禁带电操作，接线要规范正确，走线合理，无松动、露铜、导线过长、压绝缘层等现象。开关必须安装在火线上，安装高度一致，方向一致。灯座火线接中心接线柱上，螺钉平压顺时针压满一圈。双控灯安装完成图如图 6-11 所示。

4. 通电前检查线路

接线完毕后，检查线路连接是否正确，导线连接是否牢靠；正确连接火线、零线，确认无误后，在教师监护下进行通电测试，如有故障应进行排除。

（1）直观检查电路有无异常；

（2）用万用表检查电路有无短路，是否能正常实现通断；

（3）检查无误后，合上空气开关 QF，通电验证功能，如有异常立即断电。

5. 常见故障现象

（1）按下任一开关，所控制的灯泡不亮；

（2）按下开关，所控制的灯泡忽亮忽灭；

（3）两个开关均不能控制开关的亮或灭。

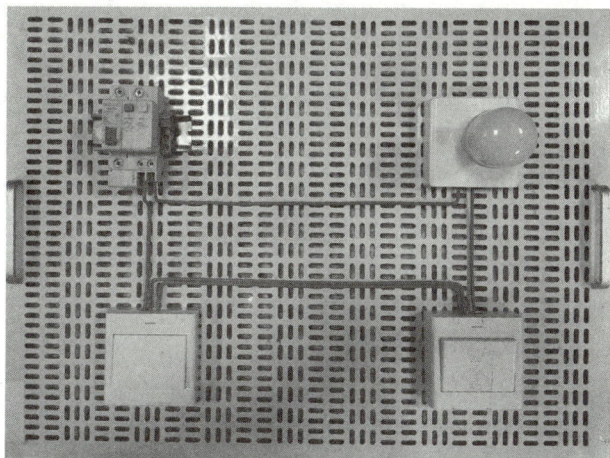

图 6-11　双控灯安装完成图

6.故障排除

（1）直观检查法

通过观察电路现象来初步判断电路中元器件是否存在故障,如灯泡钨丝断开,开关或断路器、导线、接线端子等有明显烧黑、烧焦现象。

（2）电阻检查法

用万用表欧姆挡或通断挡测量灯泡直流电阻值,测量空气开关、双控开关是否能正常通断,开关闭合时正常阻值为 0,断开时正常阻值为 ∞。

（3）电压检查法

选择万用表交流电压 750 V 挡测量电源电压、空气开关、灯座两端的电压,正常值为 220 V。

7.故障练习

小组可以互相设置故障(为了安全,不设置短路性故障),根据上述故障排除方法进行检修。

学习小结

（1）接地保护分为保护接地和保护接零两种方式。保护接地是将电气设备的金属外壳与大地直接相连接。保护接零是将用电设备的金属外壳连接到供电系统的零线上。

（2）IT 供电系统是指电力系统在供电端的中性线不接地(或高阻接地),而所有用户设备的外壳都直接保护接地的系统。

（3）TT 供电系统是指电力系统在供电端的中性线直接接地,所有用户设备的外壳也直接保护接地的系统。

（4）TN-C 供电系统是指电源的保护零线 PE 与工作零线 N 合二为一的供电系统,即工作零线也充当保护零线,采用三相四线制供电。

（5）TN-S 供电系统是指将工作零线 N 与专用保护线 PE 严格分开的供电系统,采用三相五线制供电,是一种应用广泛的供电系统。

（6）口对口人工呼吸法要点:

①让被救者仰卧,头后仰,解开其衣领,松开其腰带;

②清除被救者口、鼻中的异物和脏物,保持其呼吸道畅通;

③施救者位于被救者头部一侧,一手托起被救者的下颌,另一只手捏住其鼻子,然后对被救者进行口对口呼气,吹气 2 s 后,再放开 3 s,如此反复进行。

（7）胸外心脏按压法要点:

①让被救者仰卧,施救者位于被救者的一侧,两手重叠,将手掌放在被救者心窝上。

②手掌根用力垂直向下按压心脏,下陷 3~4 cm 后,手掌根迅速放松(只是放松,但不离开胸部),当被救者的胸部复原后,再次向下按压,如此反复(按压速度为 60 次/min 左右)。

（8）双重施救有双人施救法和单人施救法两种。

学习评价

1.填空题

（1）实践证明,采用接地保护是电力网中的一种行之有效的安全保护手段,接地保护分为_____和_____两种方式。

（2）国际电工委员会(IEC)标准规定,低压配电系统按接地方式的不同分为_____供电系统 、_____供电系统和_____供电系统。其中第一个字母表示_____,第二个字母表示_____。

（3）为了保证接地性能良好,要求接地电阻小于_____。

（4）在 TT 供电系统中,第一个"T"表示_____,第二个"T"表示_____;在 TN 供电系统中,"N"表示_____。

（5）在 IT、TT、TN-C、TN-S 等几种供电系统中,采用三相五线制供电的是_____。

（6）在对触电者进行双人施救时,人工呼吸吹、放气一次,心脏按压_____次;在进行单人施救时,人工呼吸吹、放气一次,然后进行心脏按压_____次,不断反复。

2.判断题

(1)IT 供电系统只能采用三相三线制供电方式。 （   ）

(2)IT 供电系统只有在供电距离较短时才比较安全。 （   ）

(3)TT 供电系统采用三相四线制供电方式。 （   ）

(4)TT 供电系统属于保护接地方式。 （   ）

(5)TN 供电系统属于保护接地方式。 （   ）

(6)为了加强保护措施,对一个用电设备应该既保护接地,又保护接零。 （   ）

(7)在 TN-C 供电系统中,当三相负载不平衡时,用电设备的金属外壳会带电。

（   ）

(8)TN-C 供电系统的工作零线不允许断线。 （   ）

(9)在 TN-S 供电系统中,专用保护线 PE 可以进漏电开关,但不允许断线。

（   ）

(10)如果触电者呼吸和心跳均停止,但现场只有一人时,只能采用口对口人工呼吸或胸外心脏按压两种中的一种施救方式。 （   ）

3.简答题

(1)什么是保护接地? 什么是保护接零?

(2)为了保证接地良好,直接接地的具体方法是怎样的?

(3)什么是 IT 供电系统? 什么是 TT 供电系统?

(4)为什么 TT 供电系统中必须要增加漏电保护器?

(5)什么是 TN 供电系统?

(6)什么是 TN-C 供电系统? 它有什么特点?

(7)什么是 TN-S 供电系统? 它有什么特点?

(8)为什么在中性点不接地的系统中只能采用保护接地,不能采用保护接零?

(9)口对口人工呼吸法的要点是什么?

(10)胸外心脏按压法的要点是什么?

主要参考文献

［1］聂广林.电工技能与实训［M］.重庆:重庆大学出版社,2007.

［2］曾祥富.电工技能与训练［M］.北京:高等教育出版社,1994.

［3］杜德昌,许传清.电工电子技术及应用［M］.北京:高等教育出版社,2002.

［4］刘志平.电工技术基础［M］.北京:高等教育出版社,1994.

［5］曾祥富,兰永安.电工基础［M］.2 版.重庆:重庆大学出版社,2001.

［6］陈国培.电子技能实训——中级篇［M］.北京:人民邮电出版社,2006.

［7］周绍敏.电工基础［M］.北京:高等教育出版社,2001.

［8］彭克发,辜小兵.电工技术基础［M］.北京:中国电力出版社,2007.

［9］阎伟.电工技术快速提高［M］.北京:人民邮电出版社,2008.

［10］苏永昌,孙立津.电工原理［M］.4 版.北京:电子工业出版社,2007.